◆ 室外效果图后期处理实例

◆ 小区鸟瞰图后期处理实例

◆ Photoshop绘制小区平面效果图实例

◆ Photoshop绘制建筑平面效果图实例

◆ 室内效果图后期处理实例

◆ Photoshop制作拉丝金属材质

◆ Photoshop制作面砖墙面材质

◆ Photoshop制作树林透光效果实例

建筑效果图表现风暴

中文 Photoshop 室内外效果图制作应用与技巧

第 2 版

陈柄汗　编著

机械工业出版社

这是一本一线实战教程，而非理论书籍或使用手册。

全书共分7章（附光盘一张），第1章精讲Photoshop在效果图后期处理及绘制中的应用，包括应用流程及必熟操作等。第2章介绍用Photoshop制作常见建筑装饰材质及特效的方法，包括拉丝金属、天然木材、大理石、面砖墙面、长毛地毯、室外水面等材质和树林透光特效。第3章至第7章，通过5个完整实例、以叙议结合的方式，详细介绍了用Photoshop进行建筑室内外效果图、小区鸟瞰图后期处理的方法和技巧，以及用Photoshop绘制规划平面效果图、建筑平面效果图（户型图）的具体步骤和操作。

本书是专业人员多年工作的经验总结，内容系统、语言通俗、重点突出、实用性和技巧性强，适合效果图制作培训、自学及高等院校建筑学、室内设计、环境艺术、城市规划等专业的师生使用。

图书在版编目（CIP）数据

中文Photoshop室内外效果图制作应用与技巧/陈柄汗编著.—2版.—北京：机械工业出版社，2009.11（2023.1重印）
（建筑效果图表现风暴）
ISBN 978-7-111-28985-2

Ⅰ.中…　Ⅱ.陈…　Ⅲ.建筑设计：计算机辅助设计—应用软件，Photoshop　Ⅳ.TU201.4

中国版本图书馆CIP数据核字（2009）第200863号

机械工业出版社（北京市百万庄大街22号　邮政编码100037）
策划编辑：宋晓磊　责任编辑：宋晓磊　封面设计：张　静
责任校对：常天培　责任印制：郜　敏
中煤（北京）印务有限公司印刷
2023年1月第2版第10次印刷
184mm×260mm·21.75印张·2插页·511千字
标准书号：ISBN 978-7-111-28985-2
　　　　　ISBN 978-7-89451-290-1（光盘）
定价：59.00元（含1CD）

前　言

建筑及室内效果图制作，是今天一个很热门的行业，也是建筑、室内、环境、规划等专业设计师的表达利器。要制作精美的效果图，就要对它的分类及制作流程等有所认识。

通常，一张计算机效果图的制作，需要多个步骤或软件配合来完成。以常见的三维效果图为例，其制作过程通常分为前期和后期两个阶段，每个阶段又分若干个步骤。前期的任务主要是建立场景，一般通过 3ds max、Autodesk VIZ 等软件完成，其成果为一张用于进一步处理的渲染图。而这个“进一步处理”的过程就是后期处理，通常在 Photoshop 软件中进行，主要工作是，以专业及美术眼光对渲染图进行丰富补充和修正润色，只有经过这一阶段，一张渲染图才成为真正意义上的效果图。因此，有人将前期得到的渲染图比作“半成品”甚至“毛坯”，而将经后期处理的效果图称为“成品”甚至“精品”，可见后期处理之重要。而现在市面上一些效果图书籍，对后期处理这个“重头戏”往往是轻描淡写、一笔带过，结果让初学者一头雾水，如坠五里云中。

除了三维建筑室内外效果图，还有一类以二维形式出现的建筑效果图，现在也常常见诸街头报端。比如随处可见的楼盘销售户型图，大多就属于此类。此外，还有建筑的立面效果图、小区开发规划平面效果图等，也属此类。它们可以 Photoshop 为主来绘制，这种情况下，Photoshop 不仅是一张效果图的“建造者”，也是最终效果的“控制者”，要求操作者对它的使用更加熟练，尤其是对各种对象、效果用什么工具、命令来制作，要心中有数。对于今天的效果图制作人员来说，这些已成了必须掌握至少是能够让自己在竞争处于有利位置的技能。不过，市面上这方面的书很少，能够同时涵盖这几类效果图而又进行具体、详细讲解的就更少。本书在编写过程中，力求在充分讲述 Photoshop 在三维效果图后期处理中应用的同时，也透彻讲解它在二维效果图绘制中的具体应用，以实例作引导，夹叙夹议，介绍相关操作和技巧，相信能很快引领读者进入这一神秘的殿堂。

不过，读者也不要有这样的错觉：熟悉了 Photoshop 或其他几个软件就一定能制作出好的效果图。一张效果图是否真正称得上“精品”，不仅与制作者对 Photoshop 等软件的熟悉程度、设计作品本身质量等因素有关，更主要的是，与制作者的专业素养及美术修养有关。在这方面有欠缺的读者，最好能补充一下这些知识并进行相应训练。这样，做出的效果图就会上升一个台阶，而且作为专业效果图制作者，也更容易与设计师交流沟通，更能领悟并表现设计的精华所在。当然，很多读者可能没有这样的时间或机会，本书在编写时已考虑到这一点，所以，在涉及素描关系、色彩关系等内容时，力求讲得细致具体，并给出一些规律性的总结或提示。本书配套光盘中提供了书中实例的最终效果图、Photoshop 分层文件及主要素材图片，其中分层文件包含了大量操作信息，便于读者自学时参考。

本书第 1 版出版后，得到广大读者认同，给编者很大鼓舞，现修订完善后推出第 2 版，希望能给更多读者带来帮助。

编　者

目　录

第1章

Photoshop建筑效果图应用精讲

Photoshop 是当今流行的图像处理软件。它功能强大、易学易用，从 1992 年推出第 1 个版本至今，历经多次升级换代，功能及易用性不断增强，受到很多计算机美术工作者的喜爱。目前，Photoshop 被广泛应用于平面设计、美工创作、彩色印刷、网络出版、图像处理、多媒体及影视特技制作等领域。同时，也是用计算机制作建筑效果图的“标准装备”之一。作为一名建筑效果图制作者，不熟悉 Photoshop 的应用几乎是不可想象的。但是，Photoshop 是面向多领域的强大工具，我们不可能、也没必要熟悉它在各个领域的具体应用，而只要熟悉与建筑效果图制作密切相关的部分就可以了，本书要介绍的就是这部分内容。

本章主要内容：

- 建筑效果图的种类及制作流程
- Photoshop在建筑效果图制作中的应用
- Photoshop操作界面一览
- 建筑效果图制作必须熟悉的操作
- 重要概念的含义及其应用

1.1 建筑效果图的种类及制作流程

建筑、装饰甚至包括城市规划中所用的计算机效果图，按制作方法及效果划分，大体可分为三维效果图及二维效果图两大类。下面简单认识一下这两类效果图。

1.1.1 三维效果图

三维效果图，就是以三维场景为基础制作出的立体表现图，如平常我们说的室内效果图，如图 1-1 所示，还有室外效果图，如图 1-2 所示，以及小区鸟瞰图，如图 1-3 所示。

图 1-1

图 1-2

图 1-3

三维效果图的制作主要分为前期制作和后期处理两个阶段。前期制作，通常在 3ds max 这样的三维软件中完成，工作包括制作模型、编辑材质、布置灯光、架设摄影机、渲染出图等，其主要成果就是一张渲染图，如图 1-4 所示。后期处理是对渲染图的完善和修正，比如渲染图太暗，可以在后期时调亮一些；渲染图中局部光影错误，可在后期进行改正；渲染图中没有人物、车辆等配景，可在后期处理时添加；渲染图层次感、空间感不强，可以在后期处理时增强，等等。后期处理一般在 Photoshop 中进行，其成果就是正式效果图，如图 1-5 所示。

图 1-4

图 1-5

1.1.2 二维效果图

二维效果图，就是以二维图形为基础制作出的计算机表现图，其效果可以是平面的，也可以是立体的。常见的有规划或小区平面效果图，如图 1-6 所示；建筑室内平面效果图（如户型图），如图 1-7 所示；还有建筑立面效果图，如图 1-8 所示。

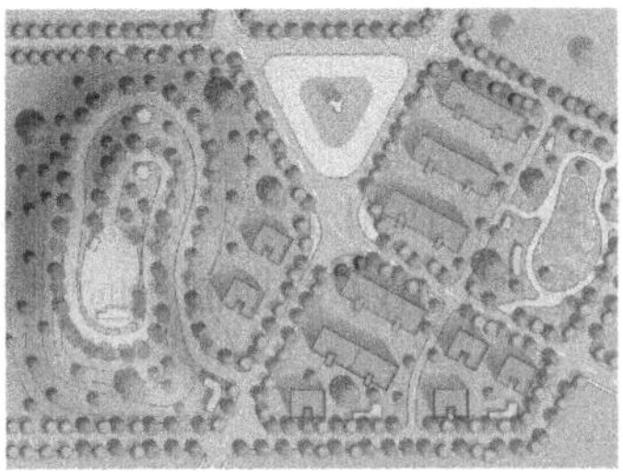

图 1-6

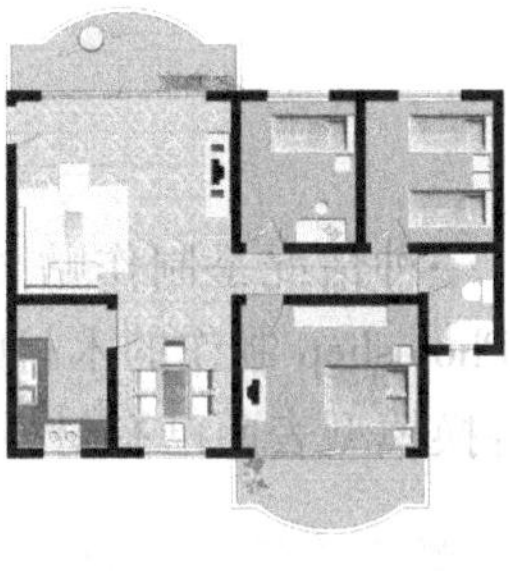

图 1-7

图 1-8

二维效果图的制作也可分为两个阶段，即图形绘制和渲染制作。图形绘制，就是利用 AutoCAD 等软件绘制建筑平面图、立面图或规划平面图，如图 1-9 所示。而渲染制作，与 3ds max 等三维软件中所说的“渲染”不同，这里是指在 Photoshop 等软件中，利用所绘制的平面图或立面图进行填充、粘贴、绘制等操作，使二维图具有一定的色彩、材质、光影及三维效果，如图 1-10 所示。

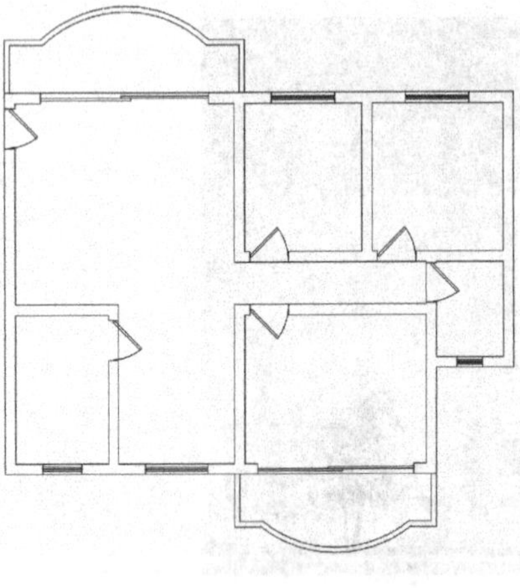

图 1-9

图 1-10

1.2 Photoshop 在建筑效果图制作中的应用

Photoshop 在建筑效果图制作中主要有 3 方面的应用：材质表现、后期处理及渲染制作。

1.2.1 材质表现

材质表现，可分为两种情况。一种情况是制作贴图，即直接制作用于模型表面的材质贴图。如图 1-11 所示，就是用 Photoshop 制作的木材贴图。它既可用于前期制作时赋予模型，也可在后期处理或制作时替换模型表面已有材质。

图 1-11

另一种情况是增强质感。3ds max 等软件在渲染材质方面往往会出现一些不足，尤其是玻璃、不锈钢、清漆木材等反光材质，光感常常不能很好体现出来。如图 1-12 所示的圆柱，表面为清漆木材，应该有较明显的高光，但渲染图中没有。于是，在 Photoshop 中添加，结果如图 1-13 所示，这样，就增强了清漆木材的真实感。

图　1-12

图　1-13

此外，Photoshop 还可用于制作环境贴图，如图 1-14 所示。当要制作室外玻璃反射效果时，往往就会用到这种贴图。

图　1-14

Photoshop 还常用于给普通图片添加 Alpha 通道，使其成为带 Alpha 通道的 . rgb 或 . tga 等格式贴图。在 3ds max、Lightscape 等三维软件中，将这类贴图指定给模型后，可渲染出镂空（即局部透明）效果。如图 1-15 所示，沙发两侧的植物就是由图 1-16 所示 . rgb 植物贴图制作出来的。表面上看，这种图片与一般图片没什么区别，实际上包含了一个将植物与黑色背景区分开的 Alpha 通道，而这个通道就可以在 Photoshop 中制作。

图 1-15

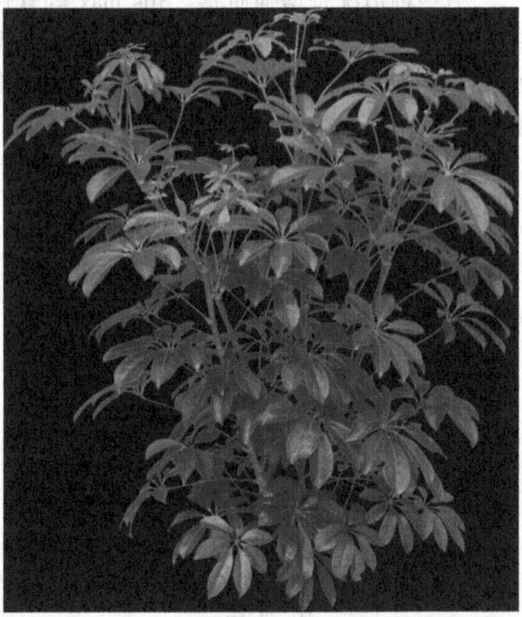

图 1-16

1.2.2 后期处理

后期处理，是 Photoshop 在效果图制作中的一项主要应用。除了修正渲染图中的不足，调整图像亮度、对比度、色调等，还用于添加各种配景物体，如室内效果图中的植物、摆设、室外效果图中的人物、车辆、树木、花草、路灯等。有时，还要利用 Photoshop 制作一些配景物体，比如喷泉等，如图 1-17 所示。

图 1-17

1.2.3 渲染制作

渲染制作，主要针对二维效果图的制作而言，在前期绘制的平面或立面基础上，利用 Photoshop 的填充、粘贴、变换、绘制等功能，在二维图形上制作出包含色彩及光影效果的三维效果。如图 1-18 所示，就是用 Photoshop 绘制的树木。

除了上面介绍的，Photoshop 在效果图制作中还有一项重要应用，就是作为打印输出软件，输出各种幅面的图纸，具体操作这里暂不讲解，后面会专门安排一章介绍。

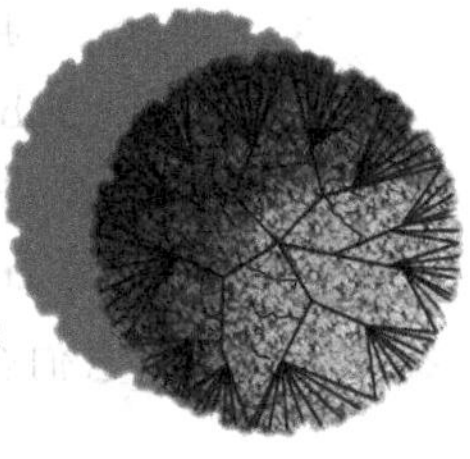

图 1-18

1.3 Photoshop 操作界面一览

了解了建筑效果图制作流程及 Photoshop 在其中的应用，下面就该来熟悉 Photoshop 的相关操作并学习在实战中应用了。首先，认识一下 Photoshop 的操作界面，这里以中文 Photoshop CS2 为例。

启动 Photoshop CS2，其界面如图 1-19 所示，主要分为 6 个区域：菜单栏、选项栏、工具箱、调板区、图像编辑区和状态栏。

图 1-19

工具箱中包含了 Photoshop 常用的工具按钮，选中一种工具后，选项栏中会出现相应选项和参数。至于调板（或者说面板）区，默认状态下有 3 组面板，每组内又有若干个功能不同的面板，常用面板有图层、通道和历史记录面板等。根据编辑图像的需要，工具箱和面板的位置可以拖动或隐藏。

提示与技巧

按<Tab>键，可以隐藏或显现工具箱和调板区。按<Shift>+<Tab>键，可隐藏或显现调板区。按<F7>键，可隐藏或显现图层面板(包括同组的通道等面板)。要让窗口恢复到默认状态，可执行菜单命令“窗口→工作区→默认工作区”。另外，双击工具箱或面板顶部蓝色区域，它们会收起或展开，就像 3ds max 中的卷展栏。

1.4 建筑效果图制作必须熟悉的操作

根据建筑效果图制作的特点，以下 Photoshop 操作是必须熟悉的。

1.4.1 确定选区

使用 Photoshop 有一点必须清楚，那就是在操作之前，必须先告诉 Photoshop 你要在哪个图层的哪个区域内操作。如果不确定选区，就表示要在所选图层的整个范围内操作。实际工作中，多数时候需要限定选区。所以，选区的确定就非常重要。为了帮助用户随心所欲地确定选区，Photoshop 提供了多种选择工具。

1.4.1.1 选框工具

选框工具具体包括矩形选框工具、椭圆选框工具、单行选框工具及单列选框工具 4 种，单击并按住按钮，可以找到它们，如图 1-20 所示。它们可以分别绘制矩形、椭圆、横线及竖线选区。

选框工具的使用很简单，只要单击相应按钮，然后在图像上拖动鼠标，圈出要选的区域即可，被选中区域会以闪烁的虚线表示，如图 1-21 所示。

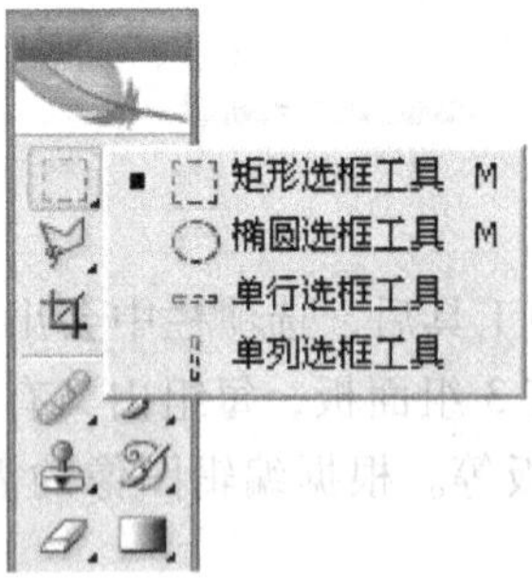

图 1-20

图 1-21

提示与技巧

按<M>键，可以快速选中选框工具。使用矩形或椭圆选框工具时，如果按住<Shift>键，可以分别绘制正方形或圆形选区；如果按住<Alt>键，那么鼠标开始单击的位置就是选区中心。

如果希望经后续处理（如填充）选区边缘产生柔和的效果，框选前可以先在选项栏设置一定的“羽化”值，单位为像素（px），这样，处理后可得到如图 1-22 所示的效果。如果“羽化”值为 0，处理后的边缘就较硬，如图 1-23 所示。

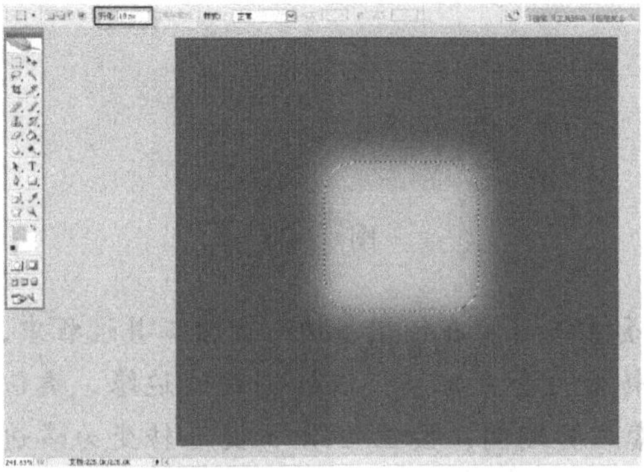

图　1-22

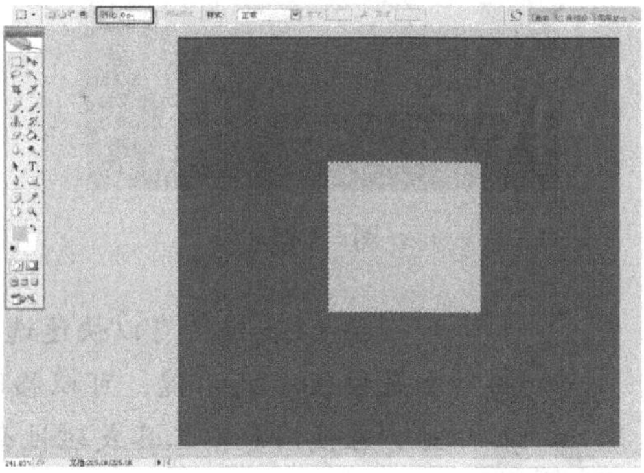

图　1-23

提示与技巧

在一个选区已经存在的情况下，要想从中减去部分区域，可按住<Alt>键选择要减去的区域；要想再增加其他区域，可按住<Shift>键选择要增加的区域；如果想保留现有选区与另一选区的交叉区域，可同时按住<Shift>+<Alt>键，并划定另一选区。

1.4.1.2　套索工具

套索工具也是用于确定选区的，具体分为套索工具、多边形套索工具和磁性套索工具 3 种，单击并按住按钮，可以找到它们，如图 1-24 所示。

图　1-24

3 种套索工具中，多边形套索工具可以绘制折线选区，如图 1-25 所示的沙发选区，套索和磁性套索工具可以绘制曲线选区，如图 1-25 所示的靠垫选区。

套索工具和磁性套索工具的主要区别在于，前者完全依靠人手控制绘制选区，而后者可由软件自己确定边界，用户单击确定选区起点后，围绕选区移动光标，Photoshop 会自动在亮度、色彩分界线上插入控制点，最终形成封闭选区，如图 1-26 所示。如果自动插入的控制点位置不正确，可以按<Del>键删除，改由人工单击插入。

图 1-25

图 1-26

提示与技巧

按 <L> 键，可以快速选择套索工具。在使用多边形套索工具过程中，如果按住 <Alt> 键，可以临时转变为套索工具，以绘制曲线边缘。类似地，在使用套索工具或磁性套索工具期间，按住 <Alt> 键可转变为多边形套索工具，以绘制折线边缘。这种转换便于绘制同时具有曲线和折线边缘的选区，如图 1-27 所示。

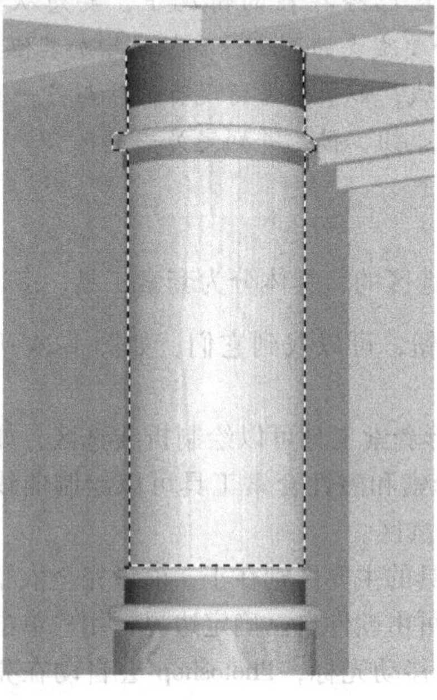

图 1-27

套索工具也可以设定羽化值，以便经后续处理后，选区边缘产生自然过渡效果。

提示与技巧

如果在绘制选区时没有设定羽化值，而过后又需要羽化效果，可以趁选区还存在或调出选区虚线，执行菜单命令“选择→羽化”，或按快捷键 <Alt> + <Ctrl> + <D>，打开“羽化选区”对话框，设定“羽化半径”值，如图 1-28 所示。此值越大，羽化效果越明显。

图 1-28

1.4.1.3 魔棒工具

魔棒工具的对应按钮为工具箱中的，主要用于选择亮度或色彩与周围不同的区域，到底反差达到什么程度会被纳入选区，主要取决于选项栏中“容差”值的大小，其范围为 0 至 255 的整数，值越小选区越小，反之选区越大。图 1-29 所示，是“容差”值为 10 时用魔棒单击靠垫形成的选区。图 1-30 所示，是“容差”为 100 时形成的选区。

图 1-29

图 1-30

另外，“连续”选项也直接关系到选区的范围。默认状态下，此选项被选中，表示仅选择连续或者说连通的区域，此时用魔棒单击图 1-31 中左侧橘红色靠垫，结果只有被单击的靠垫被选中。如果去掉“连续”选项重新单击（单击前按 <Ctrl> + <D> 键取消选择），表示选取与单击点亮度、色彩相近的所有区域（无论连通与否），结果如图 1-32 所示，可见右侧同色的靠垫也被选中了。Photoshop 其他有些工具，如油漆桶、颜色替换等，也有“连续”选项，其作用与这里相同。

图 1-31

图 1-32

提示与技巧

选择魔棒工具的快捷键为<W>。另外，在魔棒工具的选项栏中还一个“对所有图层取样”的选项，未选中时，魔棒工具只针对当前图层，选中后，将针对所有已显示的图层。

1.4.1.4 色彩范围

色彩范围是一个菜单命令，其作用与魔棒工具相似，也是用于选择亮度或色彩与周围不同的区域。执行菜单命令“选择→色彩范围”，打开“色彩范围”对话框，如图1-33所示。

图 1-33

设定好“颜色容差”，其作用类似于魔棒工具的“容差”值，然后，用吸管单击图像窗口中要选择的色彩，比如这里天空中的浅蓝色，最后，单击 确定 按钮，所有浅蓝色区域被选中，如图 1-34 所示。如果要增加其他颜色区域作为选区，可以在对话框中选择按钮，然后继续单击图像中其他颜色，如果是要扣除某种颜色所占区域，就先选择按钮，再单击该颜色。

图　1-34

提示与技巧

为了便于查看，单击工具箱中的按钮，切换到快速蒙版模式，红色部分表示未选区域，其余则是被选中的区域，如图 1-35 所示。顺便说一下，可以用画笔等工具添加红色区域，其实质是缩小选区，或者用橡皮擦等工具去掉某些红色区域，其实质是扩大选区。调整或查看完毕后，单击工具箱中的按钮，返回到之前的标准编辑模式，又会出现虚线表示的选区范围。

图　1-35

1.4.1.5 辅助命令

此外，还有一些辅助选择命令，在确定选区时也非常有用。它们主要位于“选择”菜单下，如图 1-36 所示。

其中有的命令可以通过快捷键调用，比如按 <Ctrl> + <A> 键表示全选，<Shift> + <Ctrl> + <I> 表示反向选择，即选择当前选区外面的部分。“修改”子菜单内的命令可修改选区边界的宽度、平滑程度，或者扩大、缩小选区。“扩大选取”命令可增大连续选区，“选取相似”命令可增大非连续选区。执行“变换选区”命令，选区周围会出现带控制点的边框，移动控制点可调整选区大小，如图 1-37 所示，另外也可旋转选区。调整完毕，按 <Enter> 键确认。

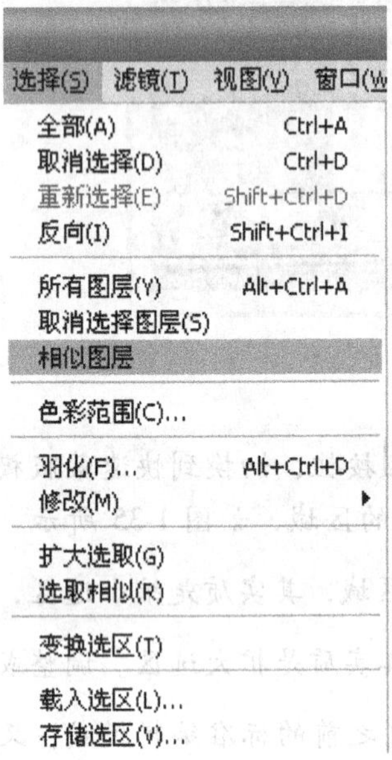

图 1-36

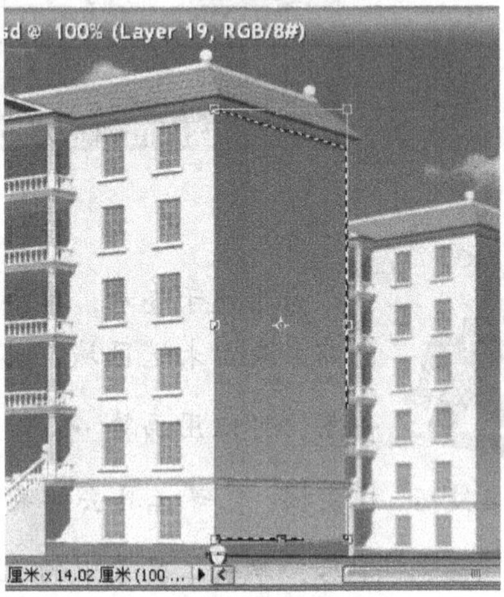

图 1-37

此外，可以用“存储选区”命令将当前选区命名并保存，需要时可用“载入选区”将保存的选区重新调入。

提示与技巧

在 Photoshop 中，还有一类重要选择工具，那就是路径工具，具体包括钢笔工具、形状工具和路径选择工具 3 组。经它们绘制、编辑而成的直线、曲线或图形，就称为“路径”。路径可以转换为选区，快捷键是 <Ctrl> + <Enter>。反过来，在选区上单击鼠标右键选择“建立工作路径”命令，又可以转换为路径。路径上有锚点，可以用于细致调整路径形状，如图 1-38 所示。路径被保存在路径面板中，按住 <Ctrl> 键单击缩览图，可以调出对应选区。总体上说，路径操作较繁琐，当用一般选择工具能满足要求时，可不必用它。

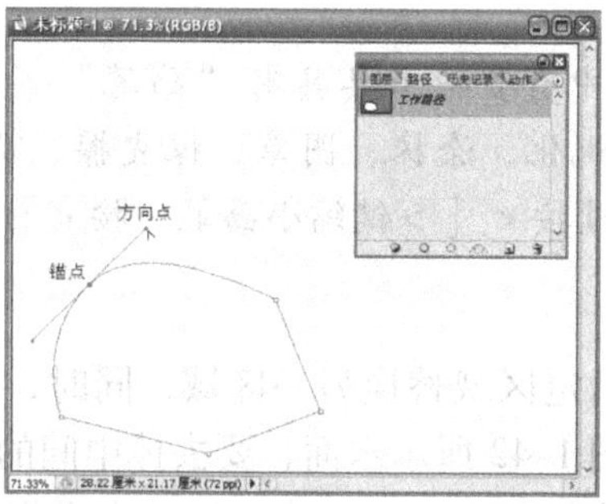

图　1-38

1.4.2　修饰图像

修饰图像是一个范围较宽泛的说法，包括了对图像进行的各种处理，下面主要介绍与建筑效果图制作关系密切的工具。

1.4.2.1　修复工具

修复工具主要用于去掉画面上的污点及局部复制替换。单击按钮或按 <J> 键，可以找到它们，如图 1-39 所示，包括 4 种，其中的红眼工具主要用于去掉照片人物眼睛中的反光红点，效果图制作主要用其余 3 种，下面分别介绍。

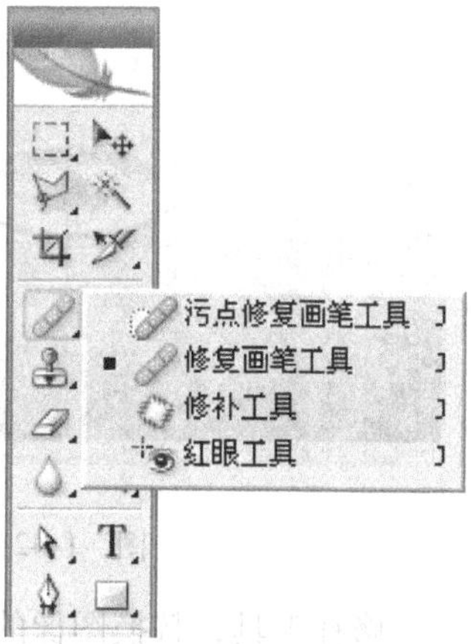

图　1-39

污点修复画笔工具，直接单击污点，就可以去掉它。如图 1-40 所示，沙发靠背上有 3 个红点，选择此工具，单击选项栏中“画笔”右侧数字，将画笔直径调整到比污点略大，然后圈住污点单击即可清除，结果如图 1-41 所示。

图　1-40

图　1-41

提示与技巧

Photoshop 中有多种工具具有“画笔”参数，如画笔、减淡、加深、海绵、模糊、锐化、涂抹、图章、橡皮擦、历史画笔等。使用这些工具时，都可以通过按< [>键缩小画笔、按<] >键增大画笔。

修复画笔工具，能复制指定区域替换另一区域，同时，使被替换区域与周围环境自然溶入，修复效果自然。如图 1-42 所示水面，要去掉中间的波纹，即以旁边平坦水面替换它。选择修复画笔工具，按住 <Alt> 键，在左边单击平坦水面，松开 <Alt> 键，调整笔画直径，使其小于波纹，然后，连续单击波纹区域，直到去掉所有不自然痕迹，结果如图 1-43 所示。

图 1-42

图 1-43

修补工具，替换图像的方式与修复画笔工具相似，但该工具能以一个完整的区域替换另一个区域。如图 1-44 所示草地，要以右边植物替换左边 3 株植物。选择修复工具，圈选左边 3 株植物，然后拖动虚线框住右边植物，放开鼠标替换完成，结果如图 1-45 所示。

图 1-44

图 1-45

1.4.2.2 图章工具

图章工具主要用于普通的区域复制替换。具体分为仿制图章工具和图案图章工具两种，单击按钮或按 < S > 键可以找到它们，如图 1-46 所示。

图案图章工具，是用 Photoshop 内置或用户创建的图案替换图像局部区域，使用方法简单，只要单击选项栏按钮，选择要用图案，然后在图像上涂抹即可，如图 1-47 所示。

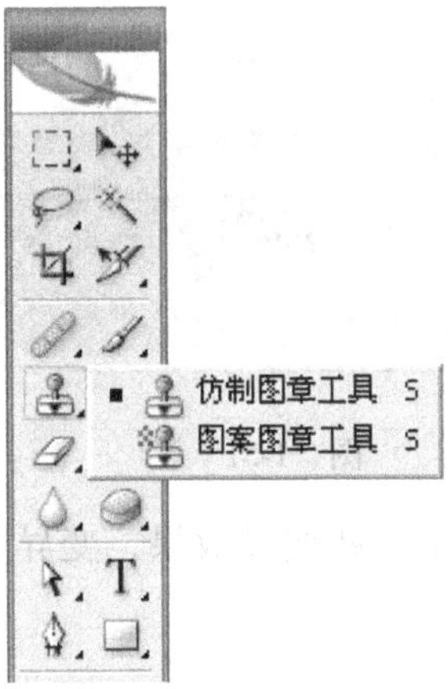

图　1-46

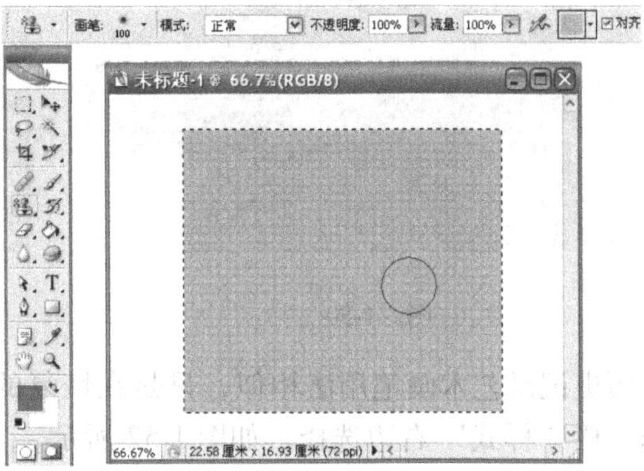

图　1-47

仿制图章工具，是复制图像中一区域替换另一区域，使用方法与修复画笔工具相同，且可通过选项栏控制“不透明度”。前面的草地植物，如果以此工具来复制替换，结果如图 1-48 所示。可见，复制过来的植物并没有自然溶入草地背景，所以，仿制图章工具主要用于背景一致区域的复制替换。

1.4.2.3　历史画笔工具

历史画笔工具主要用于对图像修改的恢复。具体分为历史记录画笔工具和历史记录艺术画笔两种，单击按钮或按 < Y > 键可以找到它们，如图 1-49 所示。

图　1-48

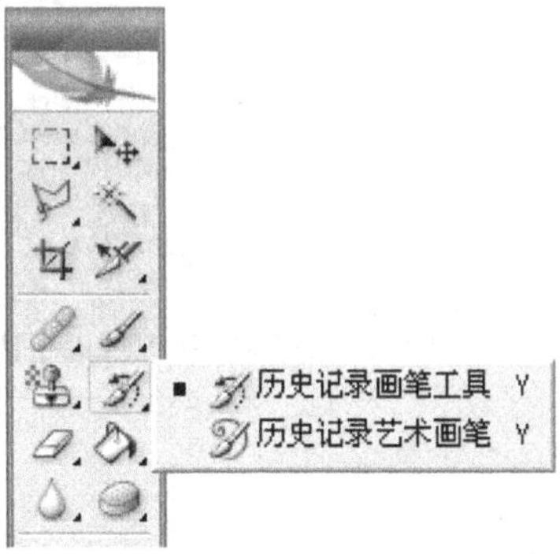

图　1-49

一张图像经过各种处理后，如果希望局部恢复成原来的效果，可以选择历史记录画笔工具，然后，按住鼠标左键在这些地方涂抹。图 1-50 所示图像，本来是一张彩色图片，现用 Photoshop 进行去色处理，变成黑白图片。如果希望主席台背景板恢复成原来的颜色，就可以选择历史记录画笔工具，并按住鼠标左键在背景板上涂抹，结果如图 1-51 所示。

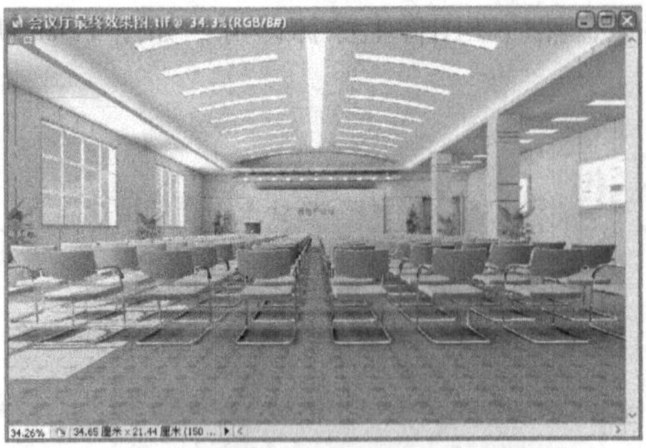

图 1-50

图 1-51

历史记录艺术画笔用法相似，只是在恢复的同时会产生一些变异效果，变异效果可从选项栏“样式”右边选择，如图 1-52 所示。

图 1-52

提示与技巧

在涂抹前先选定要处理的区域，可将恢复区域限定在特定范围内。另外，如果要使整个图像快速恢复到原来的效果，可以执行菜单命令“文件→恢复”或直接按键盘上的 < F12 > 键。

1.4.2.4 变换工具

变换工具主要用于改变图像的形状，可分为自由变换及变换两类，它们位于“编辑”菜单内，变换下面又分为缩放、旋转、扭曲、斜切、透视、变形和翻转 7 种。以图 1-53 所示图像为例，介绍各种变换操作。

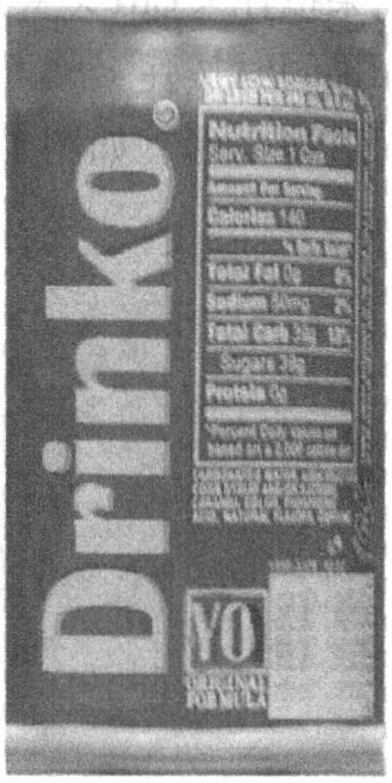

图 1-53

从实战角度出发，这里以快捷键操作为主。按 < Ctrl > + < A > 键选中整个图像，按 < Ctrl > + < T > 键进入自由变换状态，图像周围出现带控制点的线框，移动控制点可缩放图像，且长宽可分别调整，如图 1-54 所示。

如果按住 < Shift > 键再移动 4 个角上的某一个控制点，可使图像长宽保持同比例缩放，即实现对图像的等比例缩放，如图 1-55 所示。

图 1-54

图 1-55

如果按住 < Ctrl > 键移动控制点，可进行扭曲变形，如图 1-56 所示。

图 1-56

提示与技巧

按 < Ctrl > + < Z > 键，可以撤消刚才的操作。如果要撤消所有变换操作，可以按 < Esc > 键。

如果按住 < Ctrl > + < Shift > 键移动控制点，可进行斜切变形，如图 1-57 所示。

如果同时按住 < Shift > + < Ctrl > + < Alt > 键，然后移动 4 个角上的某一个控制点，可进行透视变形，如图 1-58 所示。

图 1-57

图 1-58

如果按住 < Ctrl > + < Alt > 键移动控制点，可在两组对边始终平行的情况下变形，如图 1-59 所示。

不按任何键，将光标移到角上控制点旁边，会变成弯曲的双向箭头，按住鼠标拖动，可以旋转图像，如图 1-60 所示。

图 1-59

图 1-60

执行菜单命令“编辑→变换→变形”，图像上出现变形网格，移动控制点及手柄可得到需要的形状，也可以直接从选项栏“变形”右边选择形状或稍作调整得到需要的形状，如图 1-61 所示。

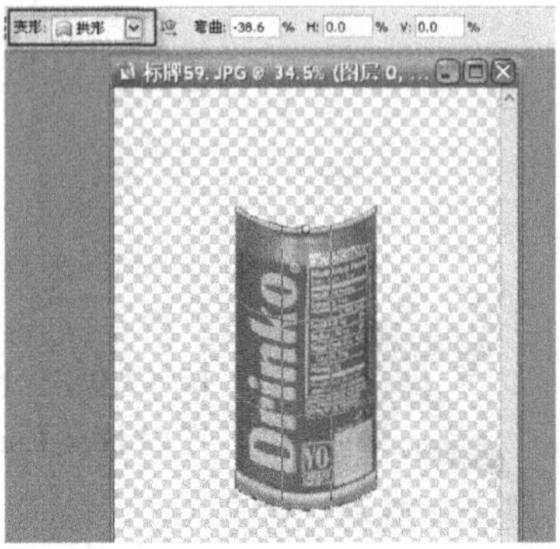

图 1-61

1.4.2.5 消失点工具

消失点工具是一个 Photoshop 自带的滤镜工具，可通过菜单命令“滤镜→消失点”或快捷键 < Alt > + < Ctrl > + < V > 调用。其主要特点是，能按照图像中的透视规律复制替换区域图像，并自然溶入周围环境。以图 1-62 所示墙画为例，要将左侧墙画向左复制一个，并保持原有透视、明暗关系，如图 1-63 所示，就可以使用此工具。

图 1-62

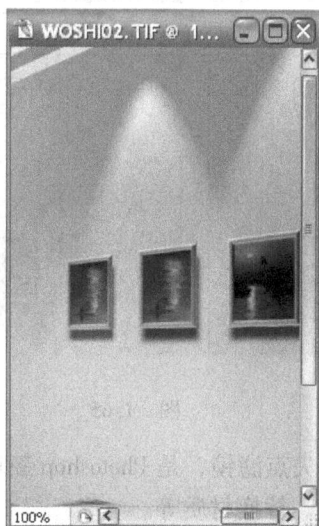

图 1-63

具体操作过程是：按 < Alt > + < Ctrl > + < V > 键，打开“消失点”窗口，选择创建平面工具，单击图像中两个画框外围 4 个角点定义透视平面。如果单击的 4 点准确反映了透视关系，平面会以蓝色网格显示，如图 1-64 所示。如果显示的是黄色或红色网格，表示单击的 4 点位置不够准确，可以拖动点的位置，直到网格变成蓝色。

图 1-64

选择选框工具，框选左侧画框。可以先拖出一个选框，然后再移动它框住画框，如图 1-65 所示。

按住 < Alt > 键，将选区内画框拖到左侧，实际是复制到左侧，在选项栏“修复”右边选“开”，打开修复功能，结果如图 1-66 所示。单击 确定 按钮退出，使用前面介绍过的修补工具对墙画左侧光影稍作修改，使它更自然地溶入周围环境，就会得到前面图 1-63 所示效果。

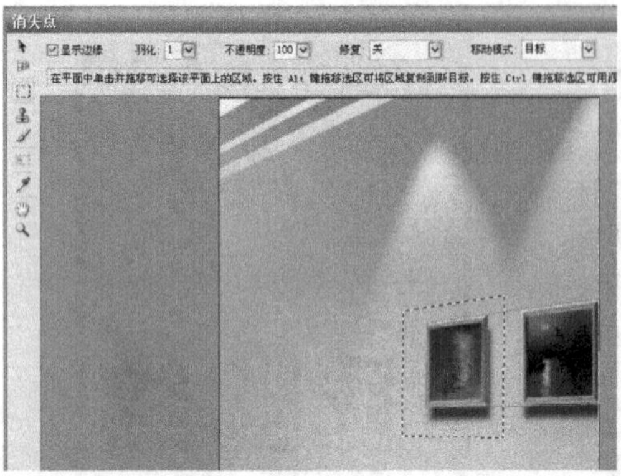

图 1-65

图 1-66

消失点滤镜，是 Photoshop 新增的非常有用的工具，除了用于透视复制，还可用于去除对象、替换材质等。

1.4.2.6 抽出工具

抽出工具也是一个 Photoshop 自带的滤镜工具，可通过菜单命令“滤镜→抽出”或快捷键 <Alt> + <Ctrl> + <X> 调用。其主要作用是，将需要的图像从杂乱背景中分离出来，即通常所说的“抠图”。以图 1-67 所示的图为例，这张图就是用抽出工具从图 1-68 所示的图片中抠出来的。

图 1-67

图 1-68

具体操作过程是：按 <Alt> + <Ctrl> + <X> 键，打开“抽出”窗口，按 <Ctrl> + <+> 键，放大图像，单击按钮，将图像拖到窗口中间，如图 1-69 所示。

选择边缘高光器工具，勾勒出猫的边缘，如图 1-70 所示。

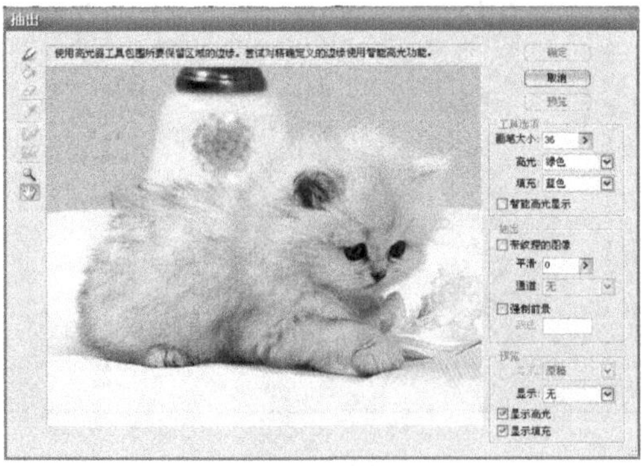

图　1-69

图　1-70

选择填充工具，在猫身上单击一下进行填充，猫身变成蓝色，表示这部分将保留，如图 1-71 所示。

单击 预览 按钮，预览抠图效果，发现猫身的边缘并不完整，如图 1-72 所示。

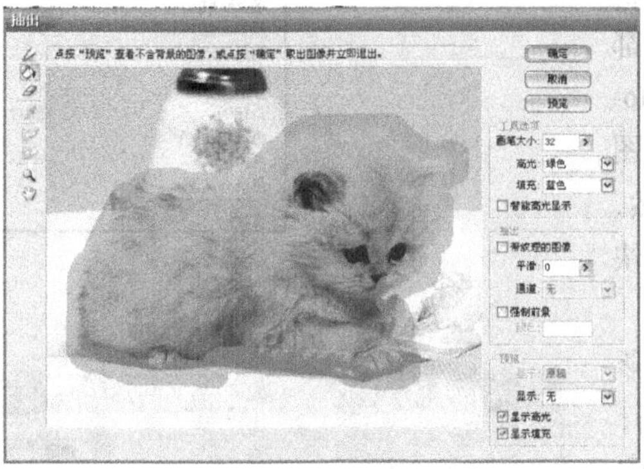

图　1-71

图　1-72

选择清除工具，同时按住 < Alt > 键，重新描绘一次猫身边缘，将边缘补充完整，局部会出现多余背景，暂不管它，如图 1-73 所示。

松开 < Alt > 键，利用清除工具擦去边缘上多余的背景，结果如图 1-74 所示。单击 确定 按钮，就会得到如图 1-67 所示的抠图效果。

图 1-73

图 1-74

在建筑效果图制作中，抠图常用于对配景等素材的处理。Photoshop 自带的抽出工具，简单实用，基本能满足此类工作的需要。如果遇到复杂背景的抠图，也可以使用更专业的抠图软件，如号称“抠图圣手”的 Knockout，安装后可在 Photoshop 的“滤镜”菜单内找到。

1.4.2.7 图像调整工具

这里所谓的“图像调整”，主要是指对图像明暗、色彩、对比度的调整，其中，色彩调整又分为对色相、饱和度及明度的调整，这些都是效果图制作中常用的操作，可以使用 Photoshop 提供的多种工具实现，常用的是菜单“图像→调整”内的命令，如图 1-75 所示。当然，其中部分工具也可以通过快捷键调用，相关快捷键在菜单中已经列出来了。

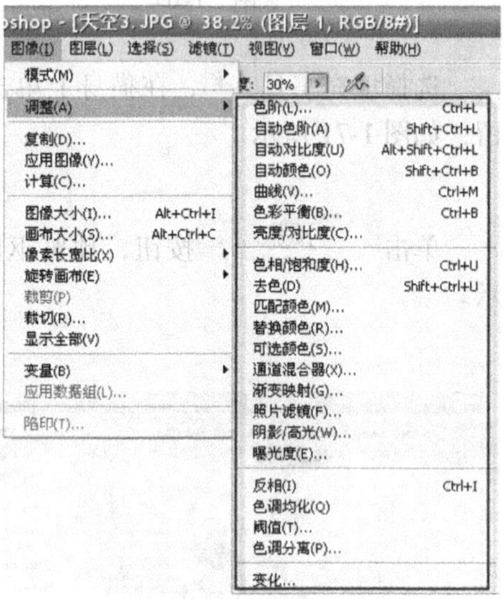

图 1-75

这里简单介绍一下其中的 3 个命令：色彩平衡、亮度/对比度和色相/饱和度。色彩平衡，主要用于调整画面的色彩倾向，即色调，按 <Ctrl> + <B>键可打开其对话框，如图 1-76 所示。里面有红色、绿色、蓝色等 6 种颜色的名称，移动中间的滑块，它偏向哪种颜色，画面就会倾向哪种颜色。

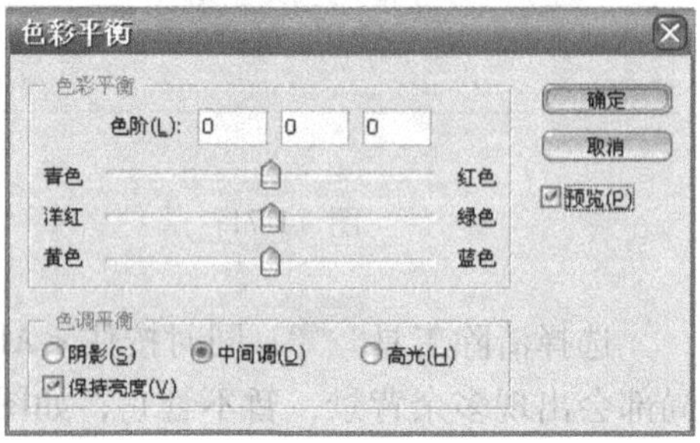

图 1-76

如图 1-77 所示，是图像调整前的效果。如图 1-78 所示是将滑块分别向红色、黄色移动后得到的偏暖效果。

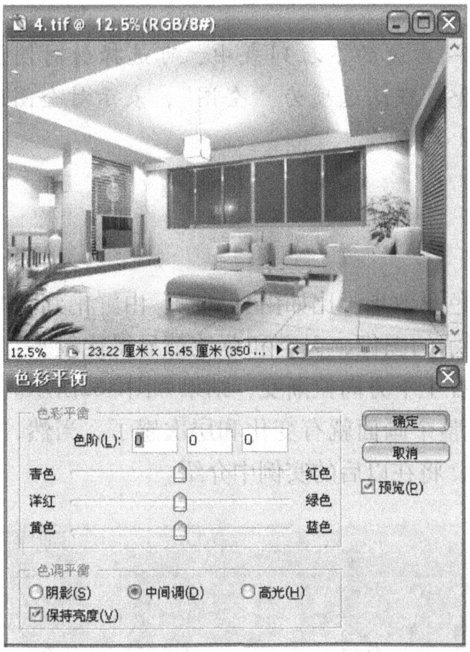

图　1-77

图　1-78

提示与技巧

从以上对话框中可以看到，默认状态下，是对图像的“中间调”区域进行调整，也可以选择对图像的“阴影”或“高光”区域进行调整。另外，当“预览”选项处于选中状态时，可以边调整边查看效果，在 Photoshop 的很多编辑操作中都是如此。

亮度/对比度，顾名思义，用于调整图像或选区的亮度和对比度，其对话框如图 1-79 所示，向右移动滑块，可增大亮度或对比度，反之是降低。

色相/饱和度，可以分别对色彩的 3 要素即色相、饱和度和明度进行调整。按 <Ctrl> + <U>键，可打开其对话框，如图 1-80 所示。

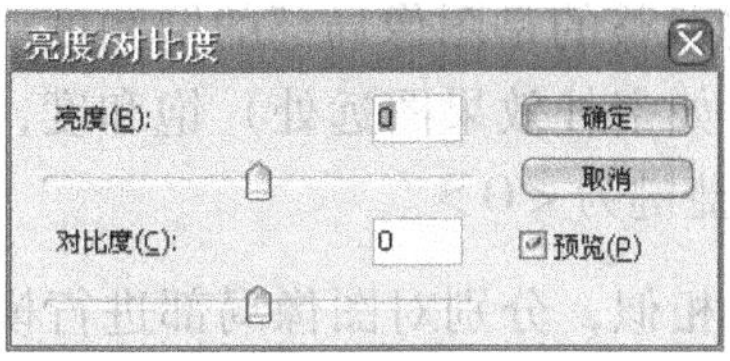

图　1-79

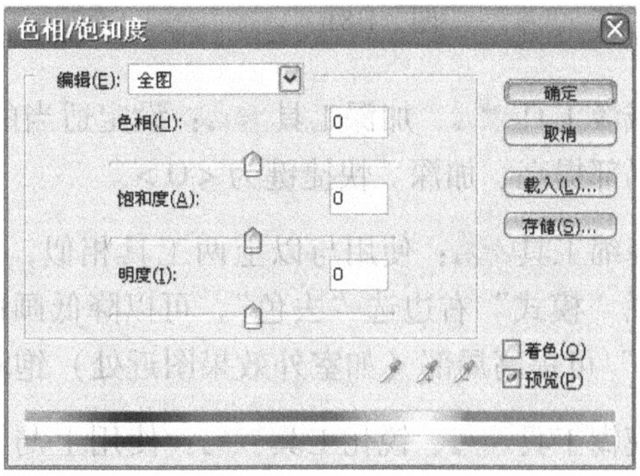

图　1-80

提示与技巧

在以上对话框中，从“编辑”右边的下拉列表中，可选择针对图像的红、黄、绿、蓝等色区进行调整，默认选项为“全图”，表示对全图进行统一处理。

此外，图像调整还常用到以下工具：

渐变工具：主要用于产生渐变的明暗或色彩效果，比如由亮到暗、由鲜艳到素净、由黄色到绿色等，快捷键为<G>。如图 1-81 所示的图像，天空和草地都显得比较平，没有层次。现在分别选择天空和草地区域，并分别在上下方向拉渐变，结果如图1-82所示。这样，天空就显得更加高远，草地显得更加空旷，整个画面就有变化和层次感了。当然，这当中涉及一些参数、选项的设置和具体操作问题，将在以后的实例中介绍。

图 1-81

图 1-82

减淡工具、加深工具：设定适当的“曝光度”，然后涂抹或单击图像，可将图像局部提亮、加深。快捷键为<O>。

海绵工具：使用与以上两工具相似，只不过它调整的是图像局部的饱和度。在选项栏“模式”右边选“去色”，可以降低画面局部（如室外效果图远处）饱和度，选“加色”可提高局部（如室外效果图近处）饱和度。快捷键为<O>。

模糊工具、锐化工具：使用上与上述工具相似，分别对图像局部进行模糊（如效果图远处）、锐化（如效果图近处）处理。以上局部处理工具的应用，都将在后面结合实例进行介绍。快捷键为<R>。

提示与技巧

在 Photoshop 的“图像”和“滤镜”菜单下，分别有图像明暗、饱和度、模糊、锐化等调整命令，但它们主要用于对整个图像或选区进行统一处理，而上面介绍的工具主要用于局部处理，以便获得更丰富、真实的光影、色彩和透视效果。

1.4.2.8　其他工具

在建筑效果图制作中，除了常用以上工具，以下工具也较为常用，这里集中介绍一下：

画笔工具：可绘制色块或线条，快捷键为 <B>，画笔的颜色为工具箱中设置的前景色。在图像编辑区单击鼠标右键，会弹出画笔的设置面板，可设置直径、硬度及画笔形状，如图 1-83 所示。硬度越低，画笔边缘越模糊。至于画笔形状，除了选择圆形外，还可选择其他形状甚至包括花、草、叶等图案。Photoshop 的其他一些工具，如图章、橡皮擦等，也有类似参数可设置。

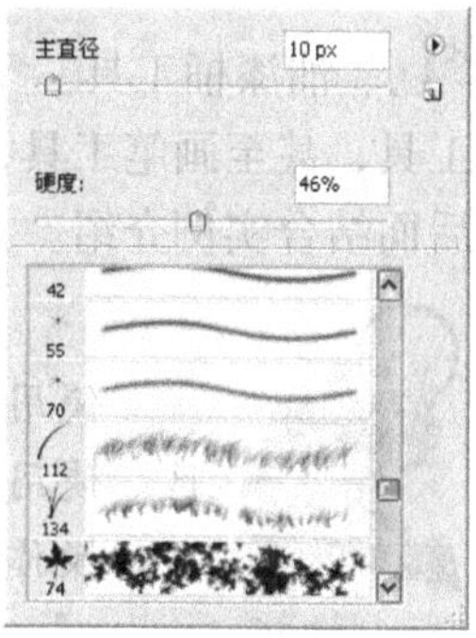

图　1-83

提示与技巧

如果要绘制直线，可以先单击确定起点，然后按住 <Shift> 键单击确定终点，这种操作对橡皮擦工具、仿制图章工具等同样适用，结果就是沿直线擦除或复制。

移动工具：可以移动选区内的图像或整个图像，快捷键为 <V>。使用移动工具时，如果按住 <Alt> 键有复制功能，如图 1-84 所示。

图　1-84

提示与技巧

不管使用何种工具，同时按住 <Alt> 键和 <Ctrl> 键并以鼠标左键按住图像或选区拖动，都可达到复制图像或选区的目的。注意，要移动选区，可在选中选框、魔棒或套索等工具的情况下直接拖动选区，而用不着使用移动工具。如果选择移动工具后再移动，将移动选区内的图像而不只是选区。另外，当要对选区或图像做少量移动时，可以按键盘上的方向键，如 <→>、<↑> 等。

橡皮擦工具：用于擦去不要的图案或色块。除了普通的橡皮擦外，还包括背景橡皮擦和魔术橡皮擦，快捷键为<E>。选择背景橡皮擦后，光标中心会出现一个十字叉，单击左键时十字叉所在位置是什么颜色，接下来要擦除的就是什么颜色，所以它可用于完成抠图一类的工作。魔术橡皮擦的功能相当于“魔棒 + 橡皮擦”，即可在选中某一色块的同时将其擦除。

填充工具：Photoshop 提供了多种具有填充功能的工具和命令，具体包括图案图章工具、油漆桶工具、“编辑”菜单内的“填充”命令等。另外，渐变工具、替换颜色工具，甚至画笔工具，在某种程度上说都可以作为填充工具。这些工具的填充应用将在后面结合实例介绍。

提示与技巧

使用快捷键<Alt> + <Delete>键，可快速地以前景色填充图像或选区。使用快捷键<Ctrl> + <Delete>键，可快速地以背景色填充图像或选区。操作时注意，是<Delete>键，而不是<Del>键。

裁剪工具：用于从图像中裁切出一个矩形范围的工具，快捷键为<C>。效果图制作后期，有时会根据构图或画面效果的需要进行适当裁剪，就会用到此工具。选择此工具后，拖动鼠标框选要保留区域，这部分会以正常亮度显示，而周围不需要的部分以较暗亮度显示，如图 1-85 所示。此时可以移动选区周围控制点，调整保留范围，满意后按<Enter>键完成裁剪。

图 1-85

1.4.3　调整显示

在图像编辑过程中，往往需要不断放大、缩小或移动视图，Photoshop 为此提供了多种工具和命令，熟悉它们，尤其是对应快捷键的操作，对提高工作效率十分有益。

下面来了解 Photoshop 的显示模式。默认模式或者说标准模式如图 1-86 所示。

图　1-86

按 <F> 键，可切换到无标题栏的显示模式，如图 1-87 所示。少了顶端无用的标题栏，窗口显得宽敞了些。

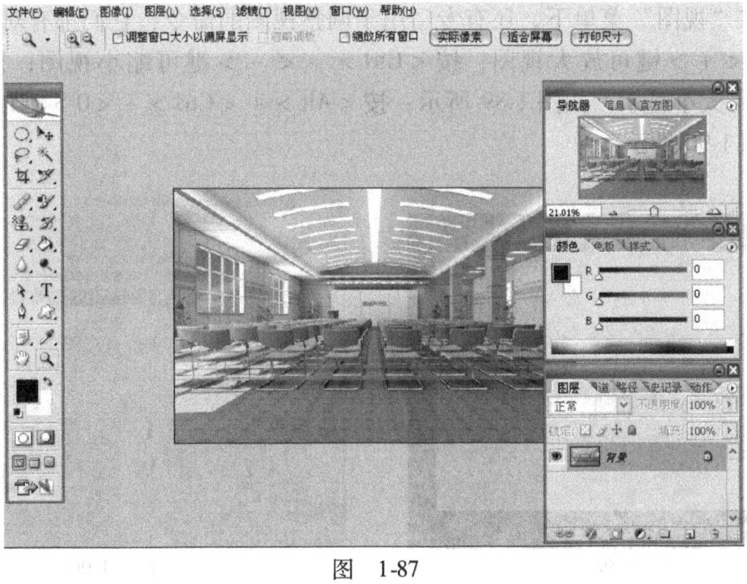

图　1-87

再按 < F > 键，可切换到仅带选项栏的全屏显示模式，也就是在上一模式基础上又隐藏了菜单栏和下方的 Windows 系统任务栏，如图 1-88 所示，所以窗口变得更为宽敞，更便于编辑图像。仔细观察发现，工具箱顶部多了一个按钮，单击它就可以找到原来菜单栏中的各项菜单。接下来，如果再按 < F > 键，就又回到标准模式了。

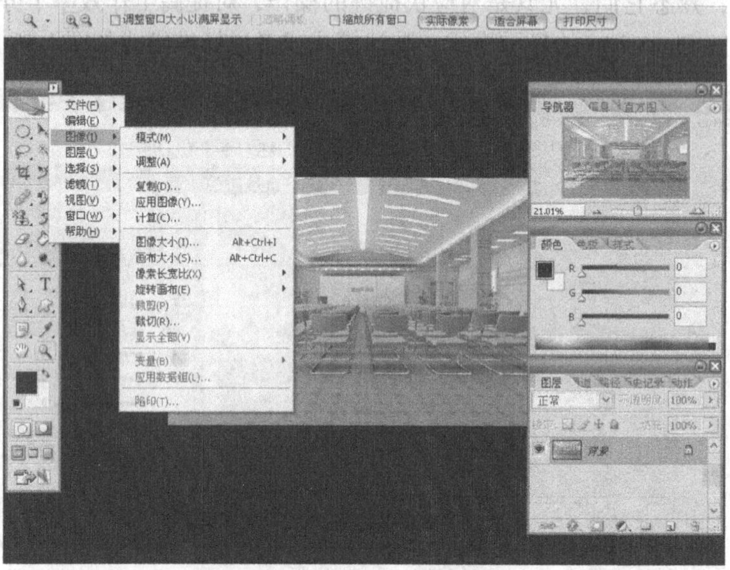

图 1-88

了解了显示模式的切换，下面介绍缩放、移动视图的操作。

选择抓手工具（快捷键 < H >），可以直接拖移视图。选择缩放工具（快捷键 < Z >），然后框选图像，可以局部放大视图，如果单击图像编辑区，可以放大整个视图，如果按住 < Alt > 键，可以缩小视图。

另外，在“视图”菜单下，还有专门用于调整视图的命令，它们都有对应的快捷键，按 < Ctrl > + < + > 键可放大视图；按 < Ctrl > + < - > 键可缩小视图；按 < Ctrl > + < 0 > 键以屏幕大小显示，如图 1-89 所示；按 < Alt > + < Ctrl > + < 0 > 键以图像实际像素显示，如图 1-90 所示。

图 1-89

图 1-90

1.5 重要概念的含义及其应用

除了前面介绍的，使用 Photoshop 还需要了解一些重要概念及应用，如图层、通道和滤镜等，这里，重点介绍一下图层和通道。

1.5.1 图层及其应用

学用 Photoshop，不懂图层、不会用图层，不算学会了 Photoshop。什么是图层呢？可以将它想象为一张张透明纸，每张透明纸上分别放置效果图的不同部分，如背景层、草地层、建筑层、树木层等，如图 1-91 所示。这样，效果图就是将这些透明纸叠放在一起产生的效果，如图 1-92 所示。

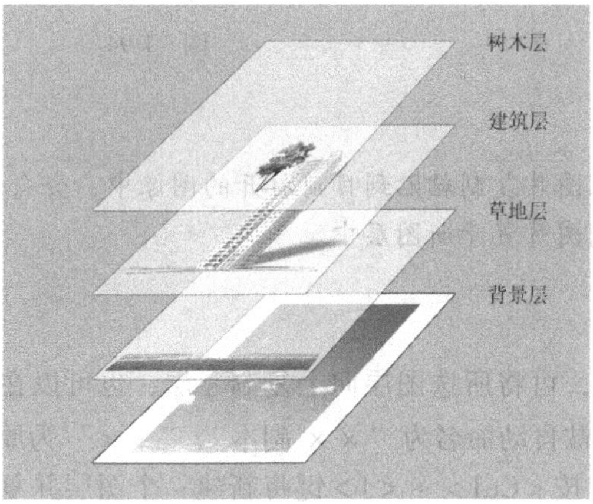

图 1-91

图 1-92

图层最大的优点，就是允许用户对每个图层单独进行编辑、修改，而不影响其他图层。当然，如果需要，也可以让一个图层对别的图层效果产生影响。另外，通过调整图层的顺序、属性、样式或者增减图层，可以制作各种奇妙的效果。

图层的相关操作可通过“图层”菜单内的命令来完成，但常用操作，如选择、新建、删除图层以及添加图层样式等，可在图层面板中完成，如图 1-93 所示。

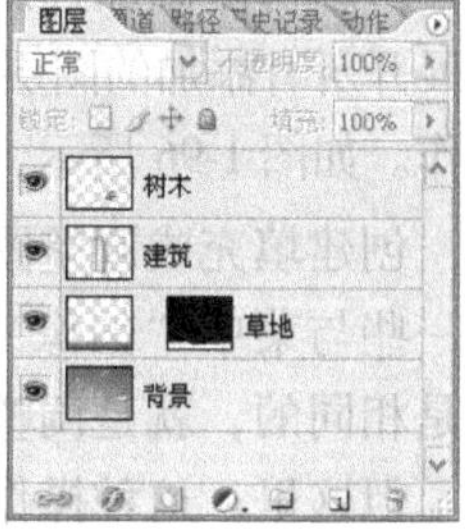

图 1-93

按 < F7 > 键可隐藏或显现图层面板。面板中的小图代表图层中的内容，称为“缩览图”。缩览图右边的文字是图层名称，简称“层名”。单击缩览图左边的图标，可控制对应图层是隐藏还是显示。

各图层默认的名称为“图层…”或“Layer…”，为了便于识别，可以在图层面板中双击改名，如改为“背景”、“建筑”等。

提示与技巧

图层叠加效果规律：上层的图像覆盖下层的图像，或者说上层的图像在前面，下层的图像在后面。所以，对于建筑效果图而言，天空一般放在最底层，因为它离我们最远，可以被其他任何物体覆盖。要调整图层顺序，可用鼠标直接在图层面板中上下拖动它，也可以使用快捷键：<Ctrl> + <]>上移一层，<Ctrl> + <[>下移一层。

选择图层操作：可以直接单击图层面板中的层名，被选中图层所在行以蓝色显示，如图 1-94 所示，表示“建筑”图层被选中。还可以在选择移动工具后，按住<Ctrl>键单击要选择图层中图像的某点。

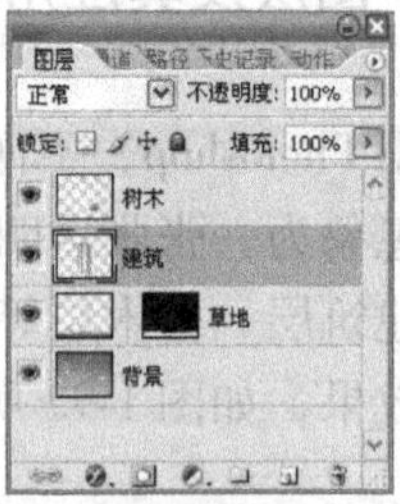

图 1-94

新建图层操作：新建空白图层可按<Shift> + <Ctrl> + <Alt> + <N>键，或者单击图层面板底部的按钮。

提示与技巧

如果将其他地方的一张图片复制粘贴到目前打开的图像中，会自动创建一个新的图层，并将复制图片置于新图层中。

复制图层操作：按<Ctrl> + <J>键，可将所选图层向上复制一层，也可以在图层面板中拖动图层到按钮上，复制图层被自动命名为“× × 副本”，“× ×”为原图层的名称，如图 1-95 所示。如果存在选区，按<Ctrl> + <J>键将新建一个图层并复制选区内图像到新层。

删除图层操作：选中图层，然后拖到图层面板底部的按钮上即可。

添加图层样式：单击图层面板底部的按钮，可以为当前图层中所选物体添加投影、发光等效果。单击层名右侧小箭头，将展开所有添加的图层样式，可分别对其进行复制、删除、修改等操作。如图 1-96 所示，为“树木”图层添加了“外发光”效果。

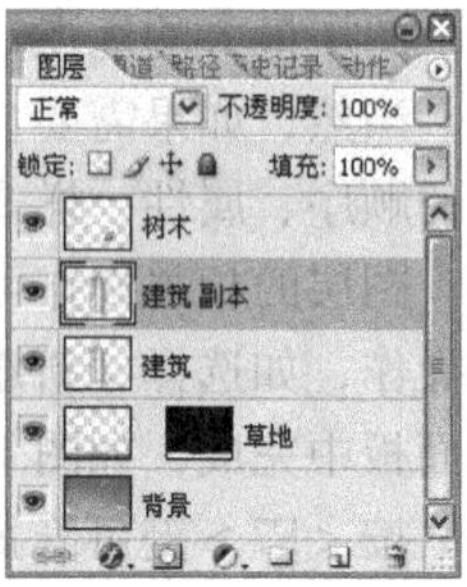

图 1-95

创建填充或调整图层：单击图层面板底部的按钮，会看到一些与菜单“图像→调整”内相同的命令，其实，它们的作用也是相同的，就是调整图像的明暗或色彩等效果，如图 1-97 所示。

但这里，这种操作叫“创建填充或调整图层”，会在所选图层上面创建一个新的图层，用于记录此项操作，如图 1-98 所示。这样，在调整图像效果的同时，又不损伤原始图像，更重要的是，随时双击此特殊图层可修改效果。所以，建议在效果图制作中多用此方式调整图像。

图　1-96

图　1-97

图　1-98

提示与技巧

注意，单击按钮后，如果选择的是“纯色”、“渐变”或“图案”，创建的就是填充图层，如果选择其他的，如“色彩平衡”、“亮度/对比度”等，创建的就是调整图层。另外，使用创建填充或调整图层方式调整图像，与使用“图像→调整”菜单命令，在影响范围上有一个重要区别，前者影响它下面的各层，而后者只影响到所选图层。例如，使用前者分别在“草地”层和“树木”层提高亮度，结果分别如图 1-99（只影响到“草地”和“背景”层）和图 1-100（影响到所有图层）所示。但针对选区，两者都只影响所选图层中选区内效果。

图 1-99

图 1-100

调整“不透明度”：在图层面板右上角，有一项参数为“不透明度”，其实前面提到的很多工具如画笔、减淡等也有此参数，只不过位于选项栏中。“不透明度”的作用是控制所绘色块或所选图层的透明程度，以百分数表示，100%完全不透明，而0%时完全透明，中间值为半透明。如将“建筑”层的“不透明度”设为50%，结果如图1-101所示，这种方法常用于处理画面中的远景或阴影等。

图 1-101

提示与技巧

注意，如果所选工具不带数字参数，如移动工具，那么按0、1、2……9时，可分别将当前图层的“不透明度”调整为100%、10%、20%……90%。如果所选工具本身有“不透明度”参数，如画笔，那么调整的就是此工具的“不透明度”。另外，将光标移到参数名称上时，如“不透明度”，如果光标变成手加双向箭头即不透明度:，表示可按住鼠标左右拖动调整数值，左小右大。

除了“不透明度”，图层面板中还有混合模式参数，对图像效果也有较大影响，而且前面的很多工具如画笔、模糊等也有此参数，所以，后面将专门介绍混合模式及应用。

合并图层操作：为了便于编辑、管理，有时可以将一些图层合并，通常这不会对画面效果产生影响。按 < Ctrl > + < E > 键，将所选图层与下面一层合并；按 < Ctrl > + < Shift > + < E > 键，将所有可见图层合并。

1.5.2 通道及其应用

通道，包括色彩通道和 Alpha 通道两种。前者用于管理图像色彩信息，后者用于存储选区，效果图制作中常用的是后者。一张图像可以有多个 Alpha 通道，也就是可以附带保存多个选区。为了说明这一点，来看一个例子。打开一张室内效果图，切换到图层面板右边的通道面板，如图 1-102 所示。现在看到有红、绿、蓝和 RGB 共 4 个通道，它们就是色彩通道。

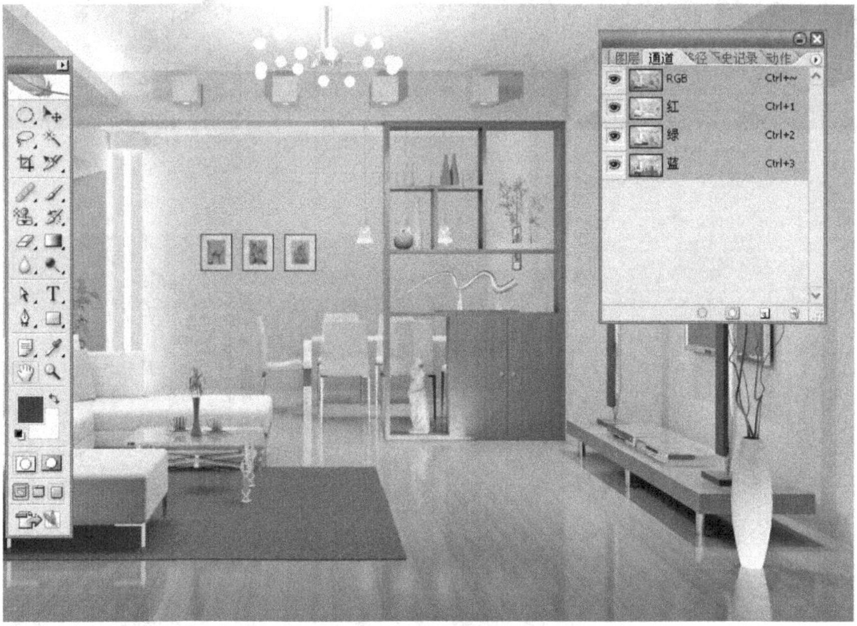

图 1-102

利用魔棒工具选中右下角的花瓶，出现花瓶选区，单击通道面板底部的按钮，就将选区存储为通道，如图 1-103 所示。此时可以看到，通道面板中出现了一个新的 “Alpha 1” 通道，而且其缩览图中有一个与花瓶形状相同的白色区域，这其实就是此通道包含的选区。

为了进一步证实这一点，接下来，再用矩形选框工具选择装饰架，并单击按钮将此选区存储为一个新的通道 “Alpha 2”，如图 1-104 所示。类似地，通道缩览图中有一个白色矩形，代表的就是矩形选区。

现在，如果按 < Ctrl > + < S > 键将图像保存，通道信息会随文件保存。以后当需要选取花瓶时，只要按住 < Ctrl > 键单击 Alpha 1 通道即可，如图 1-105 所示。这就是使用通道的好处。

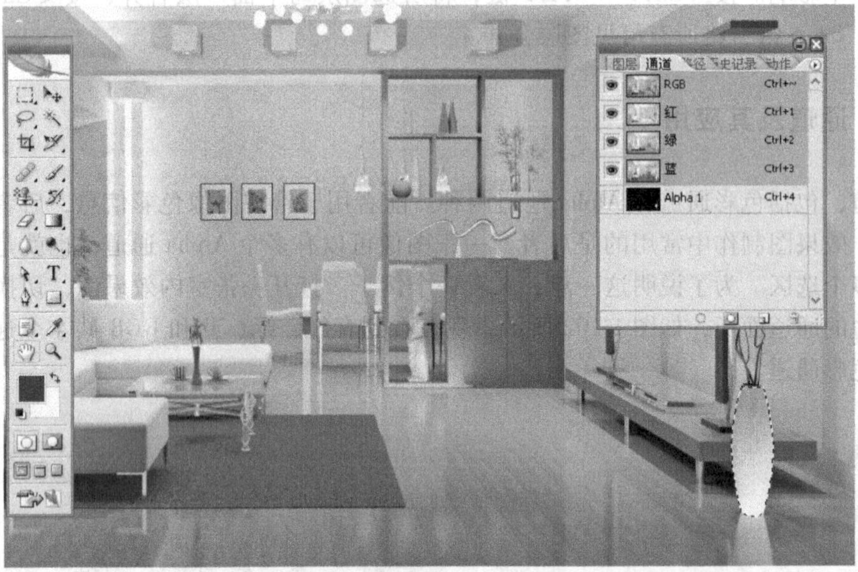

图 1-103

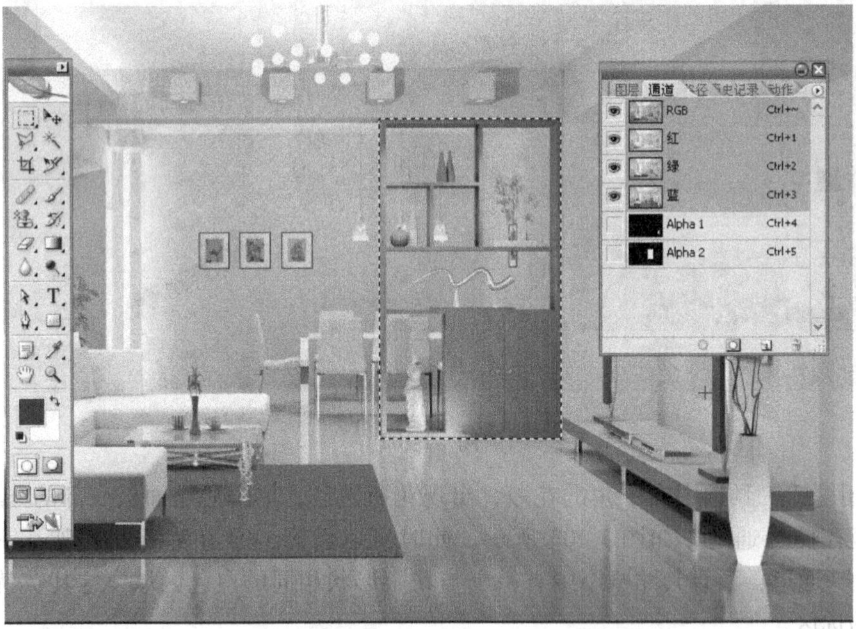

图 1-104

在用 3ds max、Lightscape 等软件渲染出图时，如果保存为 . tga、. tif 等格式，就可以选择是否保存 Alpha 通道，如果选保存，那么除去背景以外的区域将存入通道，便于后期处理时用其他图片（如天空）替换背景。

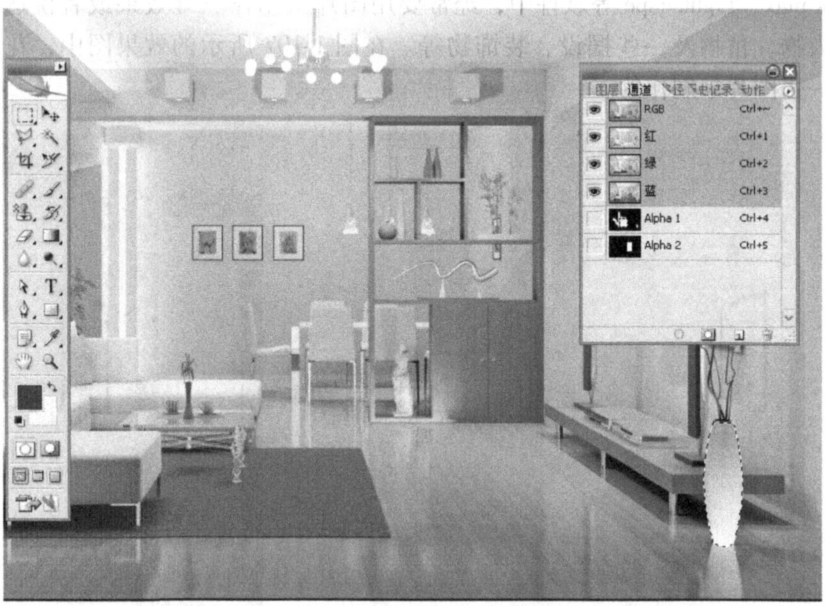

图　1-105

提示与技巧

图像调整完毕后，如果确定今后不再需要其中的 Alpha 通道，可以将其删除，以减小文件大小。操作是：在 Alpha 通道上单击鼠标右键，选择“删除通道”命令，也可以在保存文件时选择不保存 Alpha 通道，如图 1-106所示。

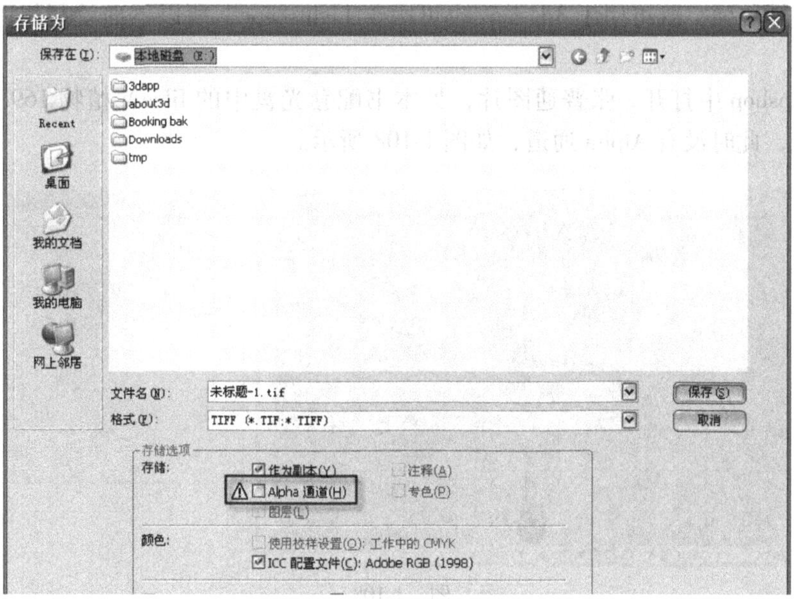

图　1-106

在 3ds max、Lightscape 等软件中，经常要用图片来制作三维效果或者说透明贴图效果，比如人物、植物及一些摆设、装饰物等。在图 1-107 所示的效果图中，花盆中的植物就是用一张图片来制作的。

图 1-107

这种图片并不是普通的图片，而是包含植物选区的、具有 Alpha 通道的图片，常用格式有 . tif、. tga、. rgb 等，但这当中 Lightscape 只支持 . tga 和 . rgb 两种。Photoshop 可以制作这些包含 Alpha 通道的图片，不过，要制作 . rgb 格式还需要安装一个小插件，见本书配套光盘中的 files \ rgbformat. rar，压缩包中有安装方法。相比之下，制作为 . tga 格式的图片适应性更强，既可用于 3ds max 也可用于 Lightscape，所以下面就制作一张 . tga 格式的。

在 Photoshop 中打开一张普通图片，见本书配套光盘中的 files \ 植物 169. psd，查看其通道面板，此时没有 Alpha 通道，如图 1-108 所示。

图 1-108

选择魔棒工具，将“容差”设定为10，不选“连续”选项，然后单击蓝色背景将其选中，再按 <Shift> + <Ctrl> + <I>键反选，将植物选中，如图 1-109 所示。

图 1-109

单击通道面板底部的[按钮图标]按钮，将选区存为通道，结果，面板中出现了与植物选区对应的“Alpha 1”通道，如图 1-110 所示。

执行菜单命令“文件→存储为”或按快捷键 <Shift> + <Ctrl> + <S>，将此文件另存为“zwtd. tga”，在“存储为”对话框中确认选中“Alpha 通道”选项，如图 1-111 所示。

图 1-110

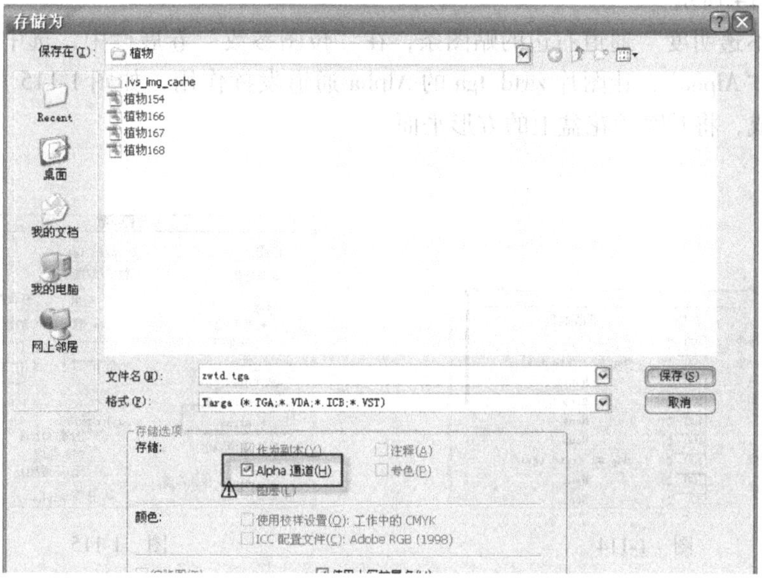

图 1-111

此时会出现“Targa 选项”对话框，注意，这里一定要选“32 位/像素”选项，如图 1-112 所示，否则，保存的图片将无法制作出透明贴图效果。至此图片制作完毕。

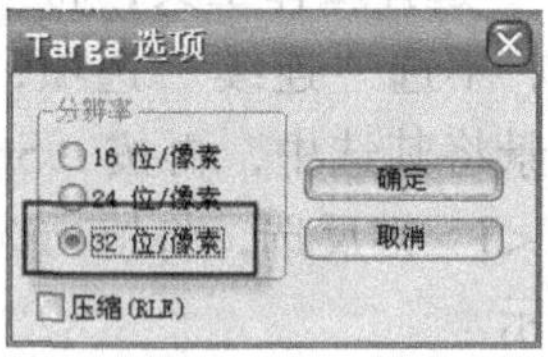

图 1-112

下面来看看此图片的实际效果。在 3ds max 中，调入一个花盆模型，然后，在前视图中创建边长为 1000 的方形平面，并移到花盆上面，再在场景布置一个泛光灯，打开其阴影，阴影类型选择“光线跟踪阴影”，灯光位置如图 1-113 所示。

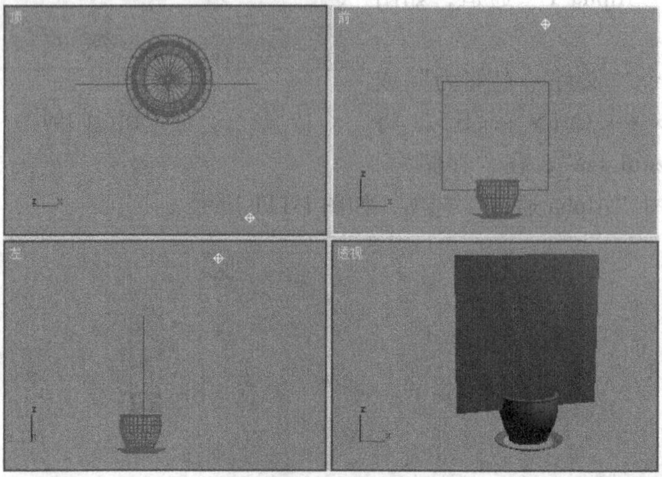

图 1-113

打开材质编辑器，新建一种名为“植物”的材质，材质类型为标准材质，在“贴图”卷展栏中，将前面制作的图片 zwtd. tga 指定给“漫反射颜色”和“不透明度”通道，如图 1-114 所示。

单击“不透明度”通道右边的贴图条，在“位图参数”卷展栏中，选中“单通道输出”下面的“Alpha”，让图片 zwtd. tga 的 Alpha 通道发挥作用，如图 1-115 所示。至此，材质设置完成，将其赋予花盆上的方形平面。

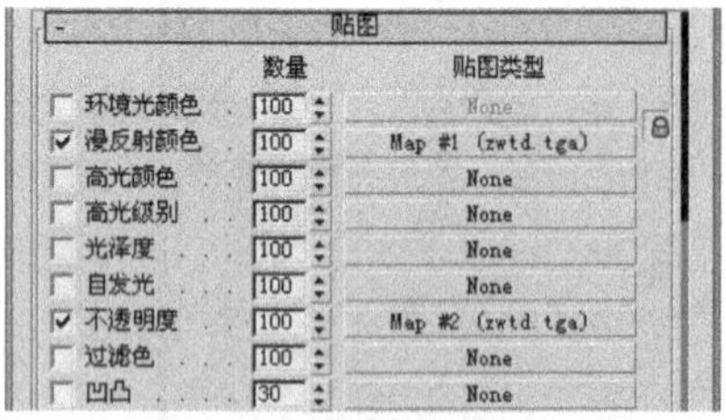

图 1-114

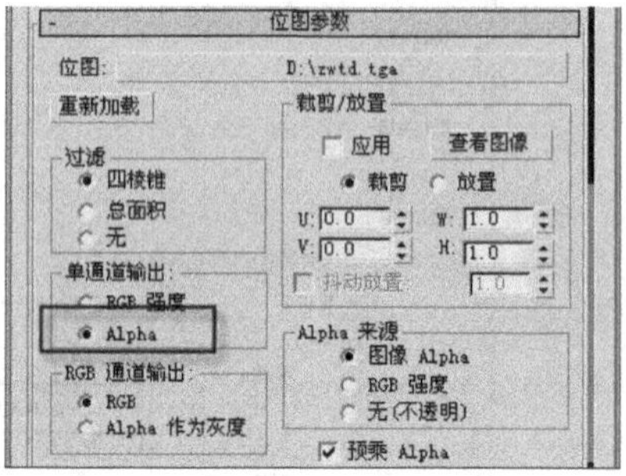

图 1-115

渲染场景，得到图 1-116 所示的结果，这就是透明贴图材质产生的效果。

图 1-116

在 Lightscape 中，只要选中植物材质“纹理”面板中的“剪切”选项，可以得到同样的透明贴图效果，如图 1-117 所示。

图 1-117

1.6 本章小结

本章介绍了建筑效果图的种类及制作流程、Photoshop 在建筑效果图制作中的应用、Photoshop 操作界面一览、建筑效果图制作必须熟悉的操作，以及图层、通道等重要概念的含义及应用。这些是用 Photoshop 处理、绘制效果图必须熟悉的基本知识和操作，希望读者边阅读边动手，亲自尝试书中介绍的各种操作和效果，为后面使用 Photoshop 打好基础。

图 1-116

在Lightscape中，只要选中植物材质"纹理"面板中的"剪切"选项，可以得到同样的透明贴图效果，如图1-117所示。

图 1-117

1.6 本章小结

本章介绍了建筑效果图的种类及制作流程，Photoshop在建筑效果图制作中的应用，Photoshop操作界面一览，建筑效果图制作必须熟悉的操作，以及图层、通道等重要概念的含义及应用，这些是用Photoshop处理、绘制效果图必须熟悉的基本知识和操作，希望读者通过阅读动手，亲自尝试书中介绍的各种操作和效果，为后面使用Photoshop打好基础。

第2章

Photoshop材质及特效制作

材质表现，在建筑效果图制作中具有非常重要的地位，为了获得真实自然的材质效果，常常使用 Photoshop 制作材质贴图或者增强材质质感。另外，有时也直接用 Photoshop 制作一些视觉特效，包括雨、雪、火、光等，本章介绍一个灯光特效的制作方法。

本章主要内容：

- 制作拉丝金属材质
- 制作天然木材材质
- 制作大理石材质
- 制作面砖墙面材质
- 制作长毛地毯材质
- 制作室外水面材质
- 制作树林透光效果

2.1 制作拉丝金属材质

制作建筑效果图，经常会遇到拉丝金属的表现，比如常见的电梯门。这种材质的主要特点是表面有丝状纹路，一般没有强烈反光，下面就用 Photoshop 来制作这种材质。

(1) 启动 Photoshop，按 <Ctrl> + <N>键，打开“新建”对话框，其参数设置如图 2-1 所示。单击按钮结束设置。

(2) 单击工具箱中的、选项栏中的按钮，以及选项栏中的，打开“渐变编辑器”对话框，在色带上单击增加一个色标，并按图 2-2 所示调整中间色标的位置。从左到右 3 个色标的颜色值分别为 68636a、dce0ec 和 7c7984，总体上说，都是灰中偏蓝。

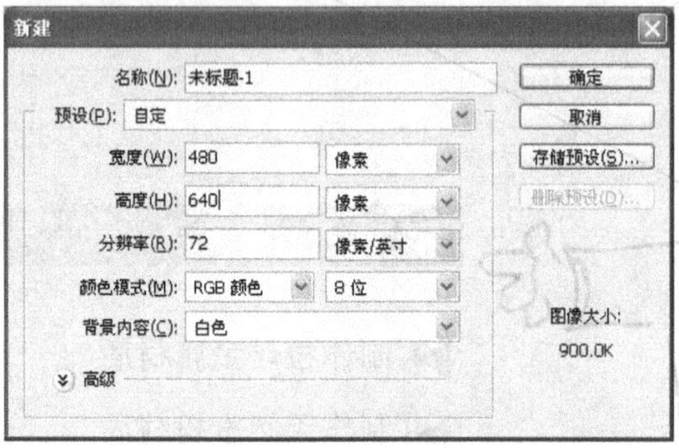

图 2-1

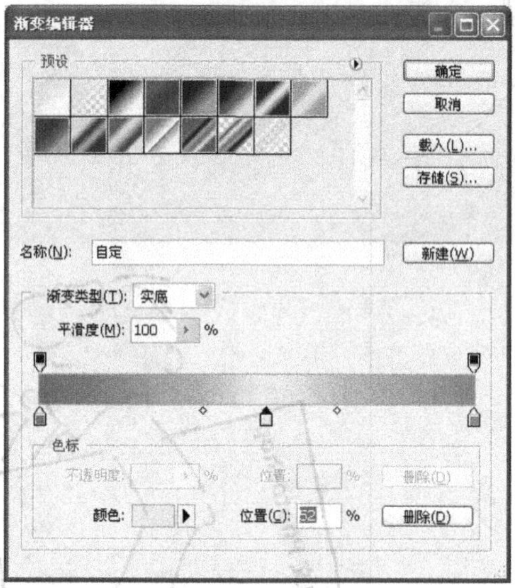

图 2-2

(3) 单击按钮退出，由下向上拉出一个渐变效果，如图 2-3 所示。

(4) 执行菜单命令“滤镜→杂色→添加杂色”，打开“添加杂色”对话框，其参数设置如图 2-4 所示。

图 2-3

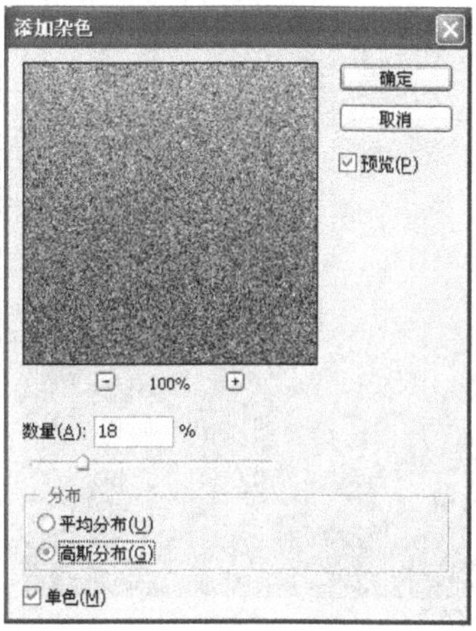

图 2-4

（5）单击 确定 按钮退出，结果如图 2-5 所示。

（6）现在，画面上产生很多杂点，下面以这些杂点为基础形成拉丝效果。为此，执行菜单命令“滤镜→模糊→动感模糊”，打开“动感模糊”对话框，其参数设置如图 2-6 所示。

图 2-5

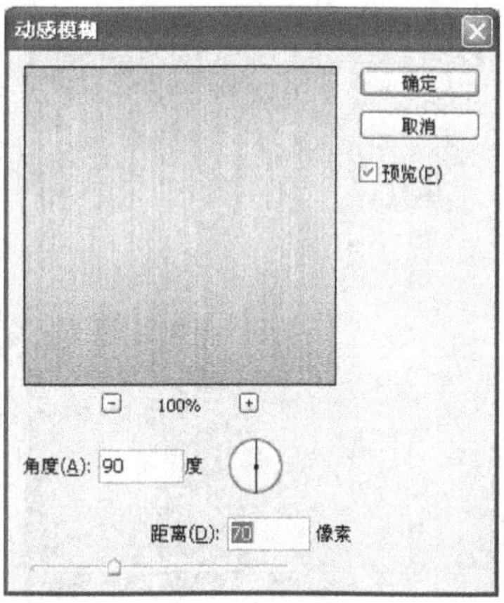

图 2-6

（7）单击 确定 按钮退出，结果如图 2-7 所示。

（8）现在已经有拉丝效果了，但层次较为平淡，因此继续处理。按 < Ctrl > + < L > 键，打开“色阶”对话框，如图 2-8 所示，将左边的黑色三角形稍微右移。

图 2-7

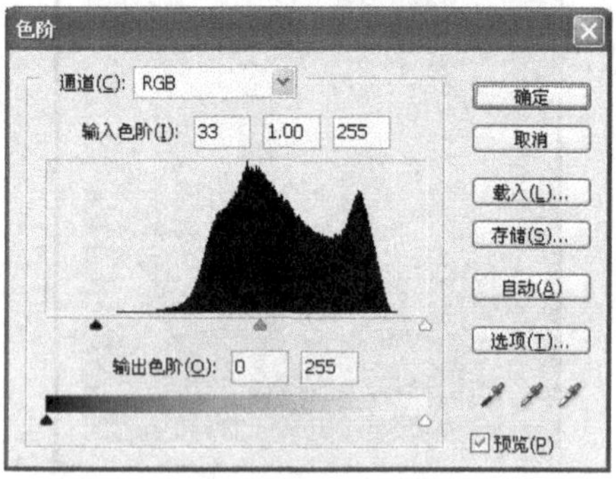

图 2-8

(9) 单击 确定 按钮退出，结果如图 2-9 所示，图像对比度增大，效果更为明显。

(10) 仔细观察，上下边缘有对比过强的纹路，应去掉它。为此，进入图层面板，双击“背景”图层，打开“新建图层”对话框，单击 确定 按钮，将“背景”由锁定图层转化为一般图层。

图 2-9

图 2-10

(11) 按 <Ctrl> + <A> 键全选图像，按 <Ctrl> + <T> 键进入变换状态，按住 <Alt> + <Shift> 键，向上拖动上部中央控制点，直到不自然的纹路全部消失在窗口之外，松开鼠标，按 <Enter> 键结束变换，再根据环境稍作修饰，最终结果如图 2-10 所示。这种制作手法宜用于效果图的后期处理，制作时要考虑具体场景中光线的影响。

提示与技巧

要去掉上下边缘对比过强的纹路，也可以使用工具箱中的裁剪工具或“图像”菜单下的“裁剪”命令。

2.2 制作天然木材材质

制作建筑效果图时，有时会用到纹理中带节疤的天然木材材质，给人一种自然纯朴之感，下面就来制作这种材质的贴图。

(1) 按 <Ctrl> + <N>键，打开“新建”对话框，其参数设置如图 2-11 所示，单击 

按钮结束设置。

(2) 单击工具箱中的前景色块，将其颜色值设定为 ede7c5，如图 2-12 所示。

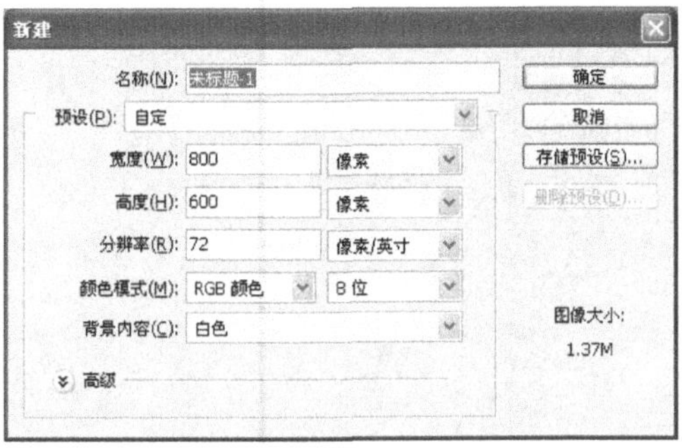

图 2-11

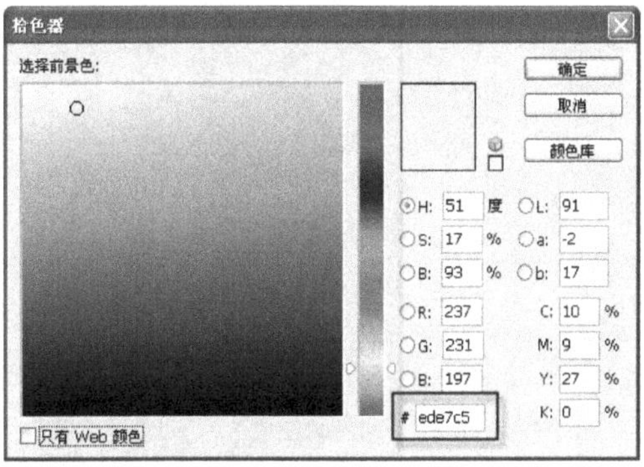

图 2-12

(3) 按 <Alt> + <Delete>键，用前景色进行填充，画面背景变为淡黄色。

(4) 执行菜单命令“滤镜→杂色→添加杂色”，打开“添加杂色”对话框，给画面添加杂色，其参数设置如图 2-13 所示。

(5) 下面以已形成的杂色斑点为基础制作木纹及节疤。为此，执行菜单命令“滤镜→模糊→动感模糊”，打开“动感模糊”对话框，其参数设置如图 2-14 所示。

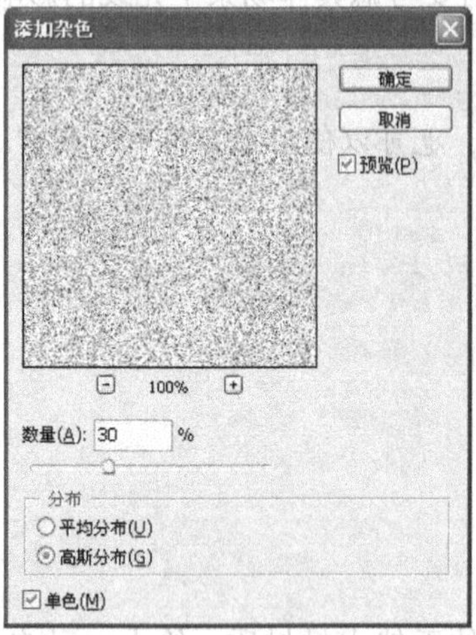

图 2-13

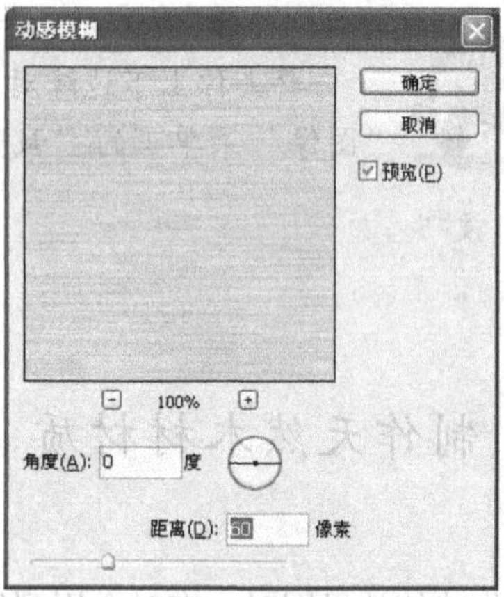

图 2-14

（6）将前景色设定为7a7767，选择画笔工具，设定其“硬度”为0，“不透明度”为26%，选择“正常”模式，然后在木纹上绘制 3 个斑块，作为制作节疤的基础，如图2-15所示。

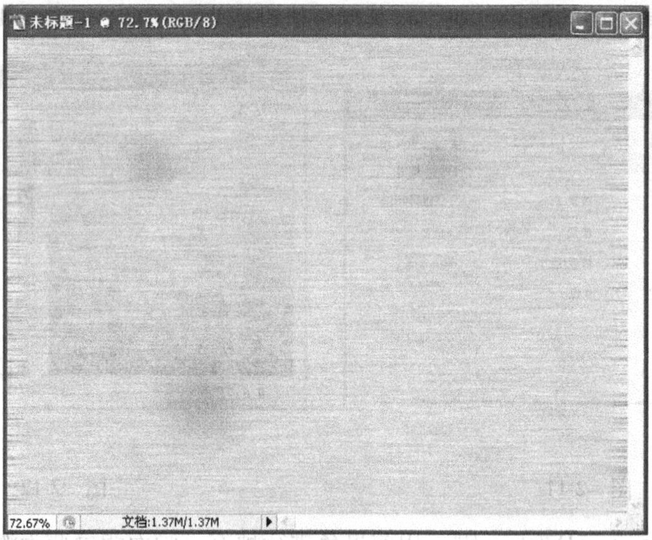

图 2-15

提示与技巧

在用画笔绘制斑块过程中，可以通过按＜［＞、＜］＞键调整画笔大小，以绘制出大小、形态不同的 3 个斑块，为后面制作真实自然的节疤效果创造条件。

（7）选择椭圆选框工具，设定选项栏中的“羽化”值为 15，然后按住 < Alt > 键，框选其中一组色块，如图 2-16 所示。

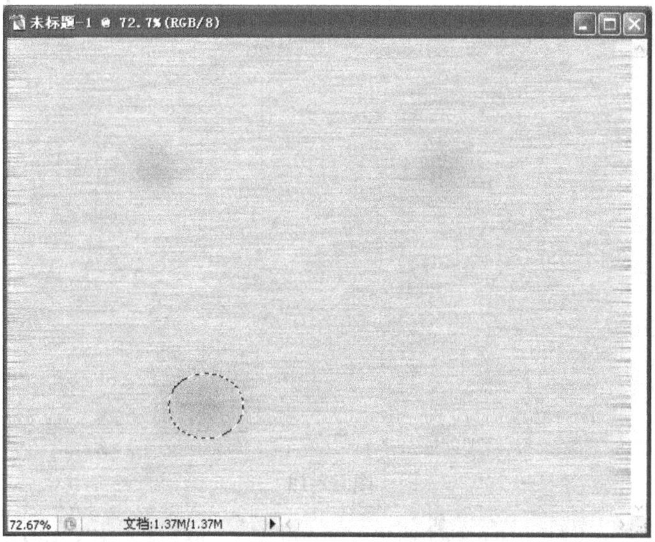

图 2-16

（8）执行菜单命令“滤镜→扭曲→波浪”，打开“波浪”对话框，连续单击 随机化(Z) 按钮，观察小窗口波形的变化，直到出现如图 2-17 所示的节疤为止。

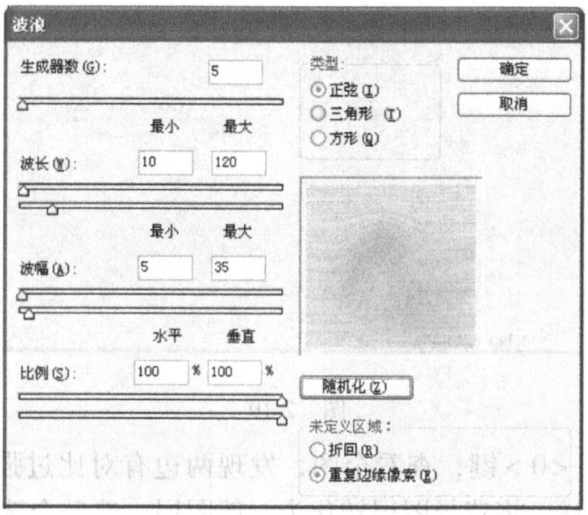

图 2-17

（9）单击 确定 按钮结束设置，按 < Ctrl > + < D > 取消选择，结果如图 2-18所示。这样，一个节疤就制作好了。

（10）分别选择另两个斑块，并分别使用“扭曲”滤镜，制作两个节疤效果。为了获得形状不同的节疤，可以在“波浪”对话框中单击 随机化(Z) 按钮，最后结果如图 2-19 所示。

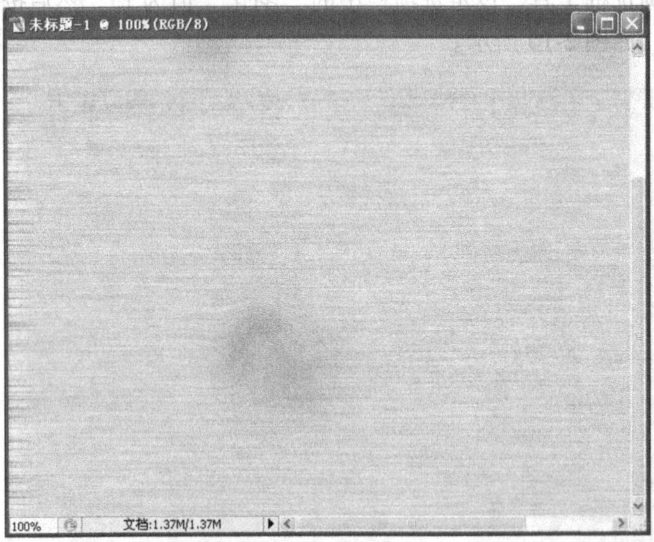

图 2-18

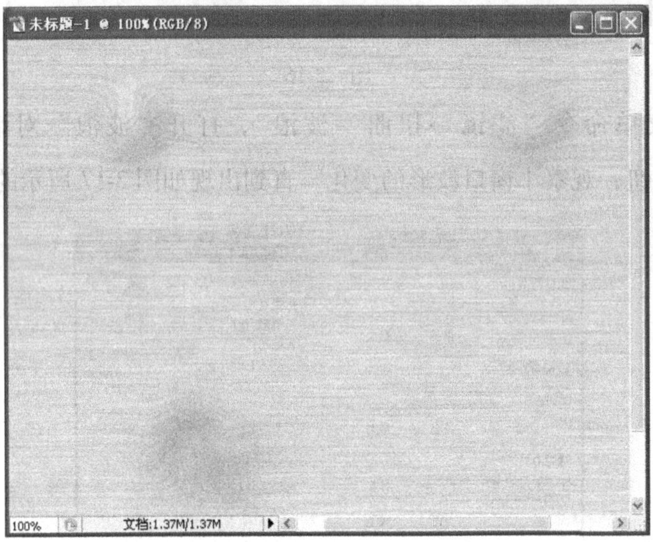

图 2-19

（11）按 <Ctrl> + <0> 键，查看全图，发现两边有对比过强的纹路，如图 2-20 所示，所以，应像前面一样，将背景图层转化为一般图层，然后全选图像，进入变换状态，按住 <Alt> + <Shift> 键，沿左右方向拖动变换控制点，直到纹路消失在窗口之外，松开鼠标，按 <Enter> 键结束变换。

（12）下面适当降低木纹图片的饱和度，为此，按 <Ctrl> + <U> 键，打开“色相/饱和度”对话框，将“饱和度”降低 23，如图 2-21 所示。

（13）单击 确定 按钮结束设置，结果如图 2-22 所示。

（14）执行菜单命令“图像→调整→亮度/对比度”，打开“亮度/对比度”对话框，

图　2-20

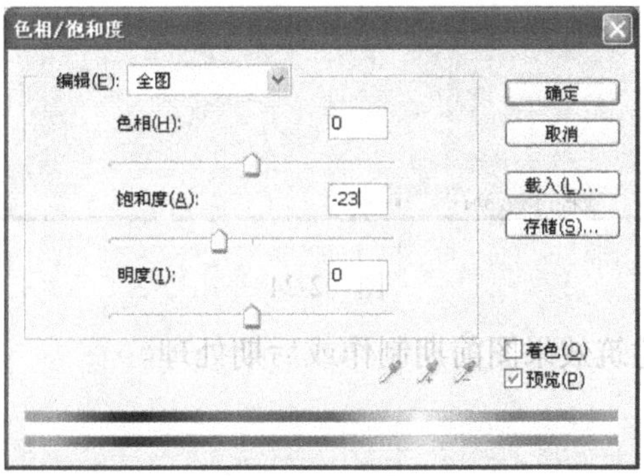

图　2-21

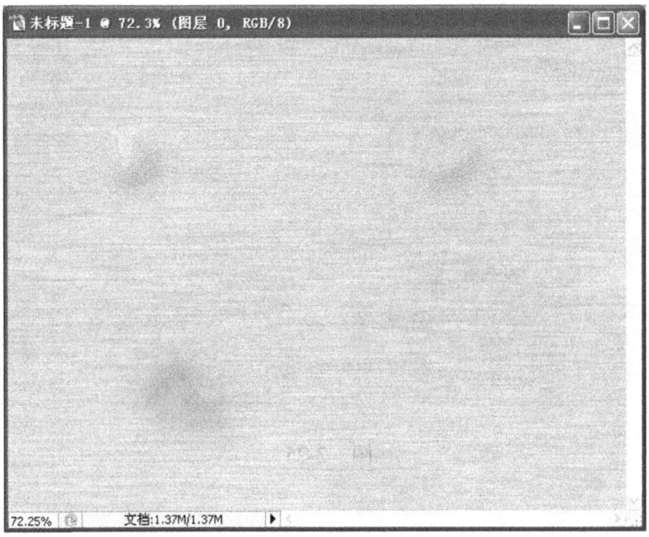

图　2-22

将图像“亮度”提高 14，如图 2-23 所示。

（15）单击 确定 按钮结束设置，结果如图 2-24 所示。

（16）为了提高木材纹理的清晰度，执行菜单命令“滤镜→锐化→锐化”，最终结果如图 2-25 所示。本例中的制作方法，可用于建筑效果图前期制作或后期处理。

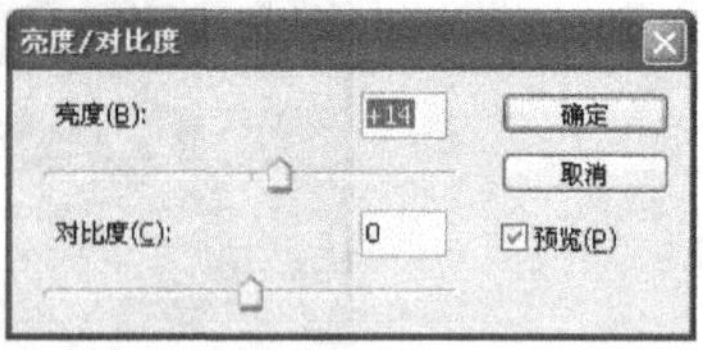

图 2-23

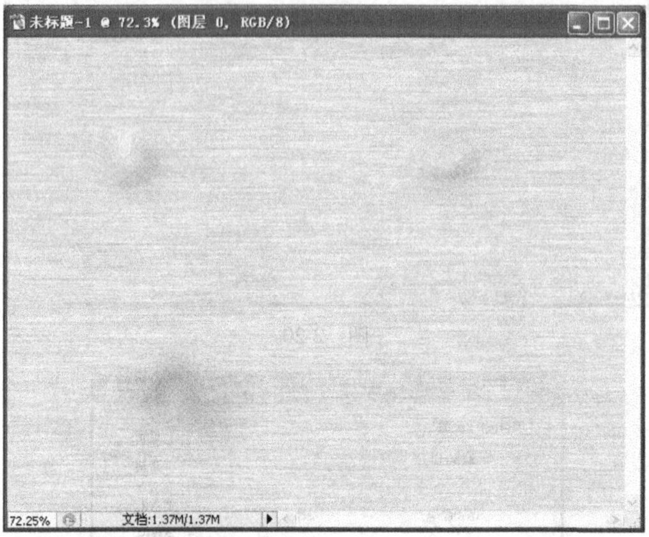

图 2-24

图 2-25

提示与技巧

根据制作效果的需要，有的滤镜可重复使用，如“锐化”。如果重复使用时不打算调整滤镜参数，可直接按 < Ctrl > + < F > 键；如果要调整滤镜参数，可按 < Ctrl > + < Alt > + < F > 键，这样，将打开上次所用滤镜的参数对话框。

2.3 制作大理石材质

建筑装饰上用的大理石，一般表面很光滑且具有一定反光特性，同时，大理石具有独特的石材纹理，制作这种材质时应表现出这些特点。

（1）按 < Ctrl > + < N > 键，新建图像文件，设置与前面相同。

（2）按 < D > 键，将前景色、背景色恢复为黑、白色。

（3）执行菜单命令“滤镜→渲染→云彩”，结果如图 2-26 所示。

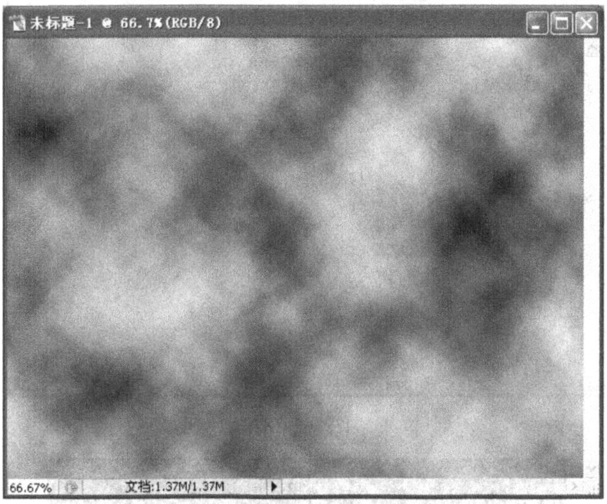

图 2-26

（4）执行菜单命令“滤镜→风格化→查找边缘”，结果如图 2-27 所示。

（5）执行菜单命令“图像→调整→亮度/对比度”，将图像“对比度”提高 92，结果如图 2-28 所示。

（6）按 < Ctrl > + < I > 键，执行反相操作，得到所需大理石材质，如图 2-29 所示。此效果可用于效果图前期制作或后期处理。

图 2-27

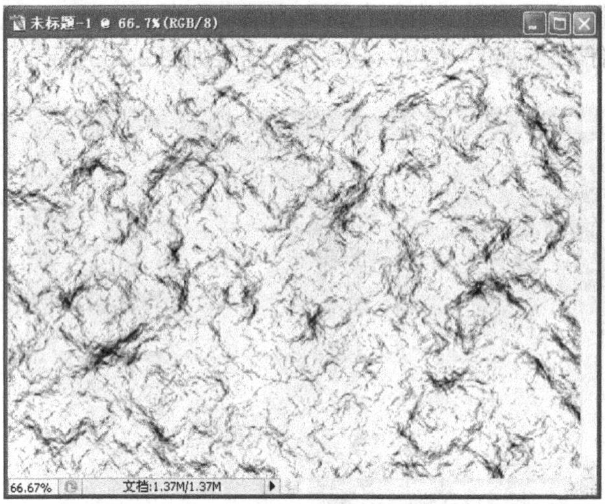

图 2-28

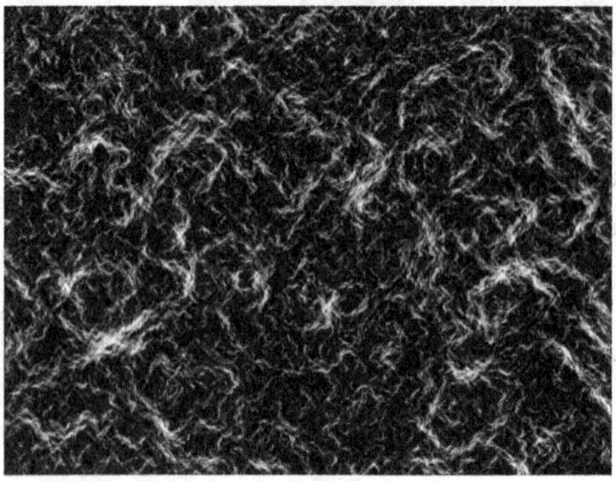
图 2-29

2.4 制作面砖墙面材质

面砖墙面在室内外效果图中都经常用到，通常表面平整光滑，有轻微反光，尺寸规格有多种。当要在 Photoshop 中制作这种材质时，最好先利用 3ds max 中的 Bricks（砖墙）或 Tiles（平铺）贴图制作出需要的面砖尺寸及缝隙大小，也可以利用 AutoCAD 或 CorelDRAW 等软件来制作，如图 2-30 所示，然后在 Photoshop 中进一步处理，并直接用于效果图后期制作。

图 2-30

（1）在 Photoshop 中打开以上图片（见本书配套光盘中的 files\ 面砖分格 . tif），选择魔棒工具，设选项栏中“容差”为 10，去掉“连续”选项，在面砖区域单击鼠标，选中全部面砖，如图 2-31 所示。

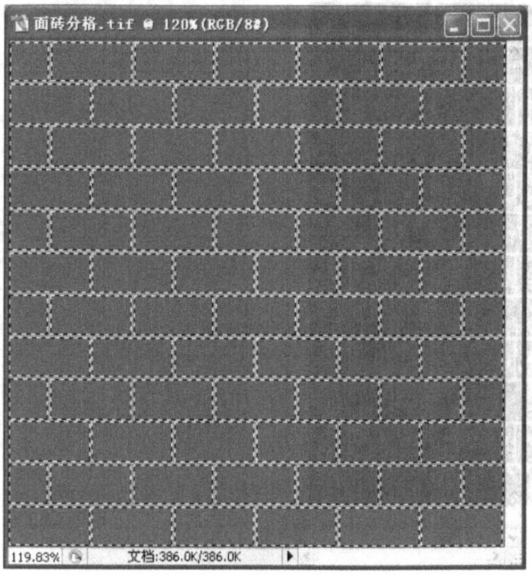

图 2-31

（2）按 <Ctrl> + <J> 键，复制选区内图像并放到新创建的图层，重复操作一次，再创建一个同样的图层，结果如图 2-32 所示。“图层 1”用于制作面砖产生的阴影，而“图层 1 副本”用于制作面砖上的杂斑纹理。

（3）暂时关闭“图层 1 副本”，选择“图层 1”，按 <Ctrl> + <U> 键，打开“色相/饱和度”对话框，将“明度”值调整为 -100，如图 2-33 所示。

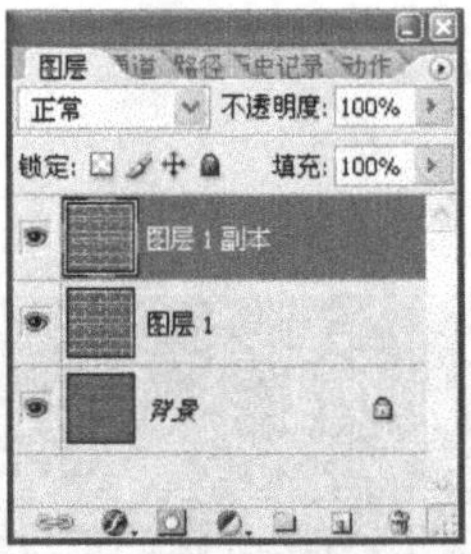

图 2-32

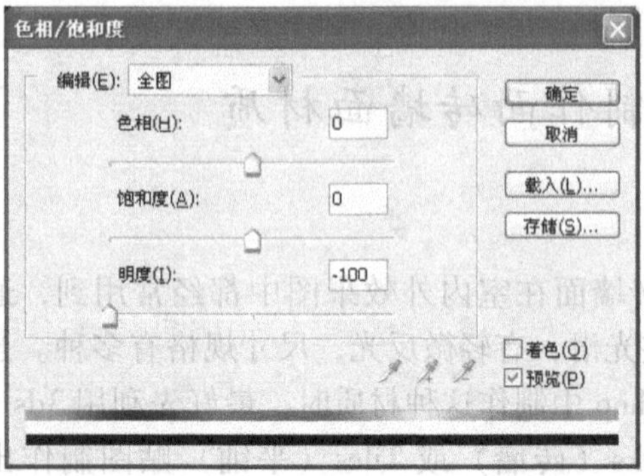

图 2-33

（4）这样，“图层 1”上的面砖就变成黑色，如图 2-34 所示。

（5）选择移动工具，然后分别按一次 < → > 和 < ↓ > 键，将黑色面砖分别向右、向下稍微移一点距离，形成面砖阴影效果。为了更逼真，应反映出阴影的透明效果，于是将“图层 1”的“不透明度”降低到 50%，并打开“图层 1 副本”图层，放大视图，效果如图 2-35 所示。

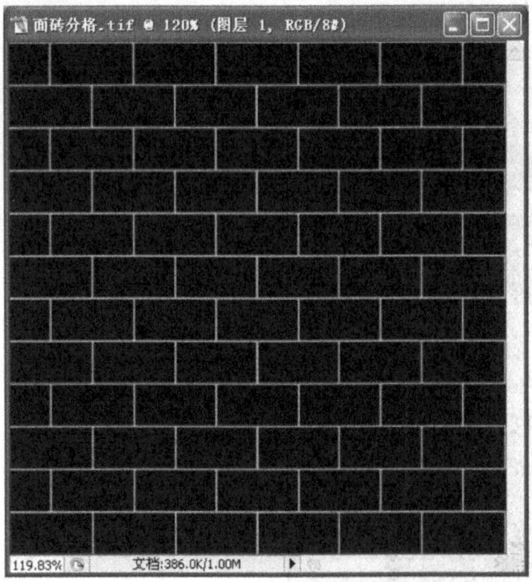

图 2-34

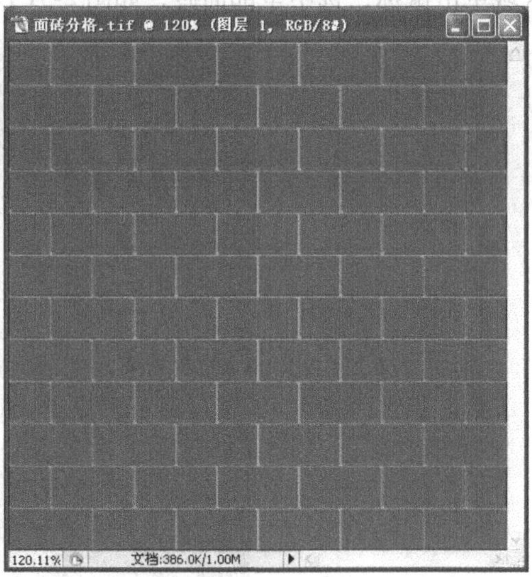

图 2-35

（6）给“图层 1 副本”中面砖添加杂斑。为此，选择“图层 1 副本”，执行菜单命令“滤镜→杂色→添加杂色”，其参数设置如图 2-36 所示。

（7）这样，就在面砖上添加了一些斑点，为使斑点更加密集、明显，按 < Ctrl > + < F > 键再使用一次“杂色”滤镜，结果如图 2-37 所示。

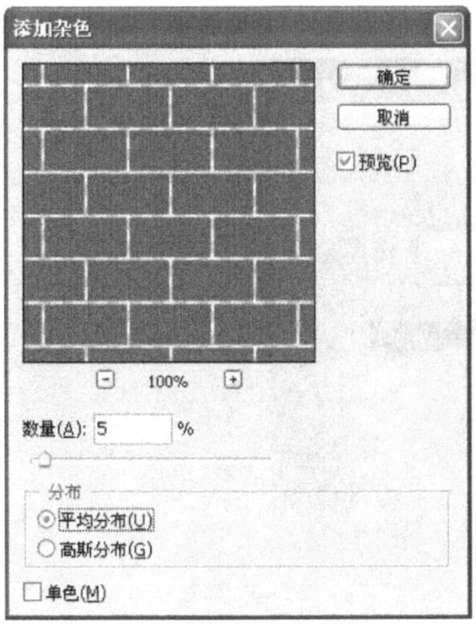

图 2-36

图 2-37

（8）具体应用于一个场景中时，可根据光源的情况，利用“滤镜→渲染→光照效果”命令添加灯光效果，如图 2-38 所示。

图 2-38

2.5 制作长毛地毯材质

使用 Alien Skin Eye Candy 5 Textures 滤镜组中的“动物皮毛”滤镜，可以简单快捷地制作长毛地毯效果。下面以一个实例来说明。

（1）如图 2-39 所示的效果图中有一块普通地毯，文件见本书配套光盘中的 files \ 客厅一角 . tif，下面利用滤镜将其改造为长毛地毯。

图 2-39

（2）选择缩放工具，框选地毯区域，将此区域放大显示。选择多边形套索工具，将地毯区域选中，如图 2-40 所示。

图 2-40

（3）执行菜单命令“选择→存储选区”，将地毯区域存为“dt”，如图 2-41 所示。

（4）按 < Ctrl > + < J > 键，复制地毯并放在新建图层上。

（5）确认已经安装了 Alien Skin Eye Candy 5 Textures 滤镜组。然后，选择“滤镜”菜单下 Alien Skin Eye Candy 5 Textures 滤镜组中的“动物皮毛”滤镜，打开“动物皮毛”对话框，切

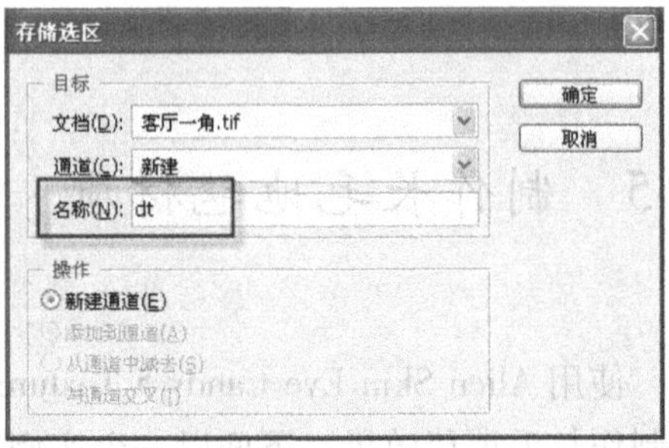

图 2-41

换到“毛发”面板，其参数设置如图 2-42 所示。同时，在右边窗口中可以预览地毯效果。

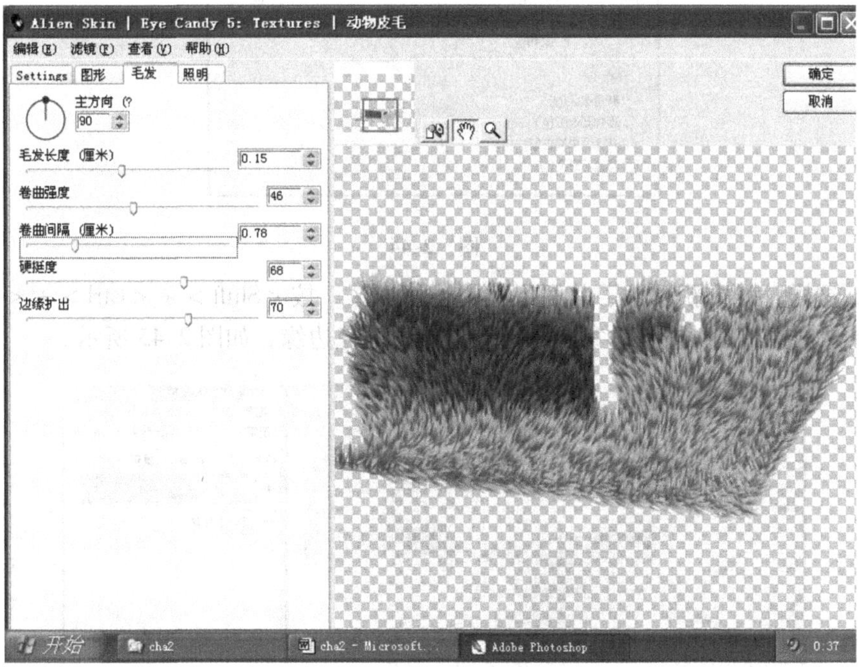

图 2-42

（6）结束设置，效果如图 2-43 所示。地毯已经有了毛的质感，但部分本来应该被物体遮挡住的绒毛跑到前面来了，应将它们删除。

图 2-43

（7）执行菜单命令“选择→载入选区”，在弹出的“载入选区”对话框中“通道”右边选择“dt”，如图 2-44 所示。

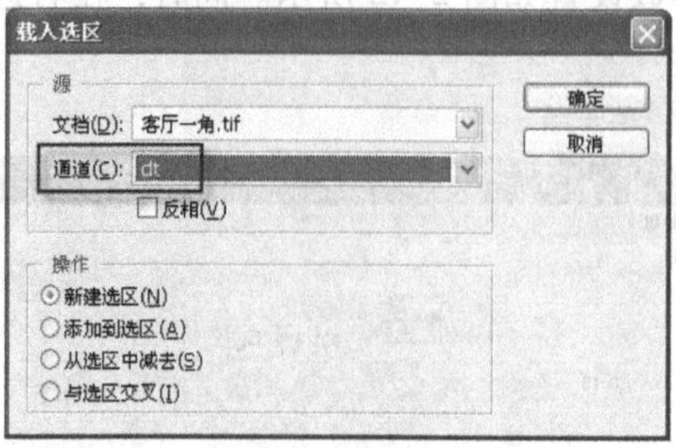

图 2-44

（8）这样，就重新调入了前面保存的地毯选区，按 <Shift> + <Ctrl> + <I> 键反选。选择橡皮擦工具，擦除靠家具脚下部以外的地毯边缘，如图 2-45 所示。

图 2-45

（9）取消选择，下面制作地毯阴影。将“图层 1”复制一层，然后，选择“图层 1”，将其明度降到最低，使其变成黑色，向右、下稍微移动图像，然后将此图层的“不透明度”降低到 50%，并对其施加“模糊”滤镜，从而形成地毯的阴影效果，如图 2-46 所示。

图 2-46

(10) 选择“图层 1 副本”图层，将其亮度提高 50。然后，选择涂抹工具，对家具脚处的地毯绒毛向上进行涂抹处理，最后结果如图 2-47 所示。

图 2-47

2.6 制作室外水面材质

制作建筑室外效果时，常常遇到制作水面的情况。下面就以图 2-48 为例（见本书配套光盘中的 files \ 路与树 . jpg）介绍如何将马路变成水面。此操作主要用于后期处理。

图 2-48

（1）在 Photoshop 中打开以上图片，在图层面板中双击“背景”层，将其改为普通层，层名为“图层 0”。

（2）利用多边形套索工具选中马路，如图 2-49 所示。

图 2-49

（3）按 <Shift> + <Ctrl> + <J> 键，剪切所选路面到新建图层即“图层 1”，如图 2-50 所示。此时，图像效果并没有任何变化。

（4）将前景色设定为 6e9bb0，按 <Alt> + <Delete> 键以前景色填充“图层 1”，然后，在图层面板中，将“图层 1”拖到“图层 0”的下方，如图 2-51 所示。

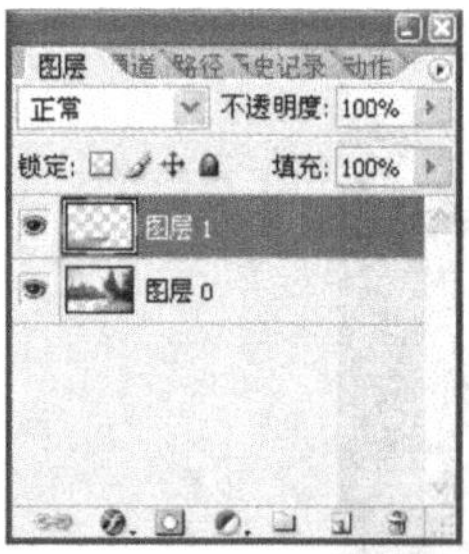

图 2-50

图 2-51

（5）选择“图层 0”，连续按两次 <Ctrl> + <J> 键，复制两个新的图层“图层 0 副本”和“图层 0 副本 2”，如图 2-52 所示。

（6）选择“图层 0 副本”，选择移动工具并按 < ↓ > 键将图像稍微向下移动，如图 2-53 所示。

图 2-52

图 2-53

（7）执行菜单命令“滤镜→模糊→动感模糊”，其参数设置如图 2-54 所示。这样，就制作出贴近地面物体的倒影。

图 2-54

（8）制作树木的倒影。选择“图层 0”，执行菜单命令“编辑→变换→垂直翻转”，然后按 < ↓ > 键将翻转图像向下移动，按 < Enter > 键结束调整，结果如图 2-55 所示。

图 2-55

（9）图 2-55 中箭头所指植物是图像翻转后出现的，如果不处理将会产生错误的倒影效果。下面将此植物去掉，使用套索工具选中植物，如图 2-56 所示。

图 2-56

（10）利用仿制图章工具以水面替换选区内的植物，完成后按 <Ctrl> + <D> 键取消选区，结果如图 2-57 所示。

（11）按 <Ctrl> + <F> 键再次应用“动感模糊”滤镜，并将“图层 0”的“不透明度”降低为 70%，结果如图 2-58 所示。

图 2-57

图 2-58

（12）将路灯杆擦去，并提高图片亮度，结果如图 2-59 所示。

（13）如果希望制作出水面波纹效果，可以找一张有波纹的图片，然后置于现有水面以下图层，并降低现有水面图层的“不透明度”，如图 2-60 所示。文件见本书配套光盘中的 files \ 波纹水面 . psd，可用 Photoshop 打开并查看分层处理情况。

图 2-59

图 2-60

2.7 制作树林透光效果

制作建筑室内外效果时，有时需要表现阳光照射的效果，如何快速制作这种效果呢？下面就以图 2-61 为例（见本书配套光盘中的 files \ 树林 . jpg），介绍给它添加阳光照射效果的具体方法。这里，主要使用 Alien Skin Eye Candy 5 Impact 插件，所以，应先为 Photoshop 安装此插件。此操作主要用于后期处理。

图 2-61

（1）在 Photoshop 中打开以上树林图片，按 <Shift> + <Ctrl> + <N>键创建一个空白图层，默认层名为“图层 1”，如图 2-62 所示。

图 2-62

（2）设置前景色为白色，用画笔在“图层 1”上绘制一些大小不等的圆点，如图 2-63所示。

图 2-63

（3）执行菜单命令“滤镜→Alien Skin Eye Candy 5：Impact → Backlight”，在弹出窗口的 Settings 面板中选择 Forward Fog Streaks，并将光线照射方向向左下拖动，如图 2-64 所示。

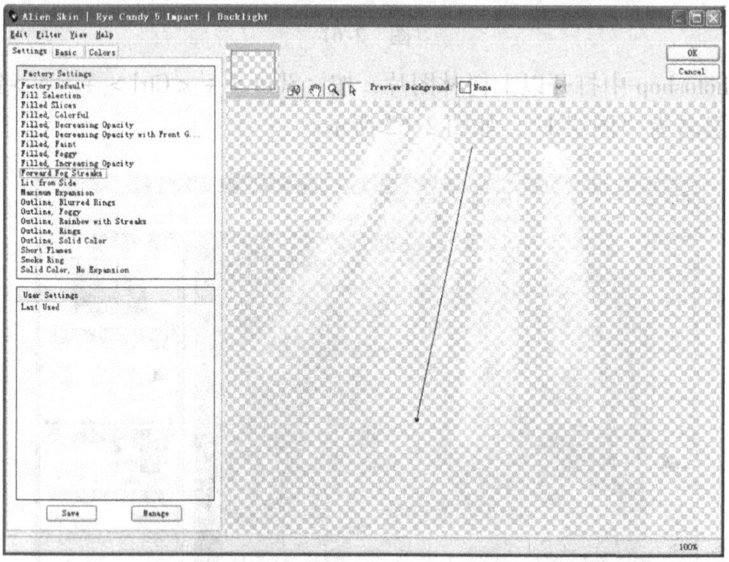

图 2-64

（4）切换到 Basic 面板，设置相关参数，如图 2-65 所示。

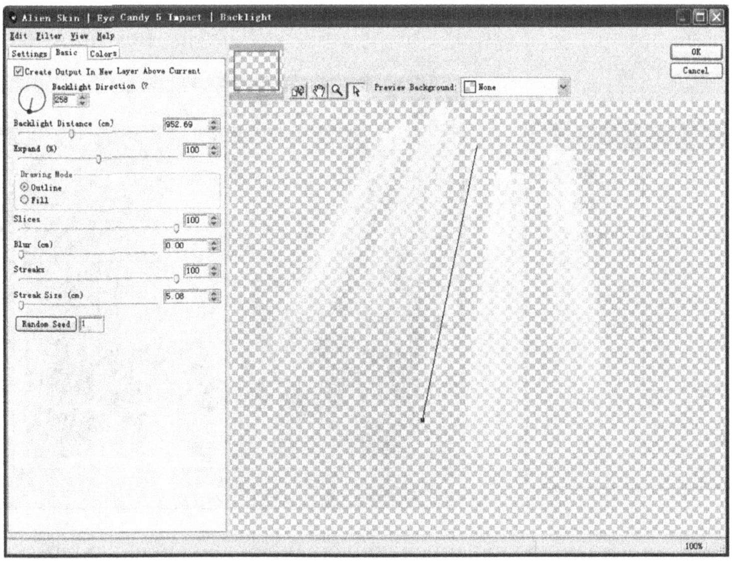

图 2-65

(5) 单击 OK 按钮，效果如图 2-66 所示。注意，图层面板中自动新增了一个放置灯光特效的图层 Backlight。

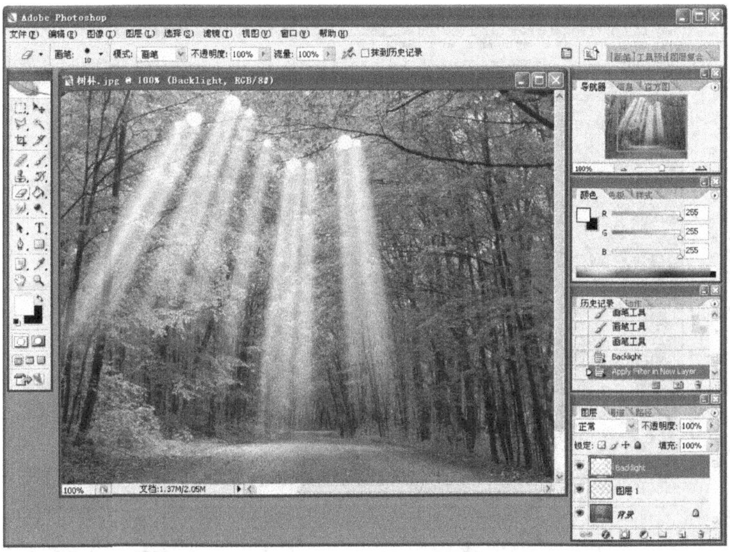

图 2-66

(6) 选择“图层 1”，执行菜单命令“滤镜→模糊→高斯模糊”，参数设置如图 2-67 所示。

(7) 将图层 1 的不透明度设置为 90%，图层 Backlight 的不透明度设置为 50%，结果如图 2-68 所示。

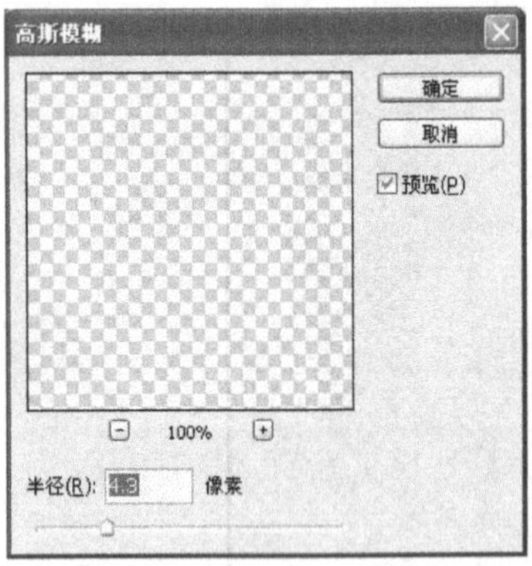

图 2-67

图 2-68

（8）按住 <Ctrl> 键在图层面板中选中图层 1 和图层 Backlight，单击鼠标右键选择“链接图层”命令，将这两个图层链接起来，选中移动工具，移动光效的位置，结果如图 2-69 所示。

图 2-69

（9）最后，再对光效做适当调整。这里，将图层 Backlight 的不透明度设置为 45%。最终结果如图 2-70 所示，分层文件见本书配套光盘中的 files \ 树林透光 . psd。

图 2-70

2.8 本章小结

本章介绍了效果图常用材质的制作及表现方法，具体包括：拉丝金属材质、天然木材材质、大理石材质、面砖墙面材质、长毛地毯材质、室外水面材质等。另外，还介绍了树林透光效果的制作。掌握这些材质、光效的制作方法固然重要，但更重要的是领会制作思路，比如，反光如何表现、纹理如何产生等，这样，才能在实际工作中举一反三、应用自如。

第3章

Photoshop室内效果图后期处理

本从章开始，将进行完整的实例操作。在此过程中，一方面将应用前面所讲知识，另一方面将结合实例学习一些新的方法和技巧。Photoshop 在效果图后期处理中的作用主要有两方面：改正不足和添加效果，前者如去掉黑边、调整亮度等，后者如添加配景、增加光效等。本章除了介绍 Photoshop 在室内效果图制作中的常见应用，包括添加配景、尺寸调整、明暗控制、色彩调整等，还将介绍阴影、灯槽、光晕、筒灯等效果的制作，以及增强不锈钢材质质感的方法。

本章主要内容：

- Photoshop室内效果图后期处理前的准备工作
- 控制整体效果
- 添加配景与光效
- 局部修正与补充
- 整体比较与调整
- 图像裁剪与保存

3.1 Photoshop 室内效果图后期处理前的准备工作

在正式进行后期处理前应做必要的准备工作，主要包括调入渲染图、另存文件、分析与规划等。

提示与技巧

效果图后期处理常常会用到一些素材图片。网上有这样的图片供下载，市面上也有专门的素材光盘出售。为了提高制作效率，应将这些图片分门别类存放于不同目录，如配景类、纹理类，配景类又可分为人物、车辆、树木、花草、摆设、墙画、建筑、天空等子类别，而纹理类则可分为石材、木材、布料、地毯等子类别。这样，就便于制作中快速找到需要的图片。

3.1.1 调入渲染图

启动 Photoshop。本书以 Photoshop CS2 简体中文版为例，其他版本操作基本相同。按 <Ctrl> + <O>键打开渲染图，见本书配套光盘中的 files\ 室内渲染图 . tga，结果如图 3-1 所示。

图 3-1

提示与技巧

默认状态下，窗口右边会有 3 个面板，占据了宝贵的编辑空间，一般情况下，常用到的只有“图层”所在面板，所以，可以按 < Shift > + < Tab > 键将它们全部隐藏，再按 < Ctrl > + <0> 键将图像窗口放到最大，以便编辑处理，如图 3-2 所示。以后，可以根据需要随时按 < F7 > 键呼出或隐藏“图层”面板，此操作后面不再重复提及。

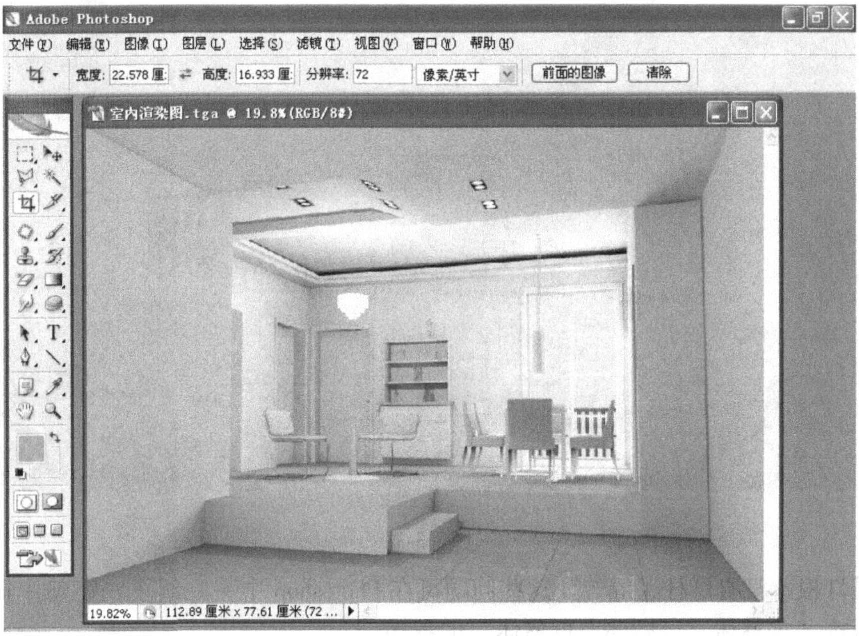

图 3-2

3.1.2 另存文件

为了避免原渲染图被修改，按 < Shift > + < Ctrl > + < S > 键，将图像另存为其他文件，如“室内效果图 . psd”，这相当于将原渲染图进行了备份，万一后面制作效果不满意，在无法返回操作的情况下，可以利用原始渲染图重新编辑处理。同时，这样也便于在编辑过程中随时保存结果，以免遇到停电等突发事件时成果丢失。

3.1.3 分析与规划

在正式进行编辑处理之前，先来观察一下这张渲染图，如图 3-3 所示。

这张渲染图存在多处毛病或者不足。首先，从大的方面来看，画面效果平淡、缺少层次和变化、整体亮度较暗、色彩倾向不明显。其次，图中存在一些错误，比如，墙与墙之间、墙与地面之间有明显黑缝，右边餐椅腿有破面现象，正面酒柜中有的瓶子还悬在空中，室外阳光下的阳台栏杆很暗，左边椅子及餐厅吊灯灯杆等处不锈钢质感不强，

图 3-3

而左边吊灯根本没有灯杆，等等。这些问题可在 Photoshop 中一一纠正、完善，具体操作时，一般按“先整体、后局部、再整体”的程序。

3.2 控制整体效果

这里主要做两方面的工作，即初步调整整体明暗和色彩。这为后面的局部修正及配景添加等工作定下了基调，对统一画面效果、增加画面整体感有重要作用。随着错误效果的修正及配景、光效等的添加，有可能反过来影响整体效果，又需要对整体亮度、色彩再做适当调整，所以，接下来的操作只能算是初步调整。

3.2.1 调整整体亮度

（1）呼出图层所在面板，单击图层面板底部的 按钮，选择“色阶”命令，打开“色阶”对话框，并按图 3-4 所示移动黑、白、灰 3 个滑块。

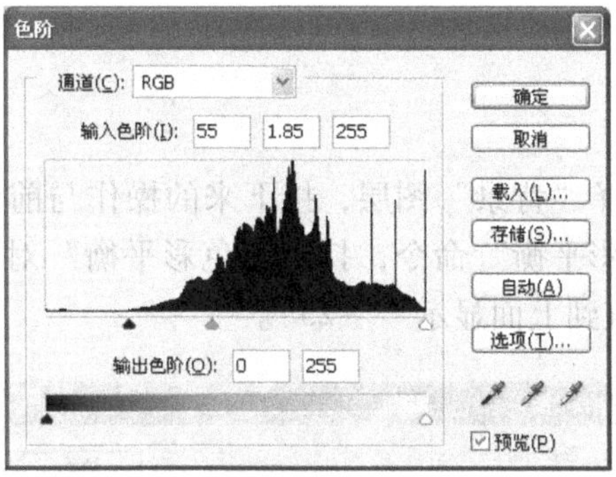

图 3-4

提示与技巧

这里，使用增加调整图层的方式来改变图像亮度，目的就是在不损伤原始图像的前提下调整图像亮度，更主要的是，便于后面再次调整图像亮度。要注意的是，如果调整图层下面有多个图层，它会应用于它下面的所有图层。另外，这里选用“色阶”命令，而没有选用“亮度/对比度”命令，为的是在调整图像亮度的同时获得一定的层次效果。

（2）调整结果如图 3-5 所示。

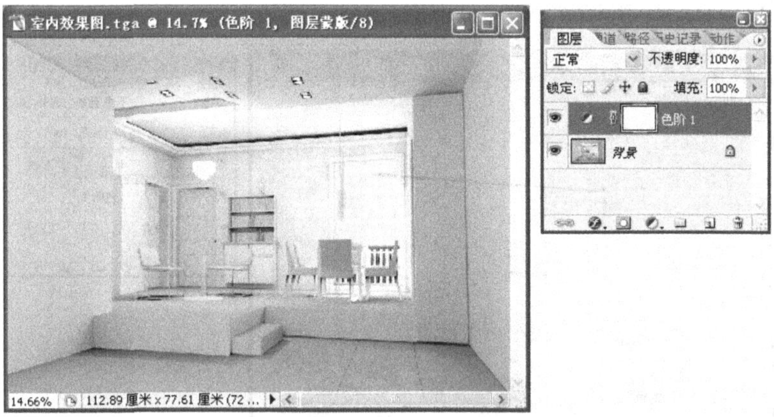

图 3-5

提示与技巧

注意，在图层面板中，在原来的“背景”图层上多了一个“色阶 1”图层，它就是新增的调整图层。以后，双击它就可以调整“色阶”对话框中的 3 个滑块，从而获得新的亮度及层次效果。

3.2.2 调整色彩倾向

（1）在图层面板中选择“背景”图层，接下来的操作与前面操作类似，单击面板底部的 按钮，选择“色彩平衡”命令，打开“色彩平衡”对话框，并按图 3-6 所示将“黄色”右边滑块左移，直到上面显示“-25”。

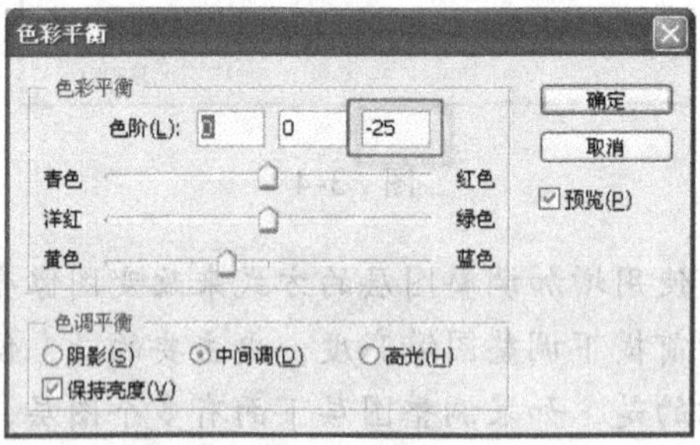

图 3-6

（2）调整结果，图层面板中增加了一个叫“色彩平衡 1”的调整图层。现在，画面整体偏黄，包括原来的白色天棚也淡淡地带一些黄色，这样，画面色调就较为统一了，如图 3-7 所示。

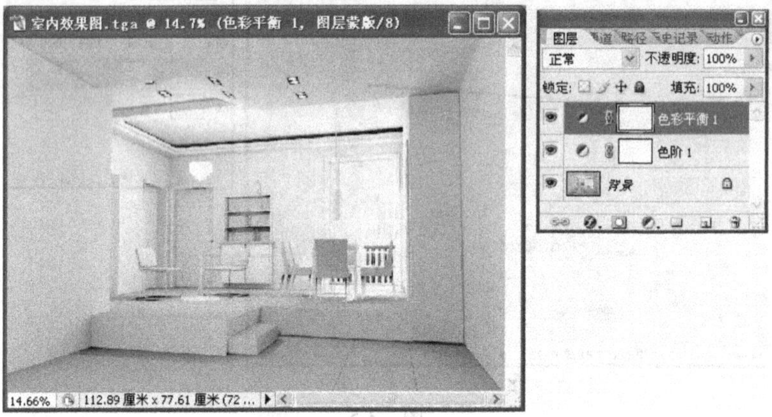

图 3-7

3.2.3 调整色彩饱和度

（1）前面在调整色彩倾向的同时，带来一个新的问题，就是画面尤其是地面色彩饱和度过高、过艳。于是，再次选择“背景”图层，单击图层面板底部的 按钮，选择“色相/饱和度”命令，打开“色相/饱和度”对话框，并按图 3-8 所示将“饱和度”（即纯度）降低 20，输入时应输“-20”。

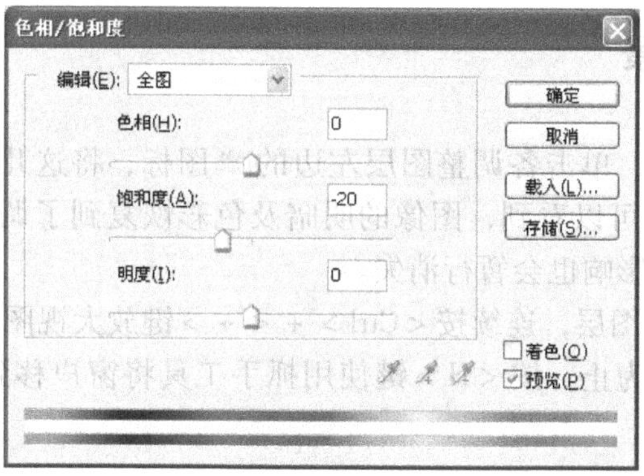

图　3-8

（2）调整结果如图 3-9 所示，可见图像变得灰了一些，饱和度在较正常范围内。

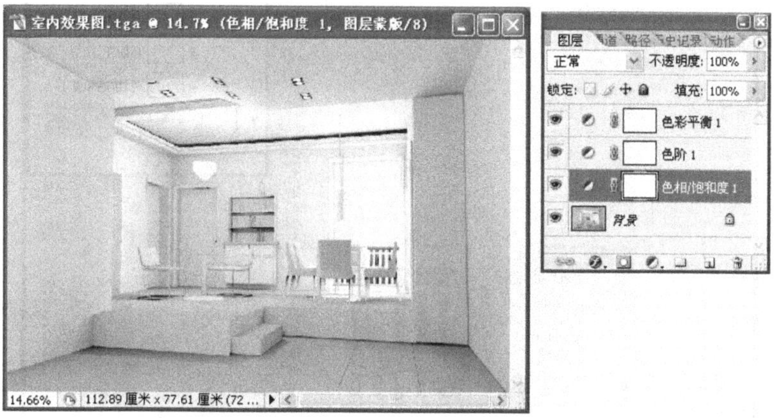

图　3-9

3.3　添加配景与光效

前面对整体效果做了初步控制，是“先整体”，现在应该进入“后局部”阶段了。这张图目前看起来平淡单调、缺乏层次，其中一个主要原因就是配景太少、光效不完善，缺乏陪衬与点缀，缺乏拉开层次的东西。下面就来做这些工作。在这当中，要注意一点，配景等始终只是陪衬、点缀，只是为表现空间服务的，一般体量不可过大，不可过于抢眼，如果最后搞成一个展示厅，那就喧宾夺主、弄巧成拙了。

3.3.1　添加室外背景

（1）在图层面板中，单击各调整图层左边的图标，将这几个调整图层暂时关闭，只留下“背景”图层。可以看到，图像的明暗及色彩恢复到了调整前的状态。这表明，关闭调整图层，其调整影响也会暂行消失。

（2）选择“背景”图层，连续按 <Ctrl> + < + >键放大视图，直到正面落地窗高度与编辑窗口高度差不多为止。按 <H>键使用抓手工具将窗户移到窗口中间，如图 3-10 所示。

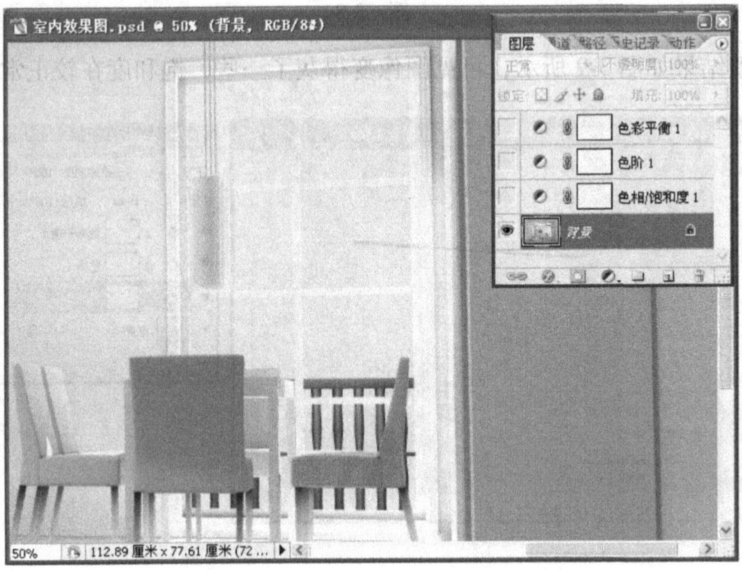

图　3-10

提示与技巧

在 3ds max、AutoCAD 等软件中，默认状态下都可以通过转动鼠标滚轮缩放视图大小，非常方便快捷。其实，Photoshop 也支持这一操作，只是默认状态下没有开启。开启操作是：按 <Ctrl> + <K>键进入首选项设置的“常规”面板，选中“用滚轮缩放”选项，如图 3-11 所示。

（3）打算用魔棒工具来选取窗户的浅蓝色区域（即玻璃部分）。由于“背景”图层中还有颜色相似的浅蓝色椅布，如果直接使用魔棒，可能会将部分椅布也选取进来，为了避免出现这种情况，这里先选择多边形套索工具，将窗户玻璃的大致区域划定，如图 3-12 所示。虽然仍有部分浅蓝色椅布在选区中，但面积已较小，降低了被误选的可能性。

（4）选择魔棒工具，将选项栏中“容差”设定为较小值 10，以便能较精确地选取。

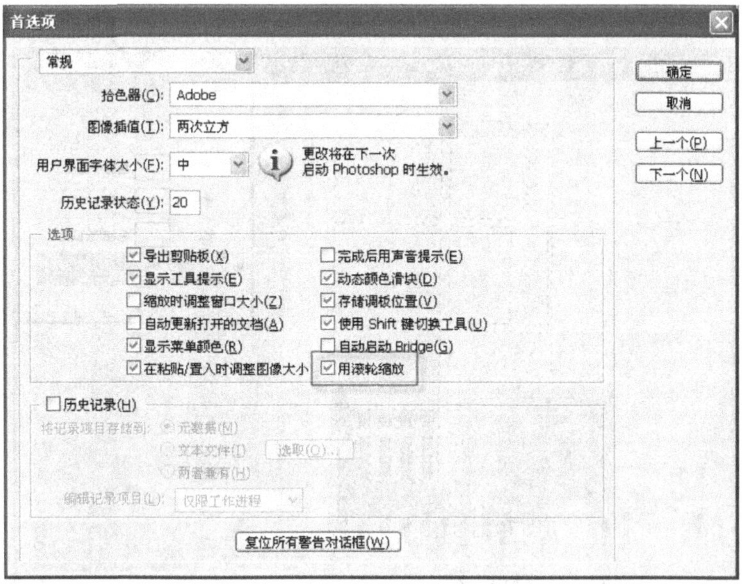

图　3-11

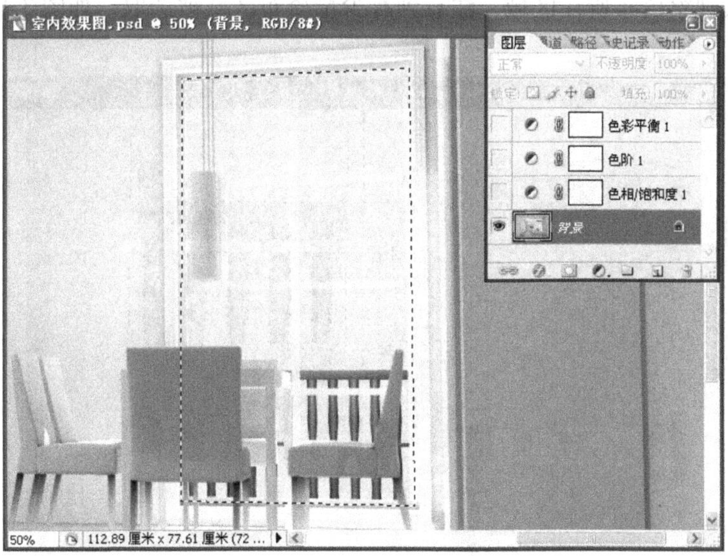

图　3-12

另外，去掉右边的“连续”选项，以便一次能选中窗户上各块玻璃，如图 3-13 所示。

图　3-13

（5）同时按住 <Shift> + <Alt> 键，这时，魔棒光标旁边出现一个“×”号，单击窗户浅蓝色区域，结果以魔棒选区与已有选区的交集作为最后选区，如图 3-14 所示。

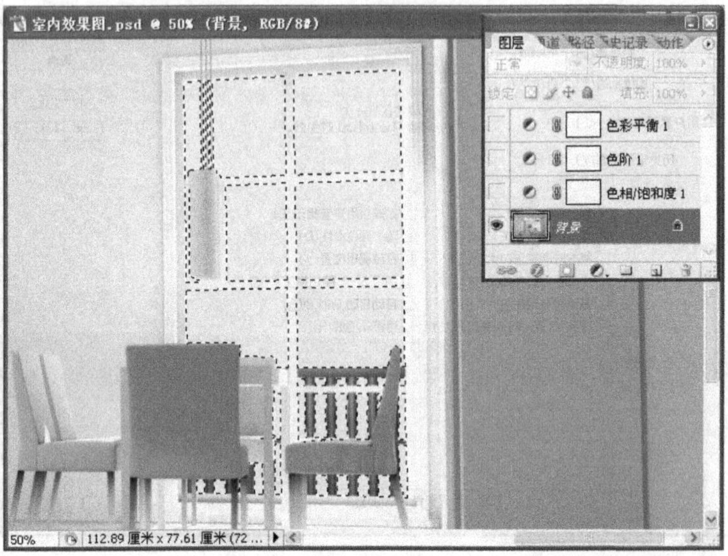

图 3-14

（6）放大观察椅布所在区域，注意到有少量椅布区域被选取，如图 3-15 所示。

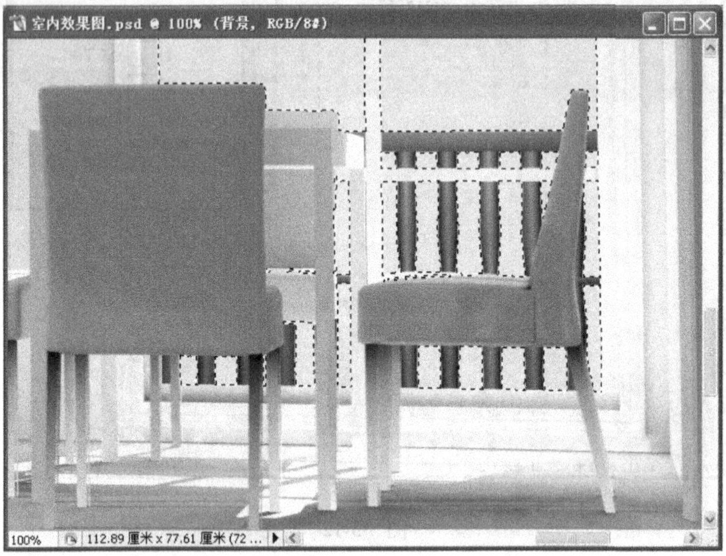

图 3-15

（7）现在，要将这部分多选的椅布排除在选区之外，方法有多种，较方便的操作是，进入快速蒙版模式以绘画方式去掉。单击工具箱中的按钮，进入快速蒙版模式，结果如图 3-16 所示。在这张图中，没有被盖上红色的区域是选区，相反，被盖上红色的区域不是选区。现在可以更清楚地看到，中间和右边椅子的坐面有少量被误选入。

图 3-16

（8）选择画笔工具，除将画笔硬度调整到 100%、按 < [> 或 <] > 键将画笔直径调整到 7 左右外，其他参数使用默认设置，然后，将椅子坐面上不选的区域涂红，结果如图 3-17 所示。

图 3-17

提示与技巧

如果涂的过程中误涂到了窗户玻璃，可以选择橡皮擦工具，将误涂部分擦去。相反，如果还有应涂区域而未涂，可以再次选择画笔工具涂抹。整个操作与画画类似，所以，即使是初学者也较易掌握。至于对蒙版等概念，如果还不明白，可以暂不管它，先知道以上操作会产生的结果就行了。

(9) 选区编辑完毕，单击工具箱中的按钮，返回到标准编辑模式，再来观察选区范围，如图 3-18 所示，可见，原来误选的椅布已被排除在玻璃选区之外，剩下的就是纯粹的窗户玻璃选区。

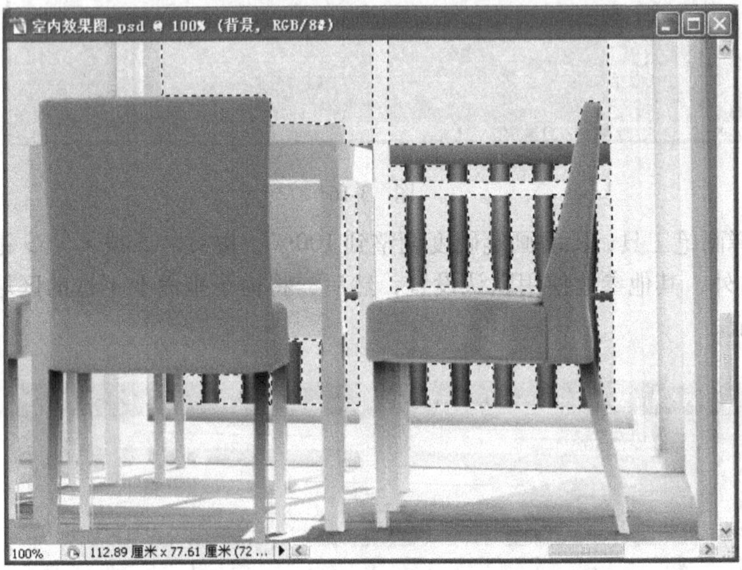

图 3-18

提示与技巧

上面的所有操作，主要为了确定窗户玻璃选区，也就是室外背景区域。如果渲染图本身保存了 Alpha 通道，一般可以按住 <Ctrl> 键单击通道面板中的 Alpha 通道缩览图，从而直接载入背景选区，那样，操作步骤就简化多了。

(10) 在图层面板中，单击各调整图层左边的位置，重新打开 3 个调整图层，通过它们所做的明暗及色彩调整又生效了，图像又变得较灰且倾向黄色。

(11) 按 <Ctrl> + <J> 键将选区内图像复制到一个新建图层。此时，图像效果没有变化，只是图层面板中“背景”图层上面增加了一个新的“图层 1”，如图 3-19 所示。

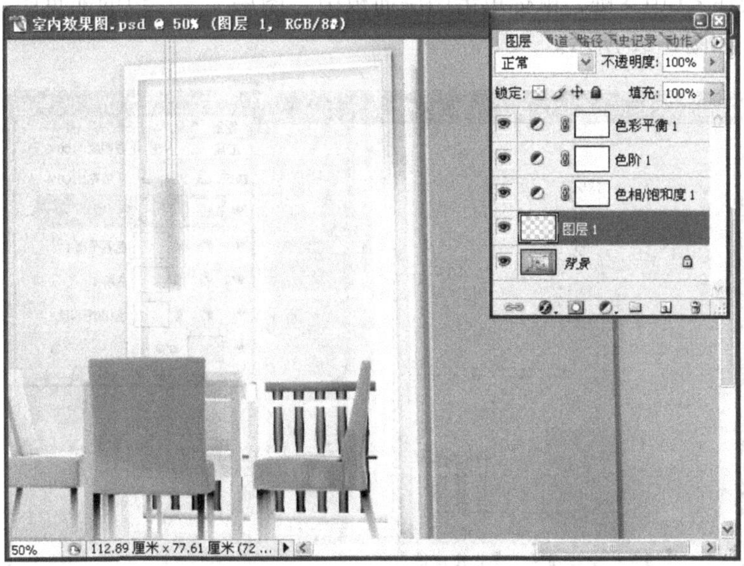

图 3-19

(12) 由于“图层 1”位于另外 3 个本来施加给“背景”图层的调整图层下面，根据调整图层作用于下面所有图层的规律，3 个调整图层的设置同样作用于“图层 1”，所以，看不到图像效果有变化。有时希望有这样的效果，而这里“图层 1”将放置室外背景，不希望与渲染图在明暗、色彩上保持同步，所以，应将“图层 1”移到顶上，快捷键为 <Shift> + <Ctrl> + <]>，结果如图 3-20 所示。可见，由于“图层 1”中玻璃不再受 3 个调整图层影响，颜色饱和度变得较高而亮度有所下降。

图 3-20

（13）按住 <Ctrl> 键，鼠标单击图层面板中“图层 1”左边的缩览图，从而重新载入玻璃选区，如图 3-21 所示。

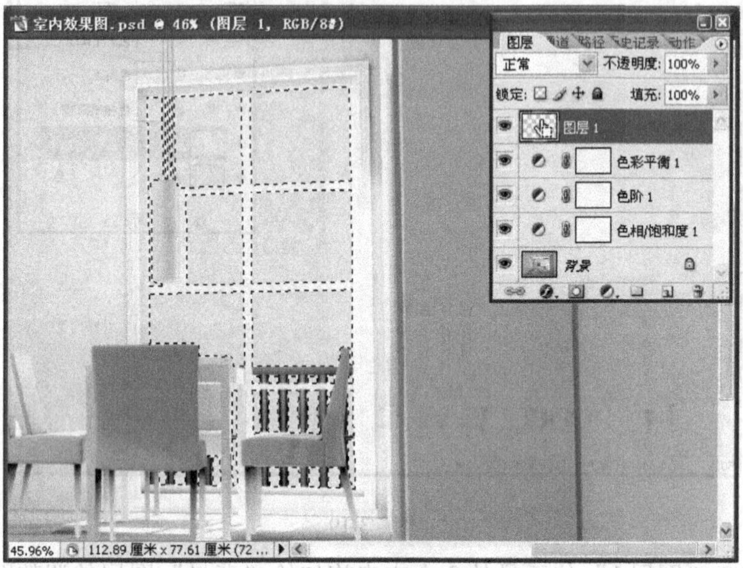

图 3-21

（14）打开作为室外背景的图片，如图 3-22 所示。文件见本书配套光盘中的 files \ 窗外背景 . jpg。这张图的分辨率不高，但作为画面的远景是可以的。

图 3-22

（15）按 < Ctrl > + < A > 键全选图像，按 < Ctrl > + < C > 键复制图像，然后关闭此图像窗口，回到效果图窗口，按 < Shift > + < Ctrl > + < V > 键将复制图像粘贴到选区中，如图 3-23 所示。

图　3-23

> **提示与技巧**
>
> 注意，图层面板中新增加了一个“图层 2”，里面就是复制过来的图像，同时包含代表玻璃选区的图层蒙版。特别要说明的是，按 <Shift> + <Ctrl> + <V> 键，是将复制的图像粘贴到选区中，看起来图像位于其他物体后面。如果按 <Ctrl> + <V> 键就不同了，图像会在前面，如图 3-24 所示。

图　3-24

（16）显然，室外背景太小，应调整大一些。按 <Ctrl> + <T> 键，进入自由变换状态，图像上出现了一些控制点，如图 3-25 所示。

图 3-25

在效果图后期处理中，在调整图像大小方面，一般遵守这样一个规则：通常不调整渲染图大小，而只调整配景图或其他素材图片的大小。换句话说，要让素材图片来适应渲染图的大小，而不能让渲染图来适应素材图片。原因是，调整图像大小会降低图像质量。按此规则去做，可以保证有尽可能好的出图质量。

提示与技巧

（17）拖动控制点可调整图像大小，不过，为了让图像长宽方向保持同比例缩放，可按住 <Shift> 键再拖动角上的控制点，然后移动图像位置，结果如图 3-26 所示。

图 3-26

（18）到这里，变换操作并未结束，如果此时按 < Esc > 键，刚才的调整将失效，必须按 < Enter > 键确认操作，刚才的调整才生效，此时控制点消失。

（19）调整室外背景的明暗及色彩，依据就是渲染图所反映出的气候特征。从窗户附近地面强烈的阳光可以看出，这张图要制作的是强烈阳光照射下的室内效果。这样，窗外景物总体上应有较高亮度，而色彩，因景物距人的视点较远，按色彩“近艳远灰”的透视规律，其饱和度应比室内更低。为了便于以后能再次调整，这里也使用新增调整图层方式来调整，调整之前先载入玻璃选区，如图 3-27 所示，否则，将对下面的其他图层造成影响。

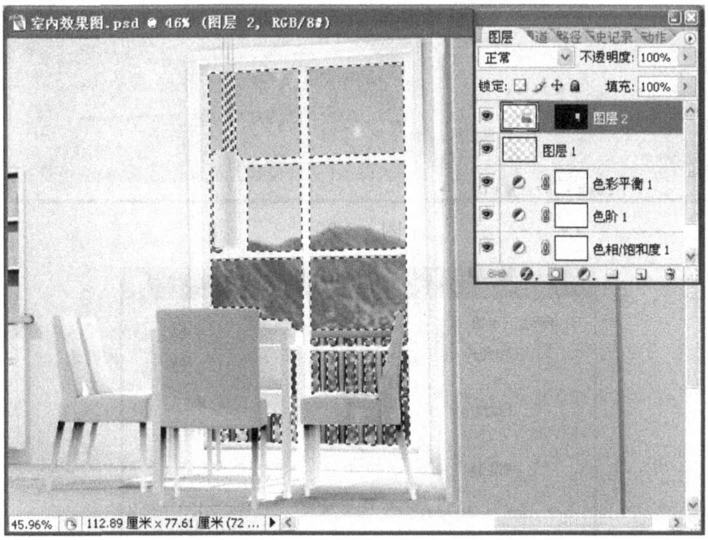

图　3-27

（20）仿照前面操作，通过 按钮新增亮度/对比度调整图层，亮度及对比度的设置如图 3-28 所示。

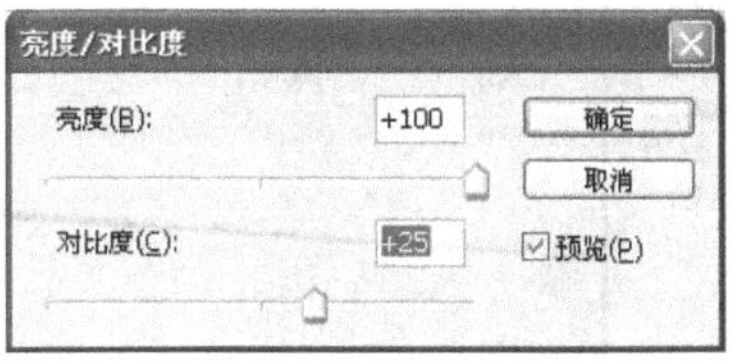

图　3-28

（21）结果如图 3-29 所示。为了比较室内外的亮度关系是否正确，宜从全图角度对比观察。

（22）下面降低室外景物的饱和度。仿照前面操作，再次载入玻璃选区，新增色相/饱和度调整图层，饱和度设置如图 3-30 所示。

（23）调整结果如图 3-31 所示。

图 3-29

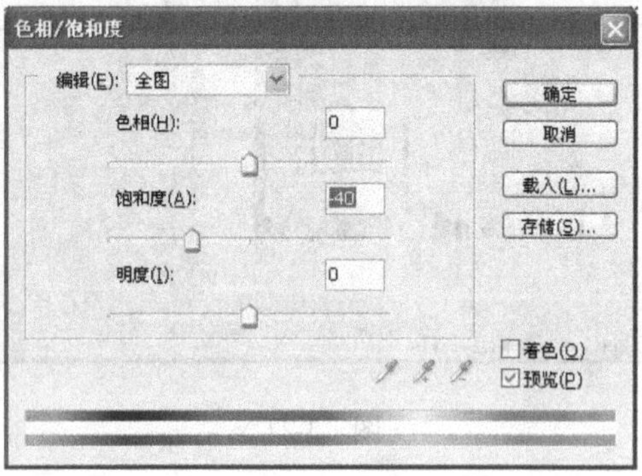

图 3-30

图 3-31

3.3.2 制作花篮

（1）观察此时的画面，发现左侧物体较少，画面左侧显得较轻，而右侧显得较重。为了平衡画面并丰富色彩，这里在左边的玻璃圆桌上放一个花篮，具体分成篮子和花两部分来制作。先制作篮子。打开图 3-32 所示的篮子图片，文件见本书配套光盘中的 files \ 摆设 31. jpg。

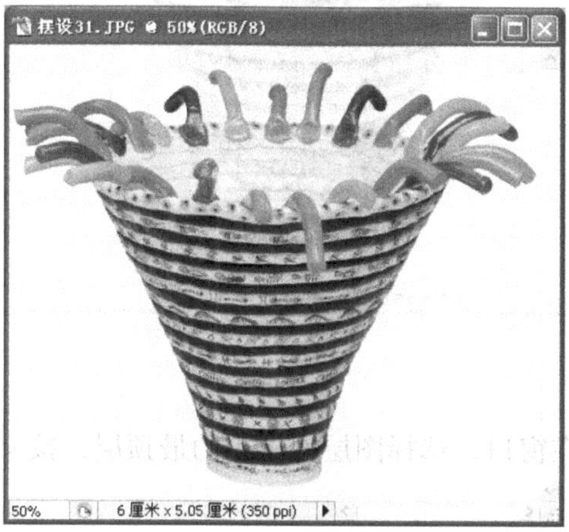

图 3-32

（2）选择魔棒工具，设“容差”为 10，选中“连续”选项，单击篮子旁边的白色区域，结果，周围的白色区域被选取，如图 3-33 所示。

图 3-33

（3）按 <Shift> + <Ctrl> + <I> 键，进行反向选择，结果篮子被选中，如图 3-34 所示。按 <Ctrl> + <C> 键将其复制，然后关闭篮子所在窗口。

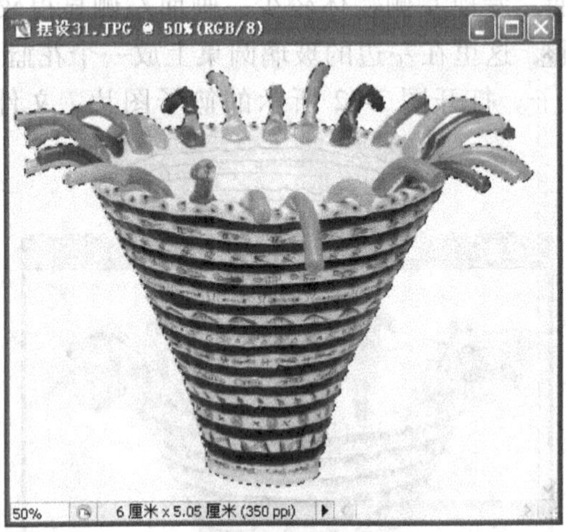

图 3-34

（4）回到效果图所在窗口，选择图层面板中的最顶层，按 <Ctrl> + <V> 键粘贴图像，结果如图 3-35 所示。

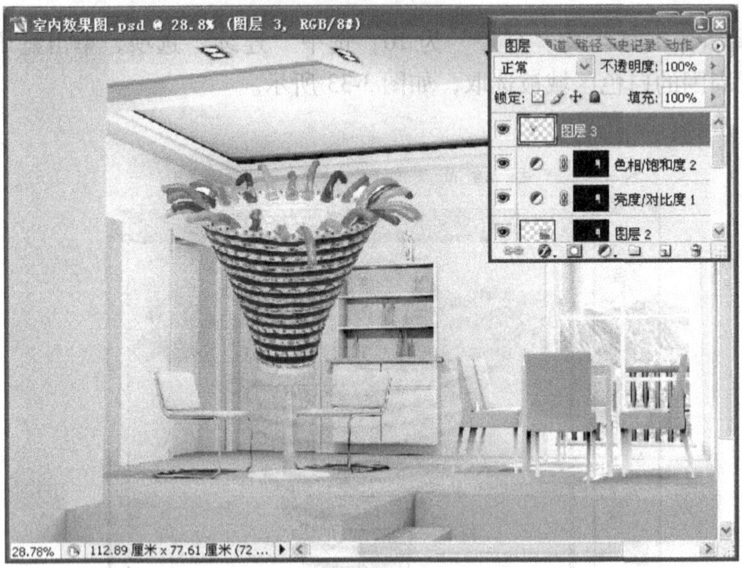

图 3-35

（5）显然，篮子与圆桌的透视角度并不吻合，需要按圆桌角度进行调整。由于篮子上部将被鲜花盖住，所以重点调整底部的形状。按 <Ctrl> + <T> 键，进入自由变换状态，单击鼠标右键选择“变形”命令，篮子上出现变形调整网格，如图 3-36 所示。

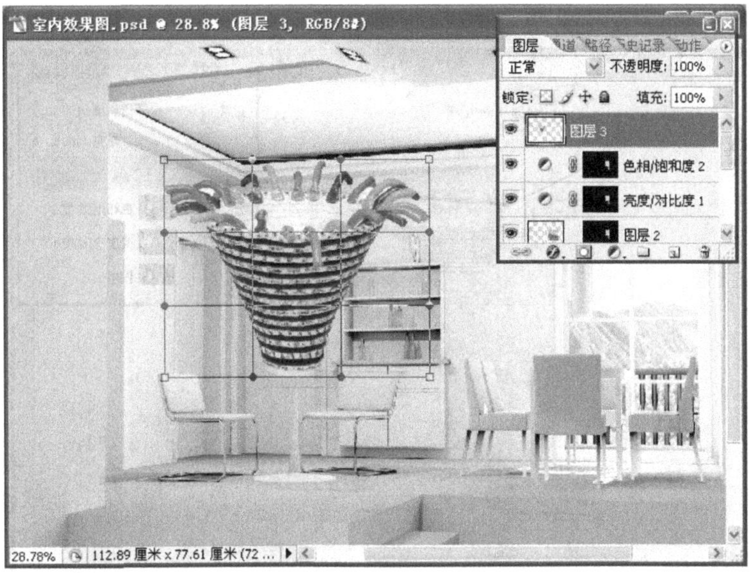

图　3-36

(6) 将两侧最下面的控制点分别向下拖动，拖动距离两侧大致相同，这样，篮子底部就变成接近平底形状，如图 3-37 所示。

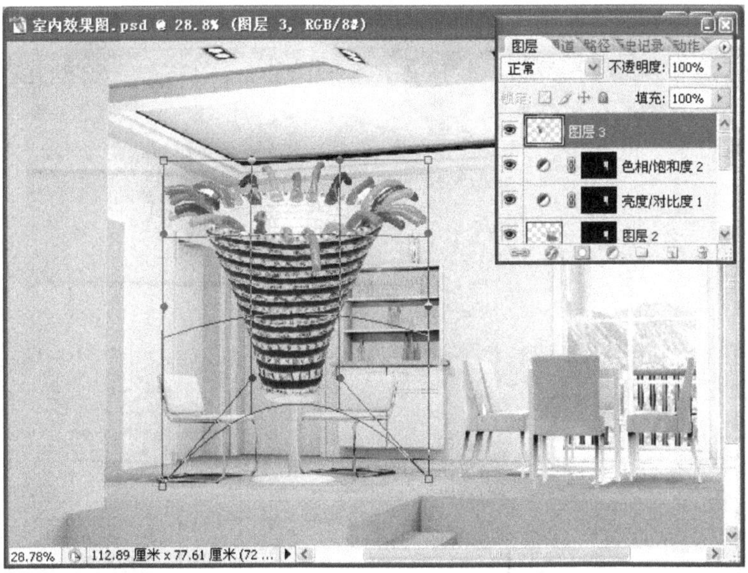

图　3-37

(7) 再次单击鼠标右键，选择“缩放”命令，将顶部或底部中间的控制点向篮子中心拖动，以缩小篮子高度，同时篮子底部和顶部都变得更平，这样，与圆桌的透视角度就基本吻合了，如图 3-38 所示。

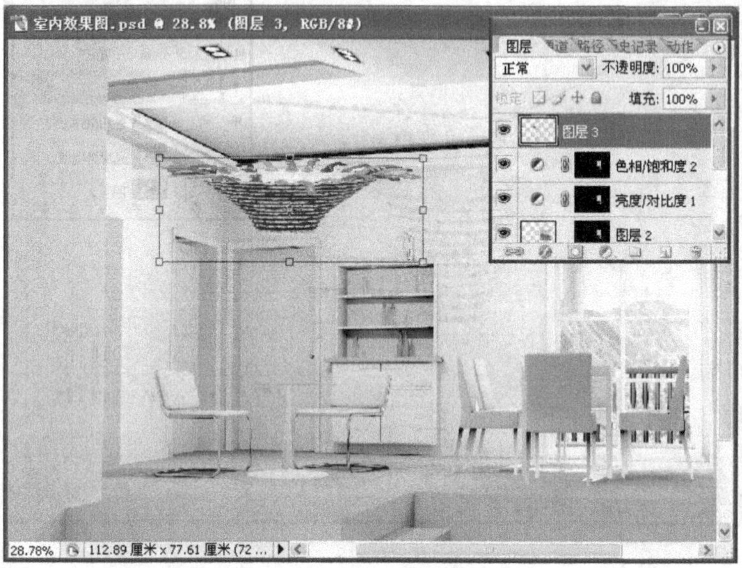

图 3-38

（8）篮子与圆桌相比，大小比例还不合适，应适当缩小，调整结果如图 3-39 所示，按 <Enter> 键结束变换操作。

图 3-39

（9）利用移动工具，结合<→>、<←>、<↑>、<↓>键进行微量移动，将篮子移到圆桌顶面中央，如图3-40所示。

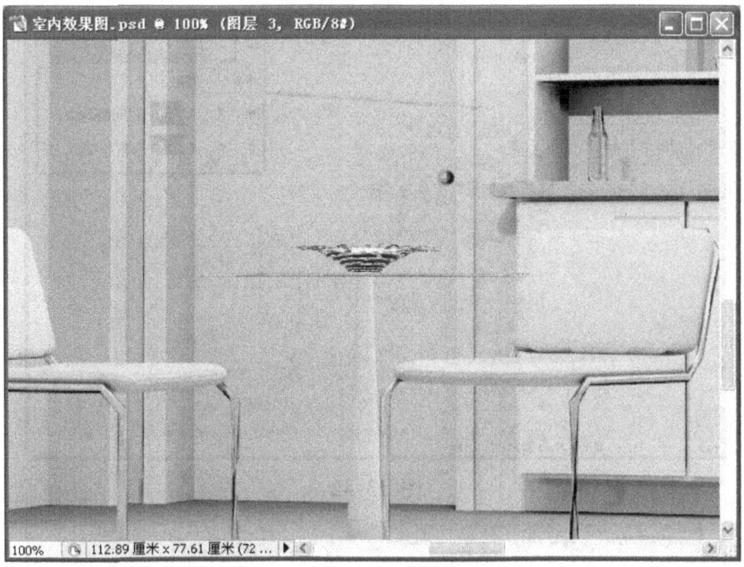

图 3-40

（10）对于篮子的明暗及色彩暂不调整，下面为它放上鲜花。打开图3-41所示的鲜花图片，文件见本书配套光盘中的files\红叶花.jpg。

图 3-41

（11）按照前面选择、复制篮子的操作，将其复制到效果图中，如图3-42所示。

（12）进入自由变换状态，将其缩小到如图3-43所示的大小，并移到篮子上面。

（13）调整篮子及鲜花的明暗及色彩，为了将二者放在一个图层内调整，可以按住< Ctrl >键，在图层面板中选中二者所在图层，如图3-44所示。

图 3-42

图 3-43

（14）按 < Ctrl > + < E >键，将两图层合并为一个图层，如图 3-45 所示。

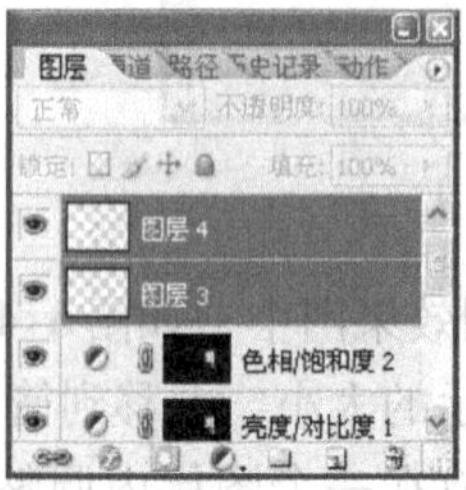

图 3-44

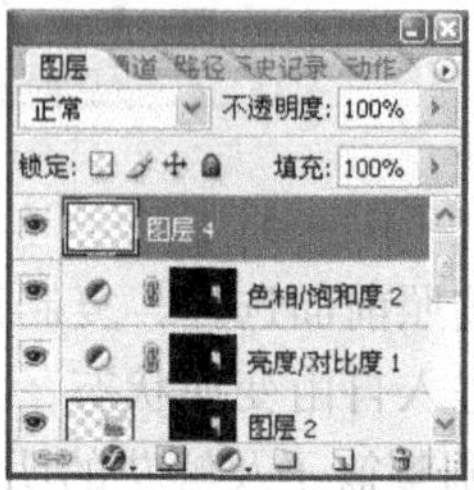

图 3-45

（15）选择减淡工具，单击鲜花上部及右部，将这些区域提亮，因为上面受吊灯照射，而右侧受自然光影响比左侧大。注意，越往外侧越亮，操作时外侧多单击几次。再选择加深工具，单击花的下部及篮子，使这些位于阴影中的区域变得较暗。两工具的“曝光度”均设定为30%。最后，再选择海绵工具，在加色模式下提高离操作者较近鲜花部分的饱和度，结果如图 3-46 所示。

图 3-46

提示与技巧

要通过以上操作取得较好效果，要求操作者有较好的美术基础，能较准确地把握并表现花篮的素描及色彩关系。如果觉得用 Photoshop 工具操作繁琐，也可以用滤镜，如 Eye Candy 4000 中的“斜面”滤镜来完成。打开滤镜界面后，进入“光线”面板，在方位球上单击确定光源位置，然后在“基本”面板中设置各参数，同时注意花篮效果的变化，直到符合要求，如图 3-47 所示。最后，再将花篮整体亮度提高，也可得到上图中的效果。

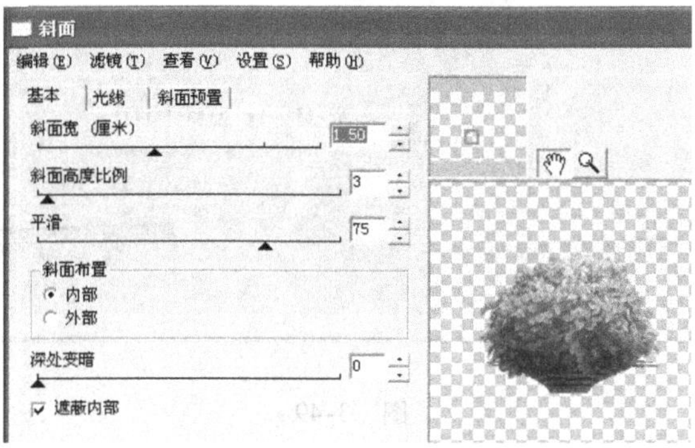

图 3-47

3.3.3 添加墙饰及阴影

（1）在画面左边墙体上挂一个装饰品并制作其阴影。先打开装饰品图片，如图 3-48 所示，文件见本书配套光盘中的 files \ 墙饰 188. jpg。

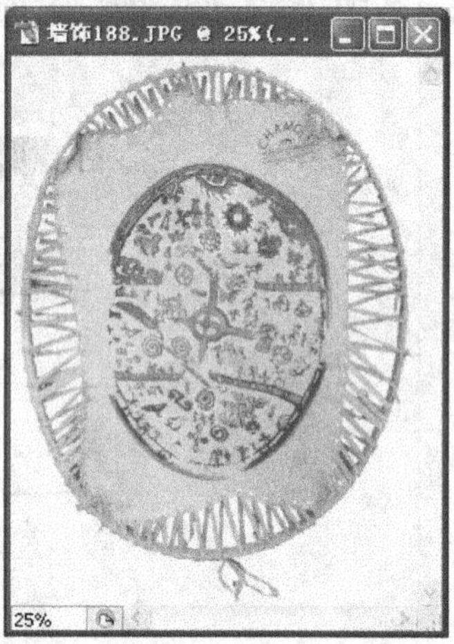

图 3-48

（2）用魔棒工具选择饰品并复制到效果图中，如图 3-49 所示。

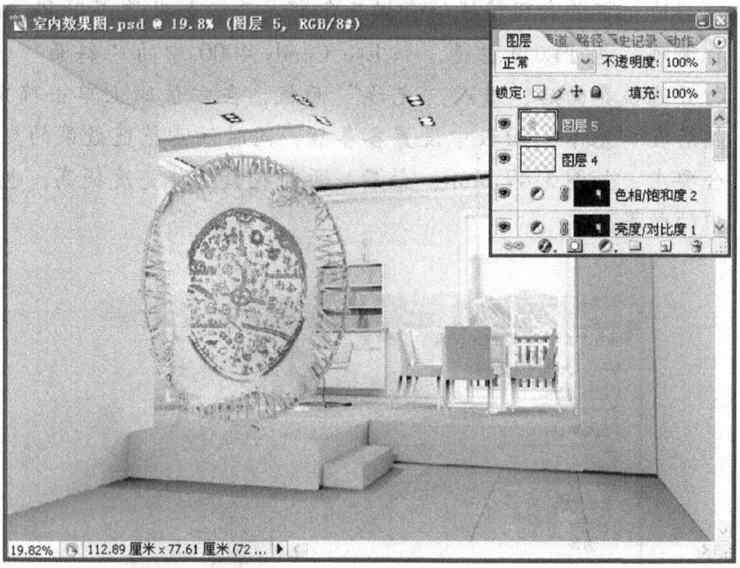

图 3-49

（3）进入自由变换状态，将其缩小到图 3-50 所示的大小。

图　3-50

（4）单击鼠标右键，选择“扭曲”命令，进入扭曲变换状态，按住 < Shift > 键，分别竖直向下移动右侧上端控制点、竖直向上移动下端控制点，移动时分别参照门框及椅子上沿透视线，结果如图 3-51 所示。

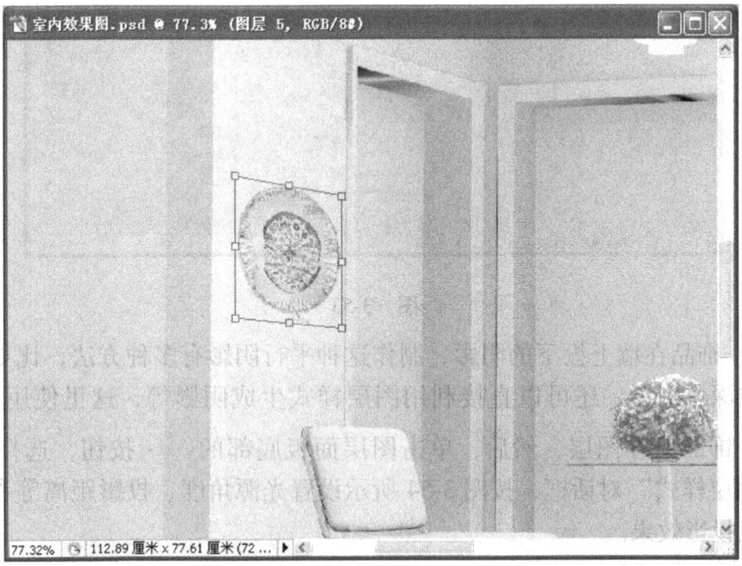

图　3-51

（5）按 < Ctrl > + < U > 键，打开“色相/饱和度”对话框，降低其饱和度，同时适当提高明度，如图 3-52 所示。

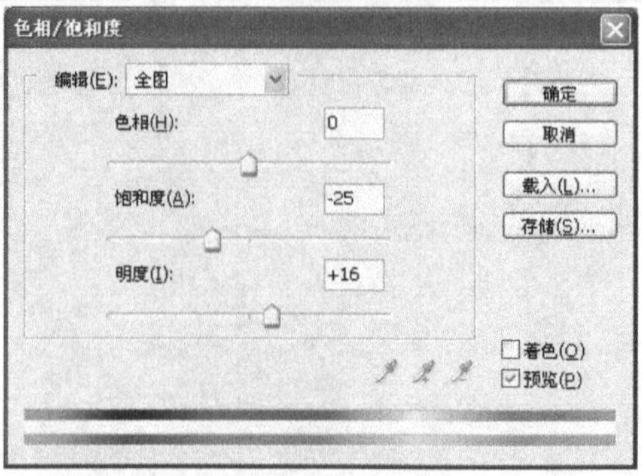

图 3-52

（6）调整结果如图 3-53 所示。

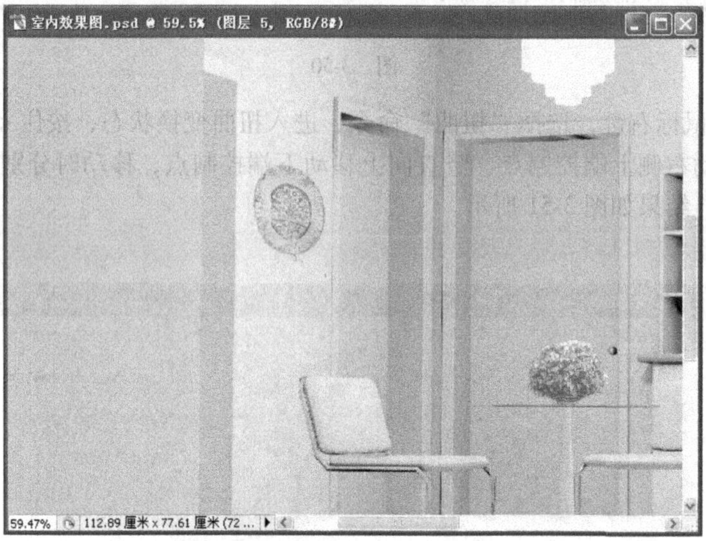

图 3-53

（7）制作饰品在墙上投下的阴影，制作这种平行阴影有多种方法，比如可以复制一份图像错开加深作阴影，还可以直接利用图层样式生成阴影等，这里使用后一种方法。确认当前处于饰品所在图层，然后，单击图层面板底部的 按钮，选择“投影”命令，进入“图层样式”对话框，按图 3-54 所示设置光源角度、投影距离等参数，通过右侧方块可预览投影效果。

（8）结果如图 3-55 所示。

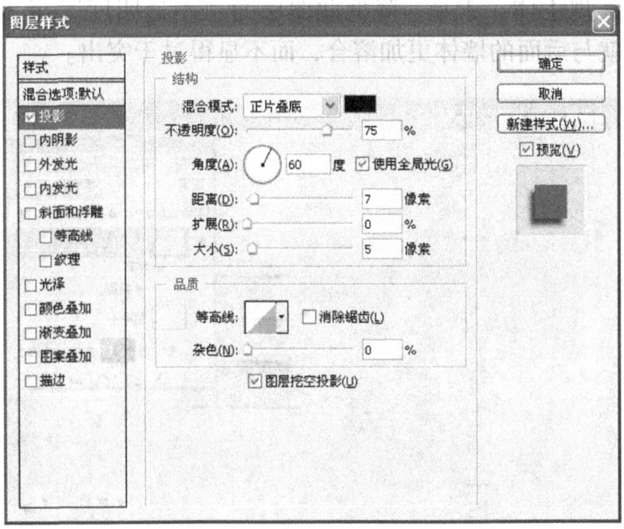

图　3-54

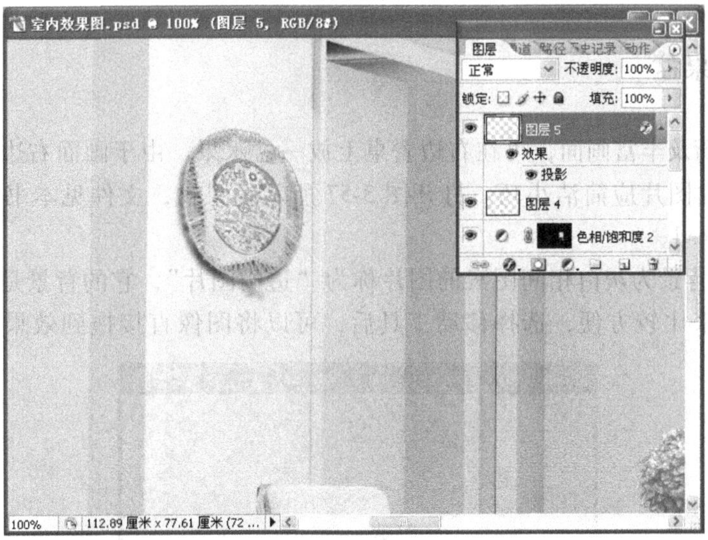

图　3-55

提示与技巧

添加图层样式后，图层名称的右边会出现 标记，单击标记右边的箭头，会弹出一个列表，显示这个图层被添加了哪些图层样式（一个图层可以有多种图层样式），双击样式名称，可以再次调整该样式的相关参数，这与调整图层的特点有些相似。

（9）此饰品处于画面左侧较靠边的位置，对于这样的配景，一般应稍微弱化一些，以突出画面中间的表现主体。于是，降低此图层的“不透明度”至70%，如图3-56所示。这样，此饰品就与后面的墙体更加溶合，而不显得过于突出。

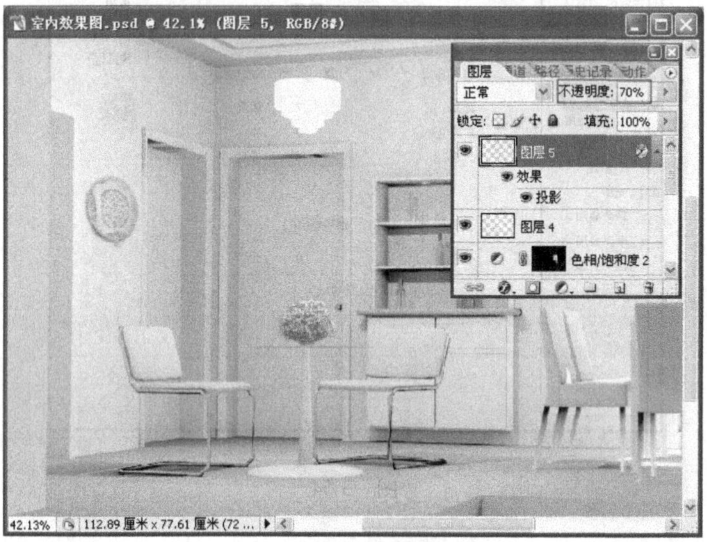

图 3-56

3.3.4 添加果盆

（1）为平衡及丰富画面，可在右边餐桌上放一盆水果。由于画面右边物体较多，所以，选择的果盆图片应简洁小巧。打开图3-57所示的果盆，文件见本书配套光盘中的files\花瓶01.psd。

（2）这种背景为灰白相间图案的图片称为“透明图片”，它的背景是透明的，这样的图片使用起来比较方便，选择移动工具后，可以将图像直接拖到效果图窗口，如图

图 3-57

3-58所示。结果与复制、粘贴图片一样，但操作更加简便。

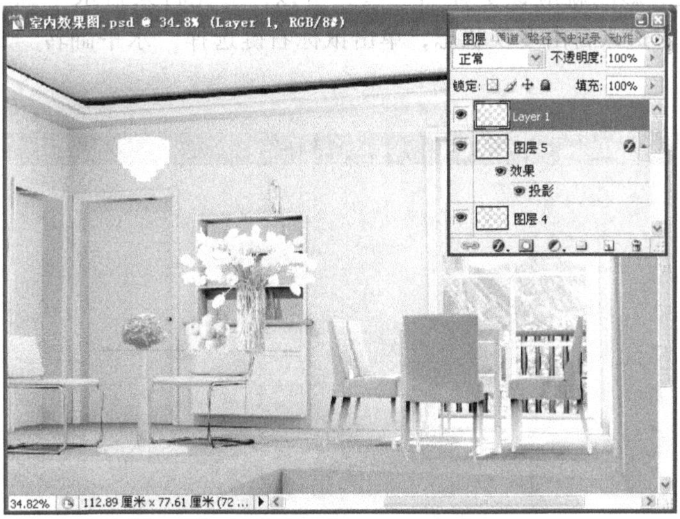

图 3-58

（3）这里，只需要左边的果盆，所以选择橡皮擦工具，将右边的花瓶擦去，结果如图 3-59 所示。

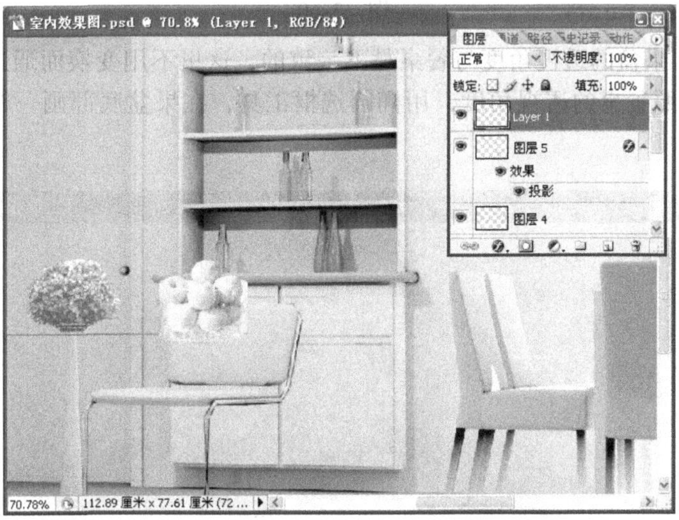

图 3-59

提示与技巧

默认状态下，Photoshop 中的操作都是针对当前所选图层，而不会影响到其他图层，所以，使用橡皮擦时不用担心会擦掉花瓶后面的物体，因为它们处于其他图层。

（4）比较餐桌距吊灯与窗户的距离，可以看出餐桌离窗户更近，那么它及放在它上面的果盆受阳光的影响就应该更强烈一些，所以，应先将果盆水平翻转，操作为：按 <Ctrl> + <T> 键进入自由变换状态，单击鼠标右键选择“水平翻转”命令，结果如图3-60所示。

图 3-60

（5）显然，果盆的透视角度与餐桌是不一致的，这里不用变换而通过挖补及修复的方法来调整。参照餐桌的透视角度，用椭圆选框工具，在果盆底部画一个椭圆选区，如图3-61 所示。

图 3-61

（6）按 <Ctrl> + <C> 键复制选区内图像，然后，按 <Ctrl> + <D> 键取消选区，再按 <Ctrl> + <V> 键粘贴图像，并移到果盆上部与原边缘相接，如图 3-62 所示。注意，粘贴图像位于新建的“图层 6”中。

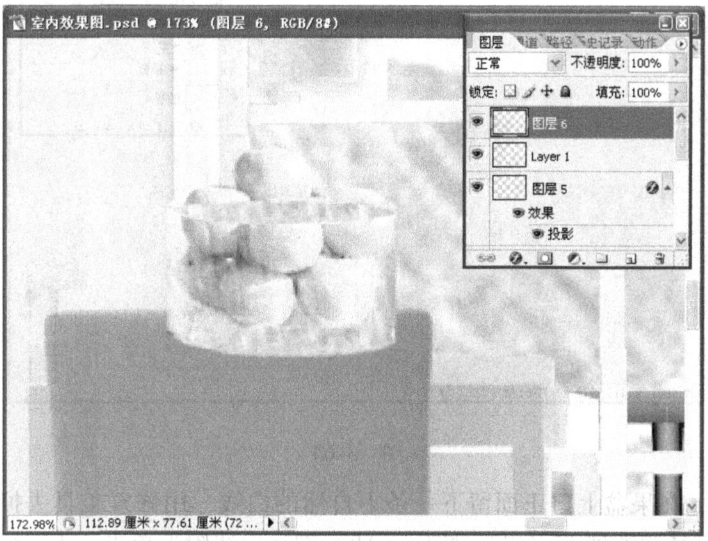

图　3-62

（7）降低新建图层的“不透明度”至 24%，如图 3-63 所示。

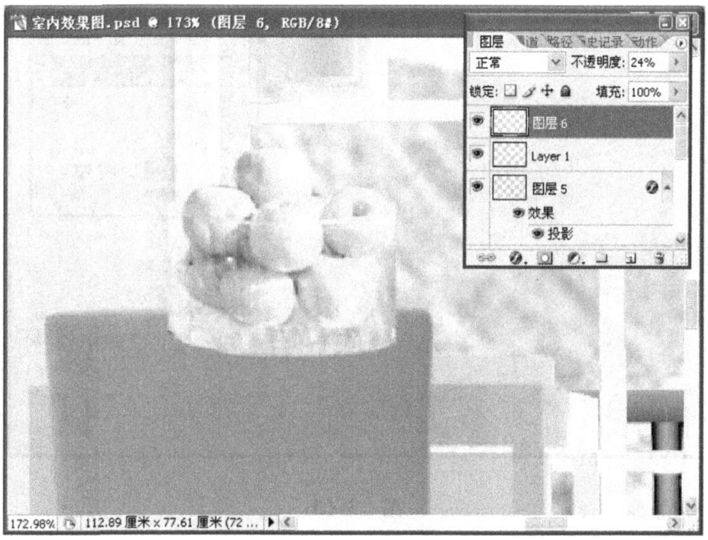

图　3-63

（8）将“图层 6”与原果盆图层合并为一个图层，选择橡皮擦工具，擦去果盆上口后面部分玻璃，结果如图 3-64 所示。

图 3-64

（9）现在，在果盆上口正面留下一条不自然的白线，用修复工具去掉它。选择修复画笔工具，将直径调整到 15 左右，按住 <Alt> 键在白线附近单击一下，然后再在白线上单击或拖动，白线消失，结果如图 3-65 所示。

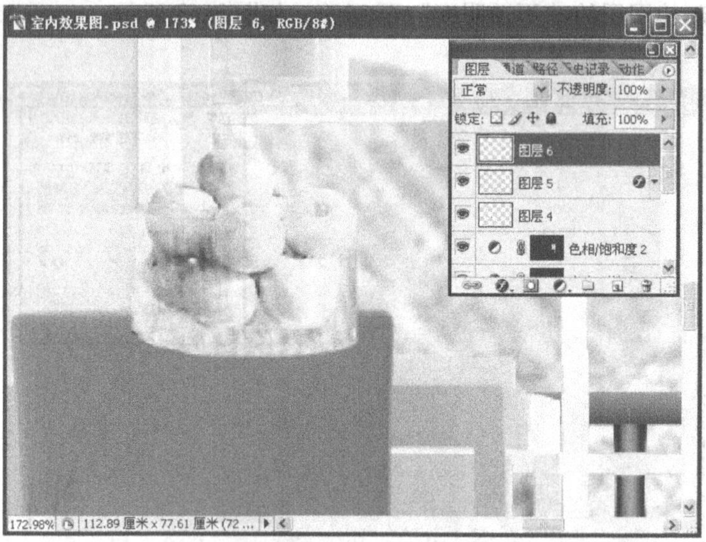

图 3-65

（10）在新制作的果盆上口画两道高光。选择画笔工具，设定直径为 2、“不透明度”为 65%，然后，在果盆上口画两条弧线，分别代表吊灯与阳光照射下产生的高光，如图 3-66 所示。

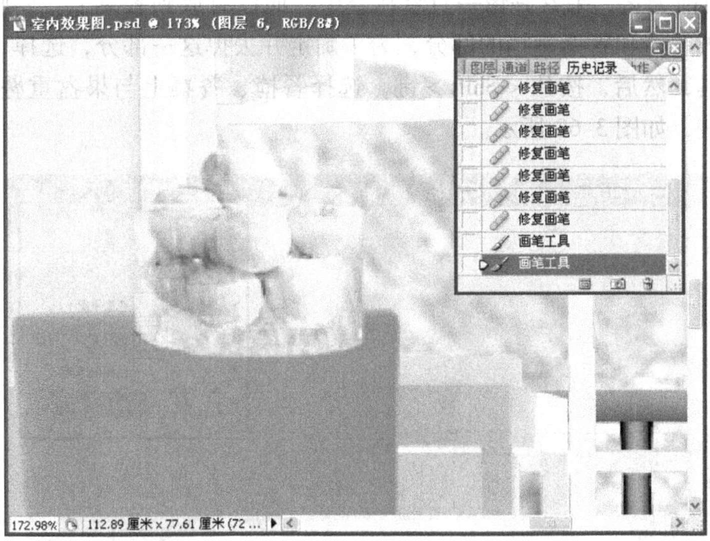

图 3-66

可能一次画不到位，可以按 <Ctrl> + <Z> 键撤销重画，或者通过“历史记录”面板返回重新操作。

提示与技巧

（11）果盆上口透视与餐桌就基本一致了，至于底部因透视及前后关系，会被其他物体挡住，所以就不管它了。现在，将果盆缩小一些，并移到图 3-67 所示的位置。

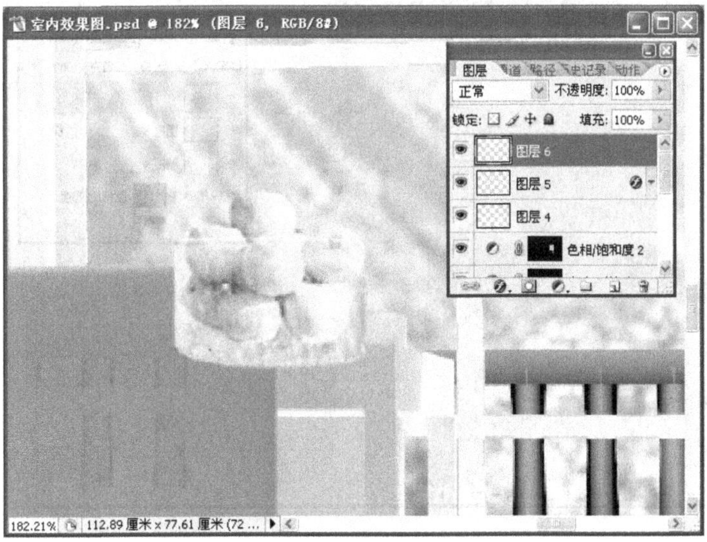

图 3-67

（12）到目前为止，果盆好像一直悬在空中，而没有放到餐桌上，要解决这个问题，主要是删除它被餐椅和餐桌遮挡的部分，为了确定并去掉这一部分，选择“背景”图层，再选择魔棒工具，然后，按住 < Shift > 键，选择餐椅、餐桌上与果盆重叠的区域，范围可以稍微大一些，如图 3-68 所示。

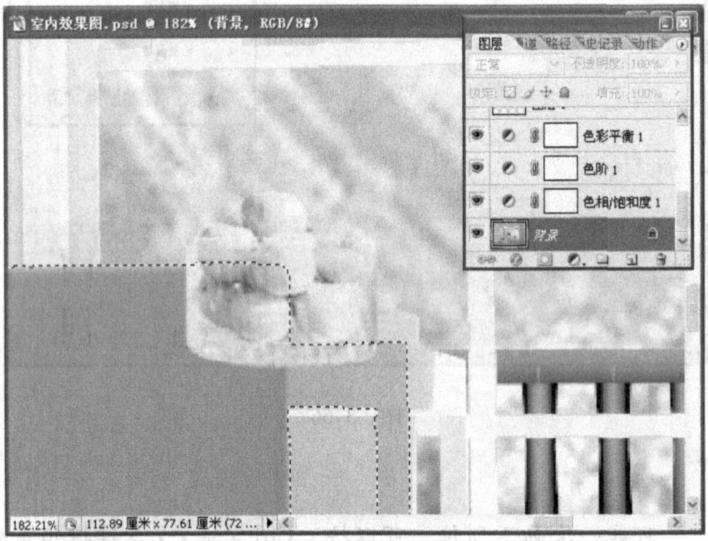

图 3-68

（13）重新选择果盆所在的“图层 6”，按 < Del > 键，果盆被挡的部分被删除，按 < Ctrl > + < D > 键取消选区后，结果如图 3-69 所示。这样，果盆与餐椅、餐桌的前后关系就明确了，且果盆被放到了桌面上。

图 3-69

（14）现在来调整果盆的明暗及色彩。从阳光角度说，果盆主要是暗面面对我们，虽然这一面有室内灯光照射，然而相距较远，所以，总体上说果盆亮度不应太高。考虑到后面再次调整的可能，这里使用新增调整图层方式来调整，将亮度值降低 20，即输入“-20”，结果如图 3-70 所示。

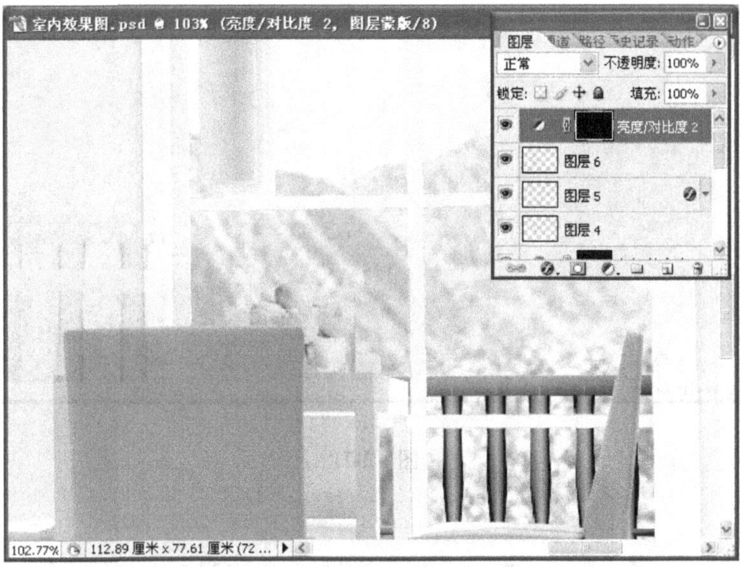

图 3-70

提示与技巧

注意，建立调整图层之前，应先载入果盆选区，操作就是按住 <Ctrl> 键再单击图层面板中“图层 6”的缩览图，否则，亮度调整将影响到下面所有图层。

（15）如果要处理得更细致一些，还可以分别选择减淡和加深工具，将果盆左右边缘稍微提亮一些、而将中间部分再加深一点，再用海绵工具将中间、较近水果的饱和度提高一些，而将两侧、较远水果的饱和度降低，结果如图 3-71 所示。

（16）按 <Ctrl> + < - > 键缩小视图，观察此时画面整体效果，如图 3-72 所示。

3.3.5 添加酒柜物品及阴影

（1）在本图中，酒柜位于画面中间，应作为重点来表现，前期渲染时酒瓶少了些，这是出于节省渲染时间的需要，因为瓶子这类模型面数较多，场景中如果有较多这样的模型，操作及渲染速度都会降低。这里，首先在酒柜上放一个花瓶，然后，再添加一些酒瓶。再次打开前面曾经使用过的图片“花瓶 01. psd”，如图 3-73 所示。

图 3-71

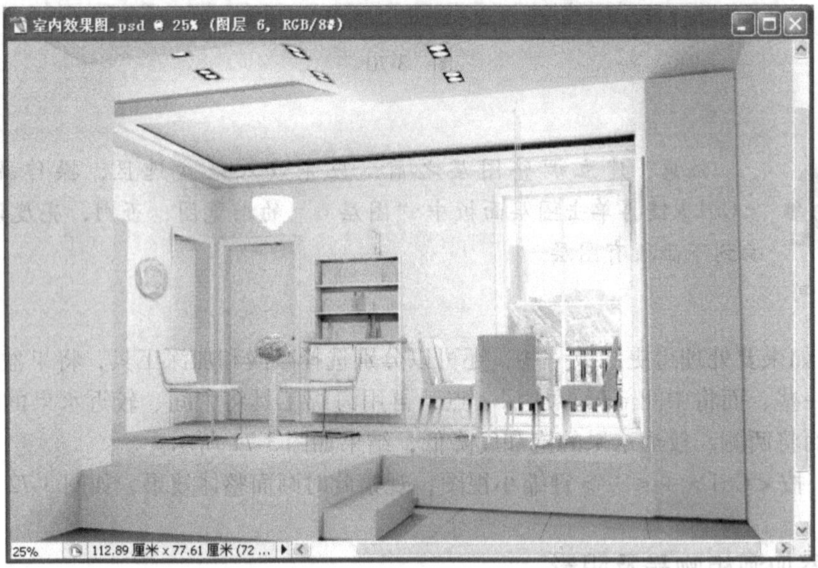

图 3-72

（2）将图像拖到效果图窗口，擦去果盆，如图 3-74 所示。

图 3-73

图 3-74

提示与技巧

这里，虽然花瓶位于“亮度/对比度 2”这个调整图层的下面，但其亮度却并未改变，原因是前面创建调整图层时，先载入了果盆选区，也就是说，将这个调整图层的影响范围限定在了果盆区域内。

（3）缩小花瓶并移动到酒柜台面上，如图 3-75 所示。

图 3-75

（4）去掉花瓶底部被挡住部分。选择“背景”图层，用魔棒工具选取酒柜台面与花瓶重叠部分，范围可以大一些，如图 3-76 所示。

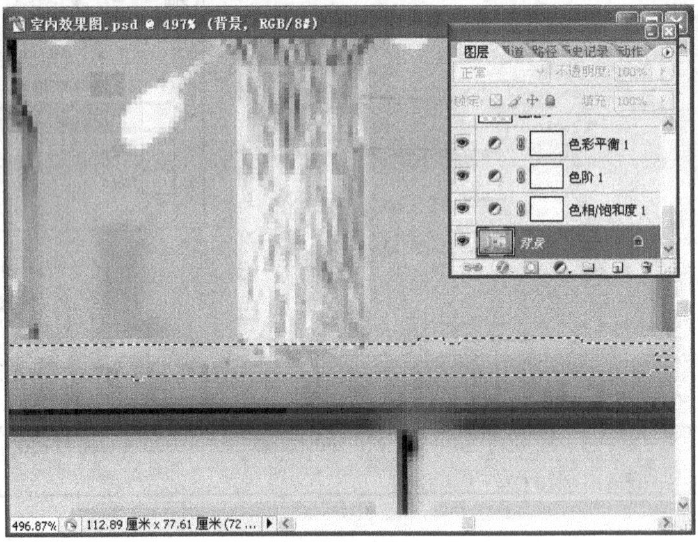

图 3-76

（5）返回到花瓶所在图层，按 <Del> 键删除被挡部分，取消选区，结果如图 3-77 所示。

（6）调整花瓶的明暗及色彩。分析可知，花瓶上部受吊灯影响较大，而下部受室外光线影响较大，所以，先将花瓶水平翻转，如图 3-78 所示。

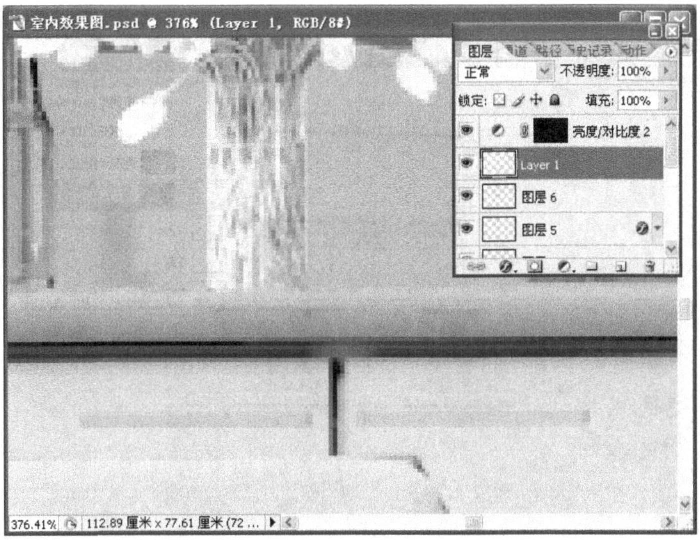

图 3-77

图 3-78

> **提示与技巧**
>
> 由于这里台面上部边缘接近水平状态，也就是说，与视平线接近重合，所以这一翻转并未明显影响到透视关系，否则应在前面去掉底部前就进行翻转。

（7）利用新增调整图层方式将花瓶亮度降低 20，操作前注意先载入花瓶选区，结果如图 3-79 所示。

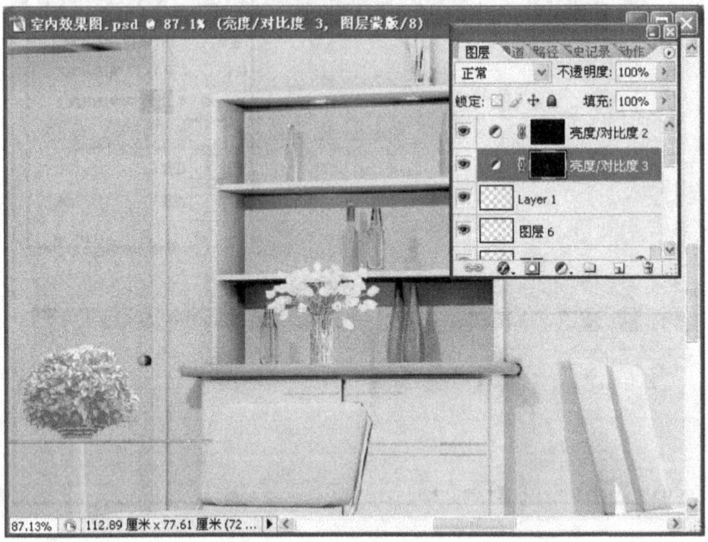

图 3-79

（8）进入花瓶所在图层，选择减淡工具，将面向吊灯一侧的花提亮一些。使用加深工具让瓶身面向吊灯一侧变暗一些，如图 3-80 所示。

图 3-80

（9）本来，花瓶应该在花篮后面，但目前从画面上来看两者距离并不明显，原因是花瓶饱和度过高，抢眼靠前了，所以应适当降低其饱和度。同样，通过新增调整图层方式调整，饱和度降低 20，这将导致亮度降低，因此，又将明度提高 10，结果如图 3-81 所示。

（10）制作花瓶的阴影。这里使用复制图层方法，按 < Ctrl > + < J > 键复制花瓶图

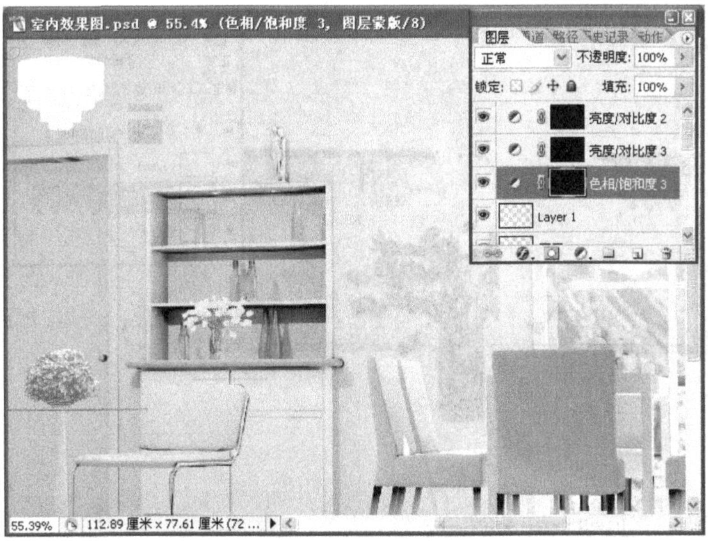

图　3-81

层，在图层面板中，将图层副本拖到原花瓶图层的下面，然后在编辑窗口中拖到右下方，如图 3-82 所示。

图　3-82

（11）按 <Ctrl> + <U> 键，打开“色相/饱和度”对话框，将图层副本的明度和饱和度降为 0，结果复制图像变成黑色，如图 3-83 所示。

（12）如果以此黑色区域为花瓶阴影，那么边缘显得太清晰了，这一点，对照渲染酒瓶的阴影也可看出。于是，用滤镜来模糊边缘。选择菜单命令“滤镜→模糊→高斯模糊”，按图 3-84 所示设置模糊参数。

（13）结果如图 3-85 所示。

图 3-83

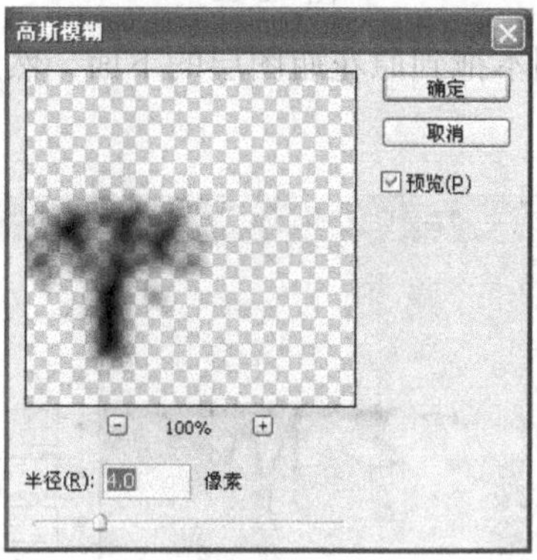

图 3-84

图 3-85

(14) 显然，阴影太黑了，于是，调整所在图层的“不透明度”为 27%，如图 3-86 所示。

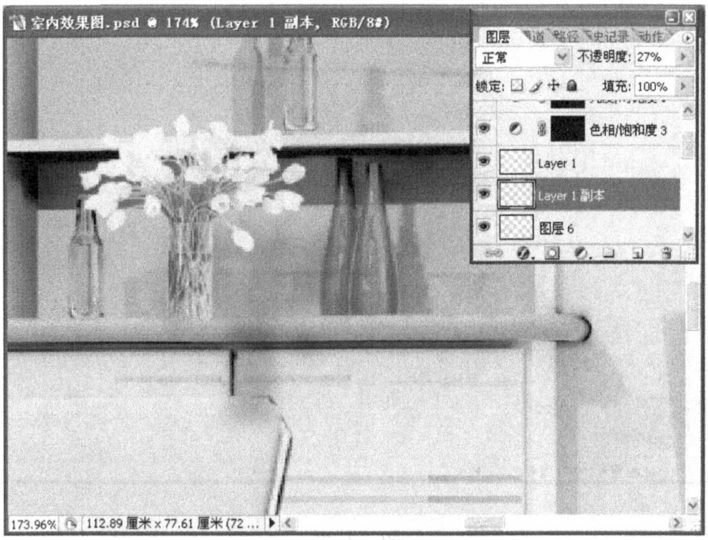

图 3-86

(15) 按照删除花瓶瓶底的方法，删除台面以下的阴影，结果如图 3-87 所示。

图 3-87

(16) 用同样方法添加酒瓶及阴影，素材可以使用本书配套光盘中 files 目录内的文件或自己收集的，方法与前面相同，制作结果如图 3-88 所示。

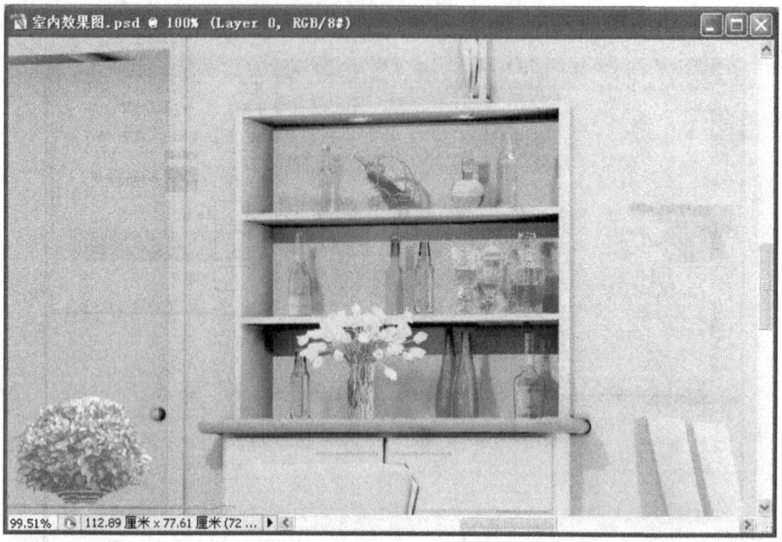

图 3-88

3.3.6 添加植物及阴影

（1）在酒柜与窗户之间的位置放一盆植物。先打开植物图片，如图 3-89 所示，文件见本书配套光盘中的 files \ 植物 165. psd。

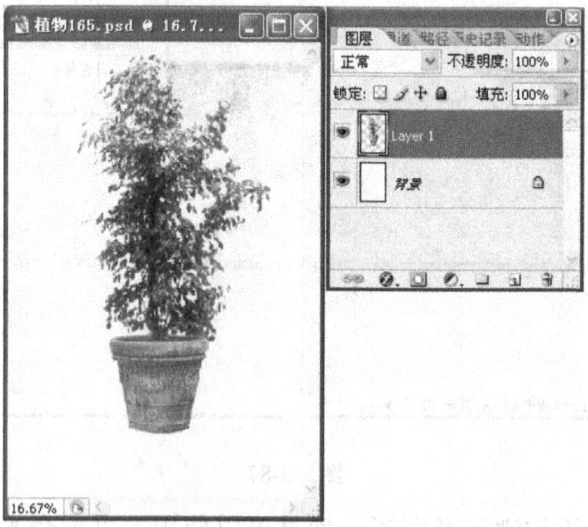

图 3-89

（2）从上图可以看出，这张素材图片有两个图层，植物位于透明图层，所以，可以像普通透明图片一样，将植物直接拖到效果图窗口中，如图 3-90 所示。

图 3-90

(3) 将盆景缩小后移到图 3-91 所示的位置，观察它与周围物体的透视角度，发现基本上是吻合的，所以就不用调整了。为了便于后面制作盆景阴影，按 <Ctrl> + <J> 键，将盆景图层复制一层，然后关闭备用。

图 3-91

(4) 去掉盆景被餐桌和餐椅遮挡的部分。与前面操作类似，先回到“背景”图层，选中与盆景重叠的餐椅及餐桌区域。如果觉得植物干扰操作，可以将另一个开着的盆景图层也关闭。在“背景”图层的选取结果如图 3-92 所示。

(5) 返回并打开盆景图层中的上面一个图层（下面一个用于制作阴影），按 <Del> 键删去被遮挡部分，取消选区，结果如图 3-93 所示。

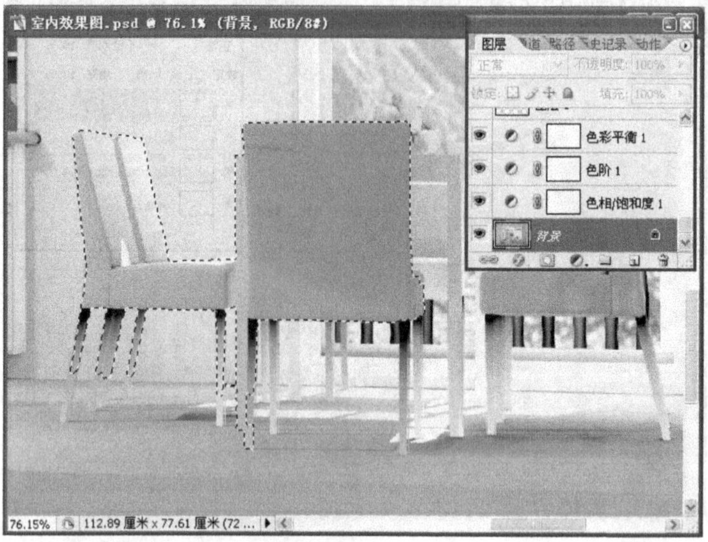

图 3-92

图 3-93

（6）为了使盆景溶于后面的墙体背景，与前面的其他物体拉开层次，而不是抢着向前，可以略微降低所在图层的“不透明度”，这里降低到 80%，结果如图 3-94 所示。

（7）这样，前后就有了一定的层次感，但还很不够，盆景仍显得靠前而且较暗，于是，利用新增调整图层方式调整图层饱和度及明度，调整之前先载入盆景选区，参数设置如图 3-95 所示。

（8）调整结果如图 3-96 所示。

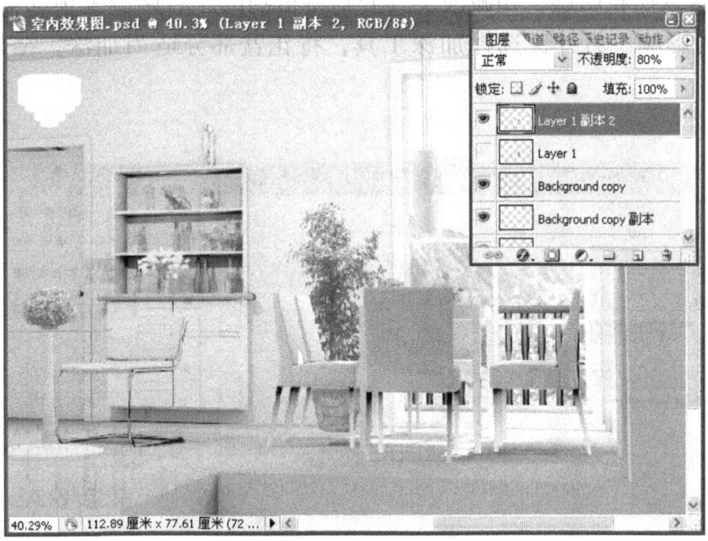

图 3-94

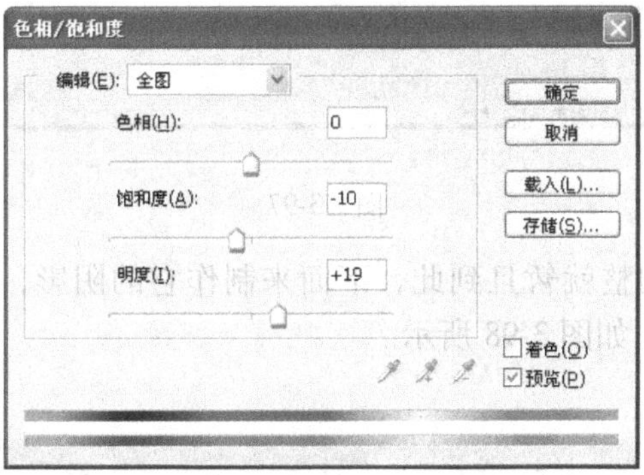

图 3-95

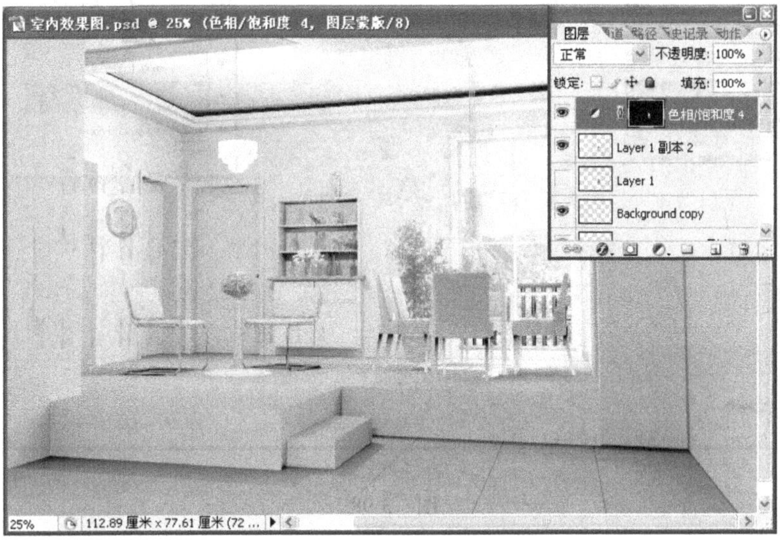

图 3-96

（9）选择盆景所在图层，用减淡工具分别将植物的左右两侧及顶部提亮一些，以反应吊灯及阳光的影响。另外，选择加深工具，将花盆部分适当加深，结果如图 3-97 所示。

图 3-97

（10）盆景本身的调整就暂且到此，下面来制作它的阴影，为此，打开并选择前面复制的另一个盆景图层，如图 3-98 所示。

图 3-98

（11）进入自由变换状态，单击鼠标右键选择“扭曲”命令，移动控制点，将盆景调整为地上影子的形状，如图 3-99 所示。

图　3-99

（12）按 <Enter> 键确认，然后，调整其亮度、对比度到最低，也就是让它变成黑色，如图 3-100 所示。

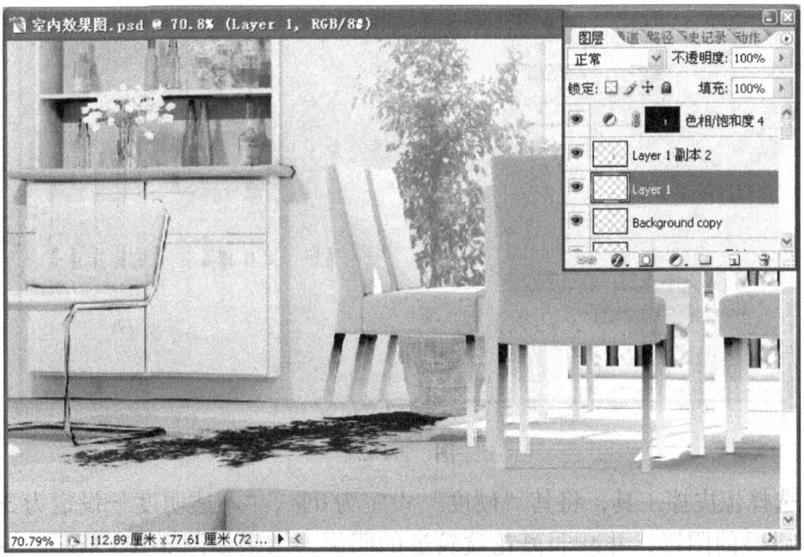

图　3-100

（13）使用高斯模糊滤镜，半径为 2 像素，使其变得模糊，如图 3-101 所示。

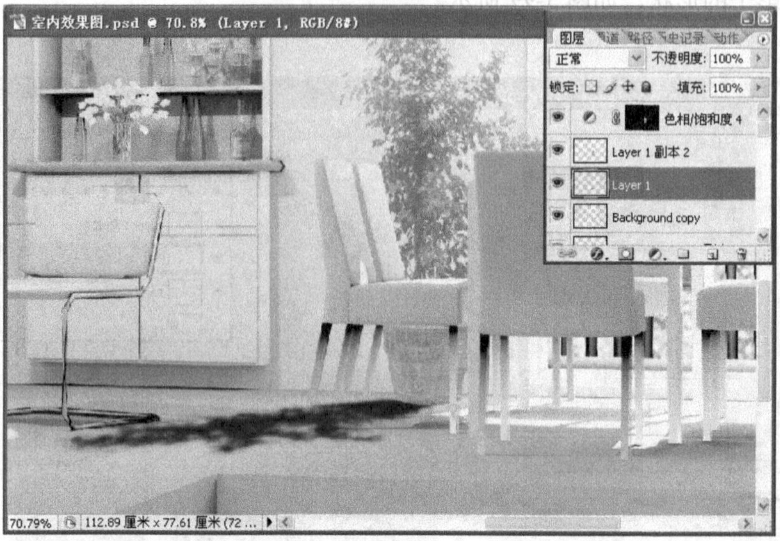

图 3-101

（14）参照旁边桌椅阴影的亮度，将盆景阴影所在图层的“不透明度”降低到 18%，阴影亮度随即提高，结果如图 3-102 所示。

图 3-102

（15）选择橡皮擦工具，将其“硬度”设定为 0%，“不透明度”设定为 30%，然后擦去与椅腿重叠的阴影，并减弱离花盆较远的阴影，结果如图 3-103 所示。这样，添加盆景及制作阴影的工作就算完成了。

图　3-103

3.3.7　制作灯槽效果

（1）在吊顶上方的黑色灯槽位置制作灯槽发光效果。为此，选择“背景”图层，选择魔棒工具，选中“连续”选项，按住 <Shift> 键单击各段灯槽，结果如图 3-104 所示。

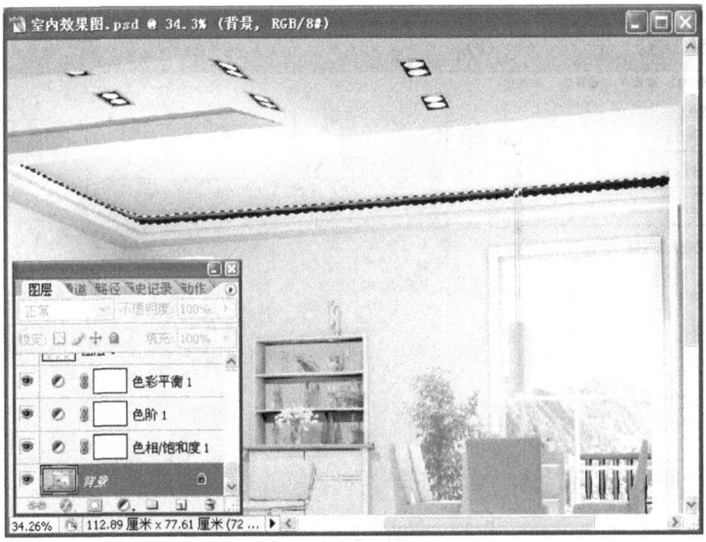

图　3-104

（2）按 <Ctrl> + <J> 键复制选区并建立一个新的图层，按 <Shift> + <Ctrl> + <]> 键将新图层移到顶层，按住 <Ctrl> 键单击图层面板中图层的缩览图，重新载入灯槽选区，如图 3-105 所示。

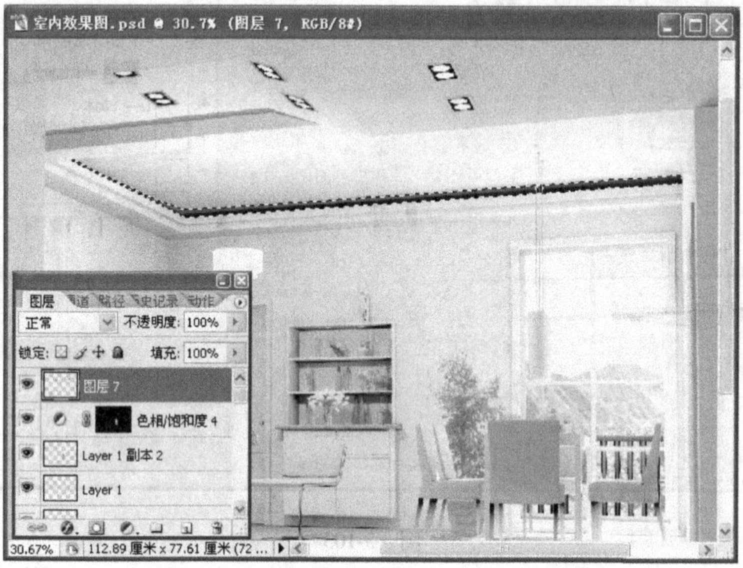

图 3-105

(3) 选择 Eye Candy 4000 内的“发光”滤镜，进入其界面，在“颜色”面板中设定灯光为白色，然后按图 3-105 所示设置“基本”面板中的参数，右边窗口中可以预览灯槽效果。

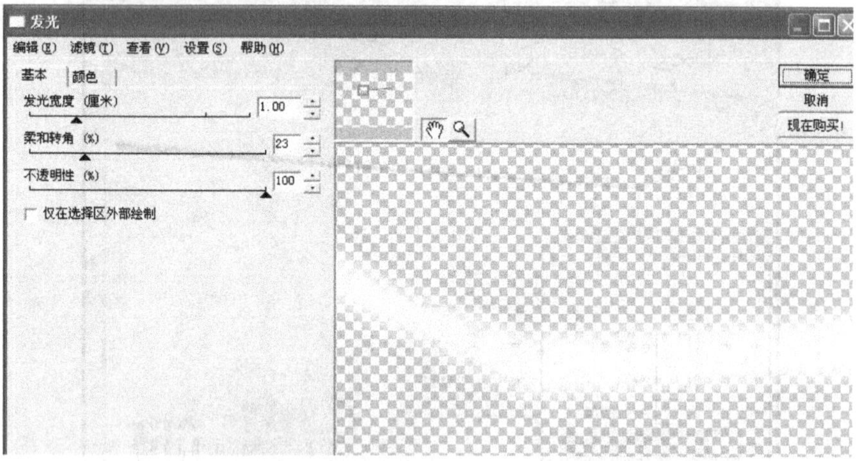

图 3-106

(4) 单击 确定 按钮后，得到了需要的灯槽发光效果，如图 3-107 所示。仔细观察，发现左边和餐厅吊灯线处的灯光效果到前面来了，应予以删除。至于右边与墙面相接处，可以认为是灯光的正常照射，所以可不管它。

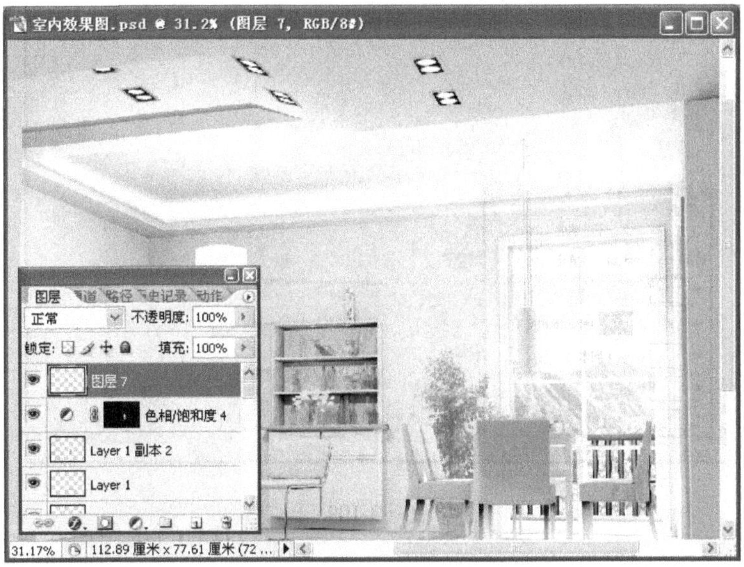

图　3-107

（5）删除多余光效的操作，与前面去掉物体被遮挡部分的操作相同。先选择“背景”图层，用魔棒工具选择发光效果与前面物体重叠的区域，如图 3-108 所示。

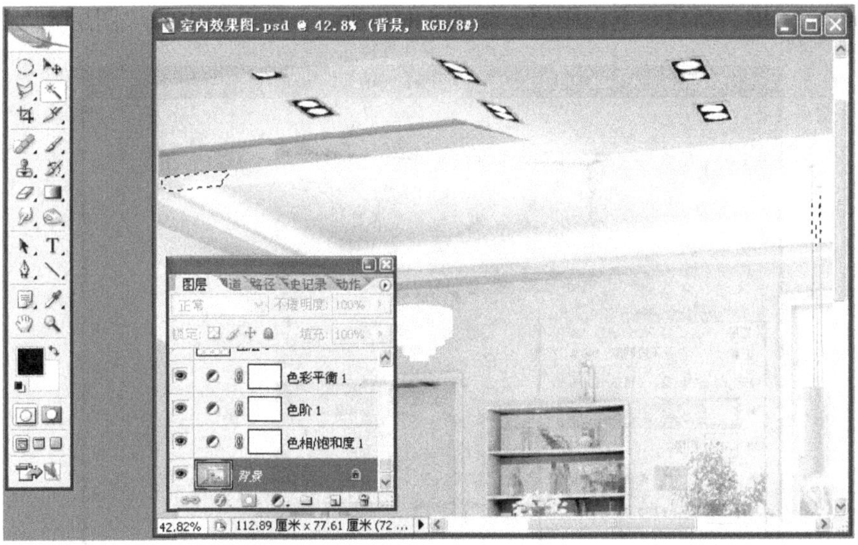

图　3-108

（6）返回到发光效果图层，按 < Del > 键将多余光效删除，结果如图 3-109 所示。

图 3-109

3.3.8 制作筒灯效果

（1）在酒柜顶层有两个筒灯，但渲染图中没有它们的灯光效果，现在用 Photoshop 给它们加上，方法主要是利用渐变工具进行填充。具体操作为：先按 < Shift > + < Ctrl > + < Alt > + < N > 键，新建一空白图层，如图 3-110 所示，就是图中的“图层 8”。

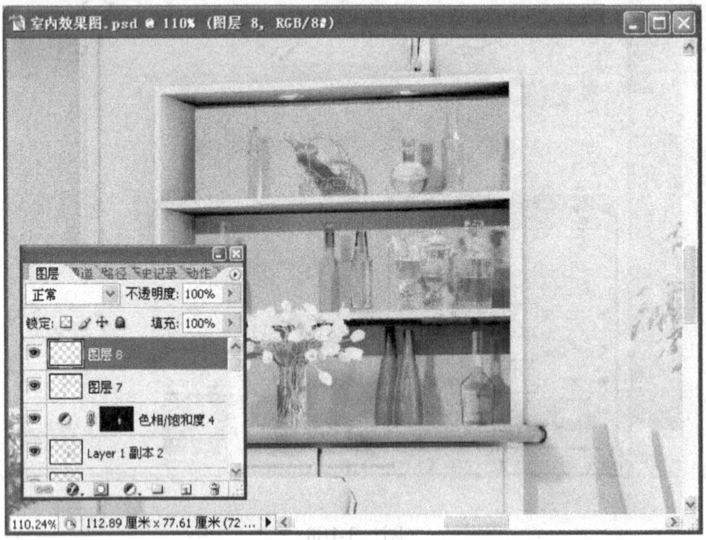

图 3-110

（2）选择多边形套索工具，在左边筒灯下面绘制图 3-111 所示的选区。

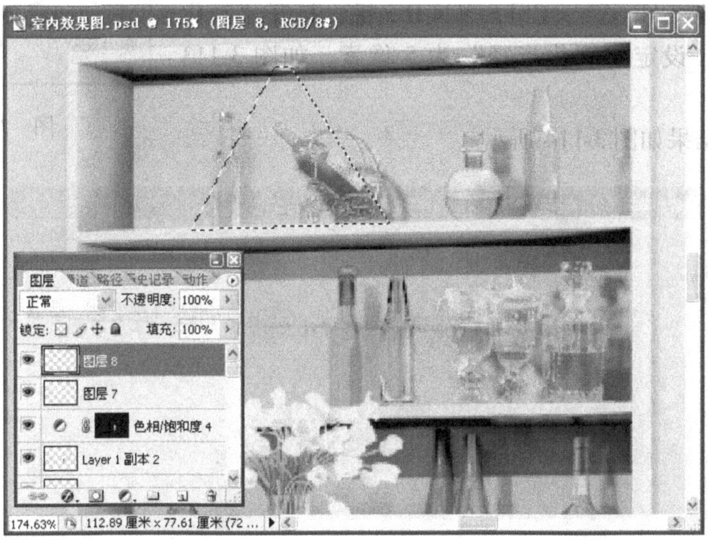

图　3-111

提示与技巧

有时候，很难一下子绘制出满意的选区，可以先绘制大致范围，然后像变换物体一样变换选区。变换选区的操作为：绘制一个选区后，选择菜单命令“选择→变换选区”，选区周围会出现控制点，如图 3-112 所示，标志着选区进入自由变换状态，可进行缩放操作，如果单击鼠标右键，还可以选择“扭曲”、“透视”等操作，调整结束后按 <Enter> 键确认。

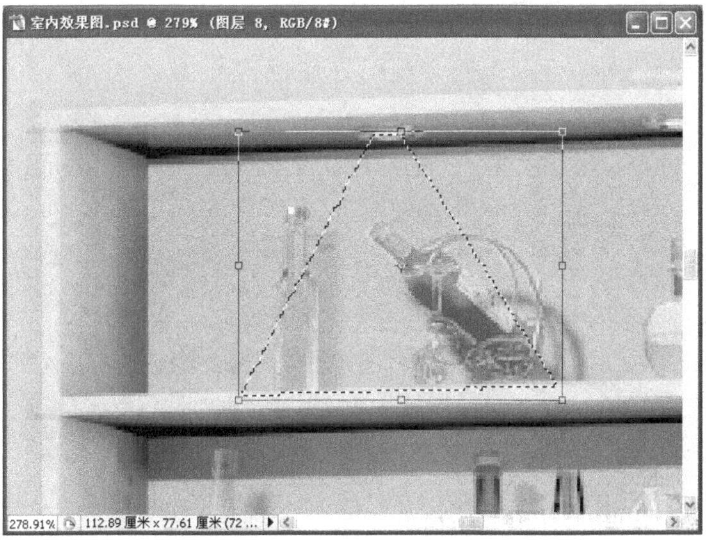

图　3-112

（3）为了使制作的发光效果边缘自然过渡，对选区进行羽化操作。按 < Alt > + < Ctrl > + < D > 键，打开“羽化选区”对话框，设定“羽化半径”为 5 像素，如图 3-113 所示。

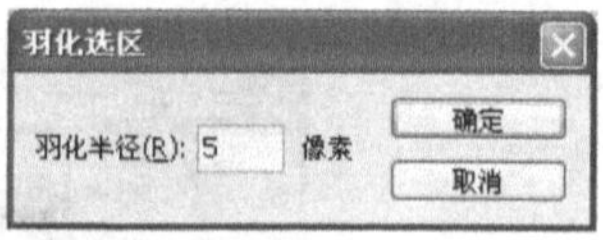

图 3-113

（4）羽化结果如图 3-114 所示。

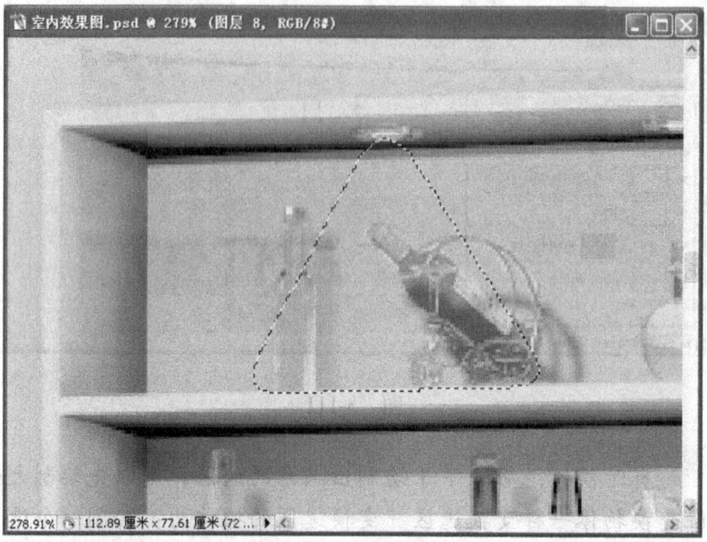

图 3-114

（5）将前景色和背景色均设定为纯白色，选择渐变工具，在选项栏中选择线性渐变方式，然后在选区内从上到下拉渐变，取消选区，结果如图 3-115 所示。

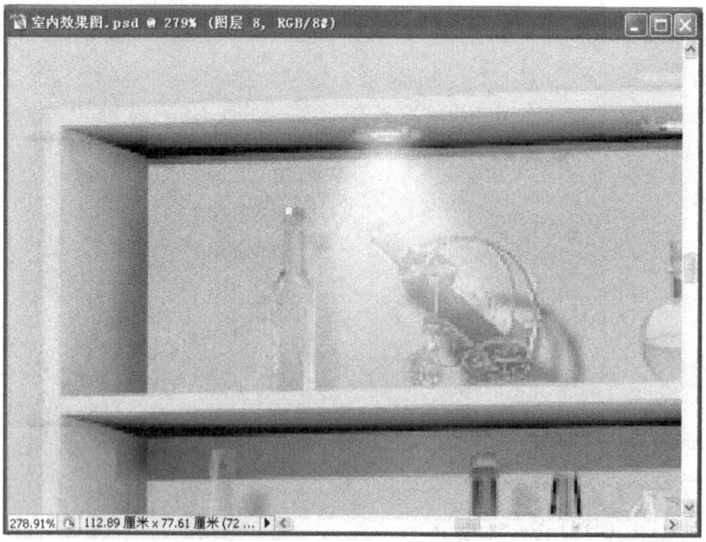

图 3-115

（6）以同样方法制作右侧筒灯的灯光效果，结果如图 3-116 所示。

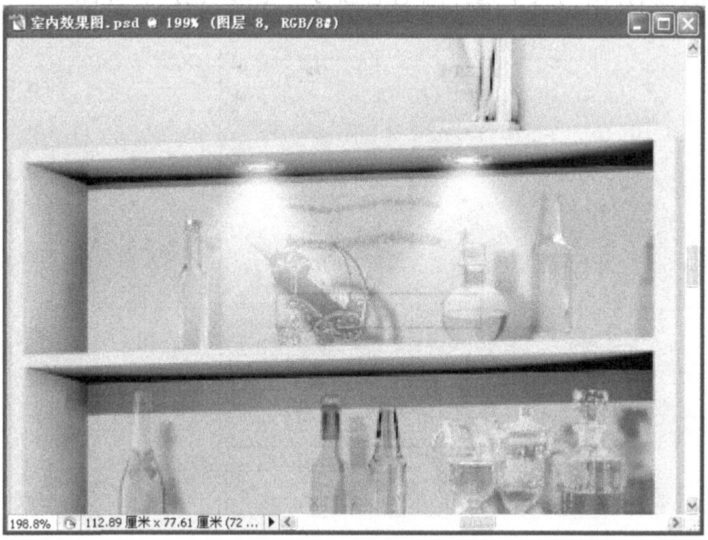

图 3-116

（7）按 <Ctrl> + <0>键，观察图片整体效果，发现筒灯灯光过强，于是，降低其所在图层的“不透明度”至 90%，如图 3-117 所示。

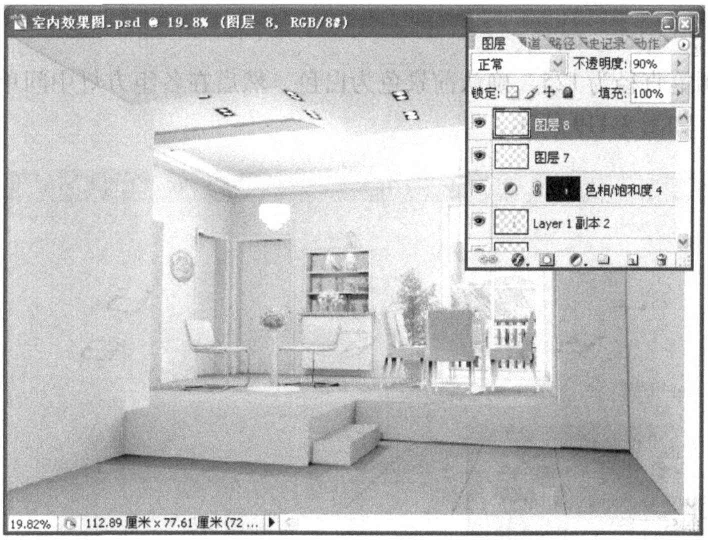

图 3-117

3.3.9 添加顶灯光晕效果

（1）天棚上有几组方形顶灯，也是处于发光状态的，可以为它们添加光晕效果，以打破天棚的单调感。具体操作为：新建一个空白图层，选择画笔工具，单击选项栏中直径右边的˙按钮，从弹出列表中选择画笔笔触为“星形放射”，如图 3-118 所示。

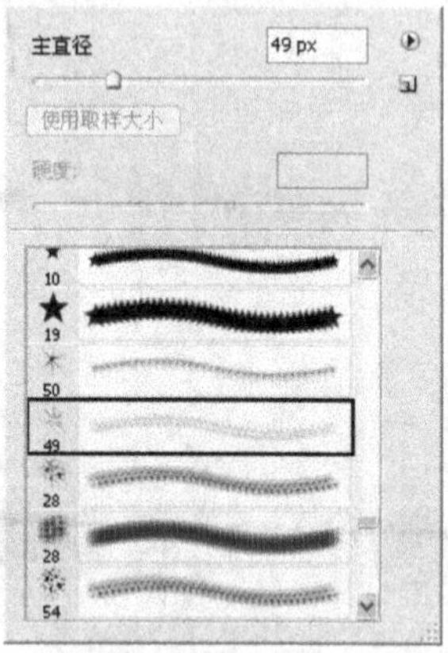

图 3-118

> **提示与技巧**
>
> 如果列表中没有这种笔触，说明系统尚未加载这个类别，可以单击列表右上方的▸按钮加载其中列出的类别，然后再到列表中去找“星形放射”。

（2）调整画笔直径为 125，确认前景色为白色，然后在各组方灯中间单击一下，从而画出光晕效果，如图 3-119 所示。

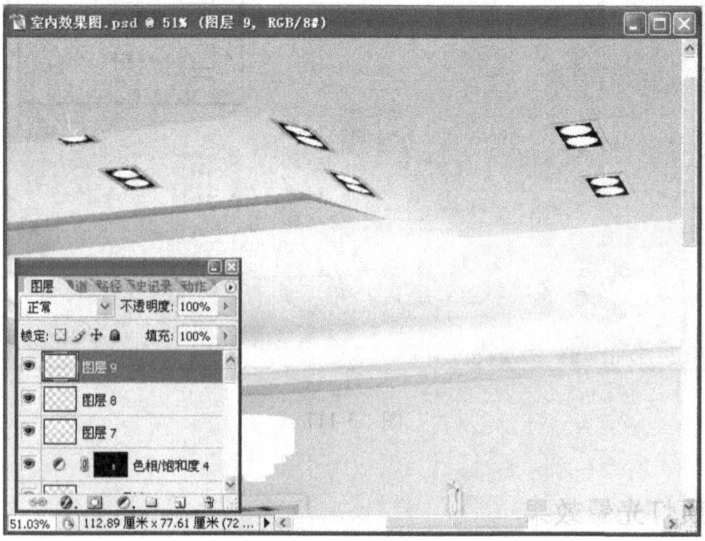

图 3-119

（3）左边有一组灯出现了部分多余的光效，可以像前面处理灯槽多余光效一样删除它，结果如图 3-120 所示。

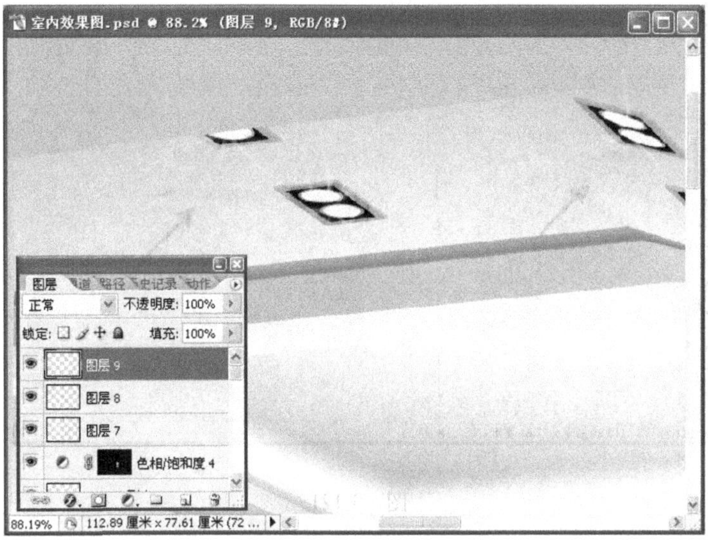

图 3-120

3.4 局部修正与补充

前面添加了一些配景物，制作了一些效果，是“后局部”阶段工作中的一方面，还有另一方面，即图中存在的错误或者不足并未修正，一些局部缺失也未补充，可以说“后局部”的工作还没完，下面就来完成这一方面的工作。

3.4.1 去掉渲染黑斑

（1）如图 3-121 所示，在箭头所指位置有两处因渲染错误出现的夹着白光的黑斑，下面用填充的方法来去掉它们。

（2）进入“背景”图层，选择多边形套索工具，选中左边门套上黑斑所在区域，如图 3-122 所示。

（3）按 < Ctrl > + < J > 键，将选区复制到新的图层，并按 < Shift > + < Ctrl > + <] > 键将新图层移到顶层。

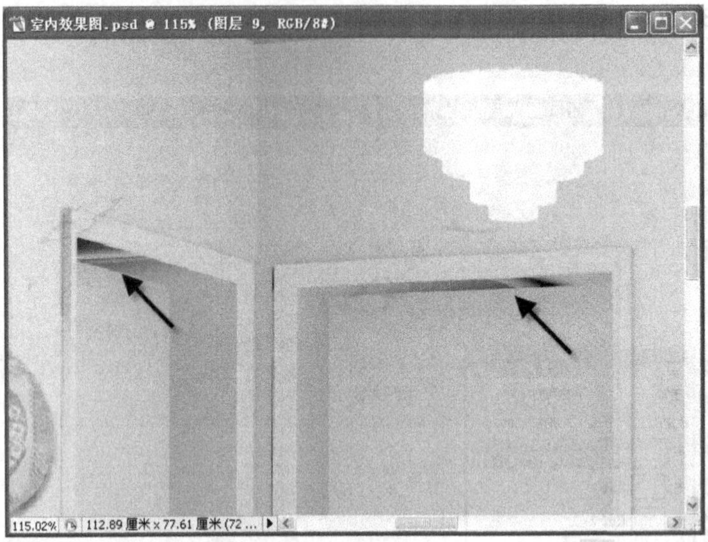

图 3-121

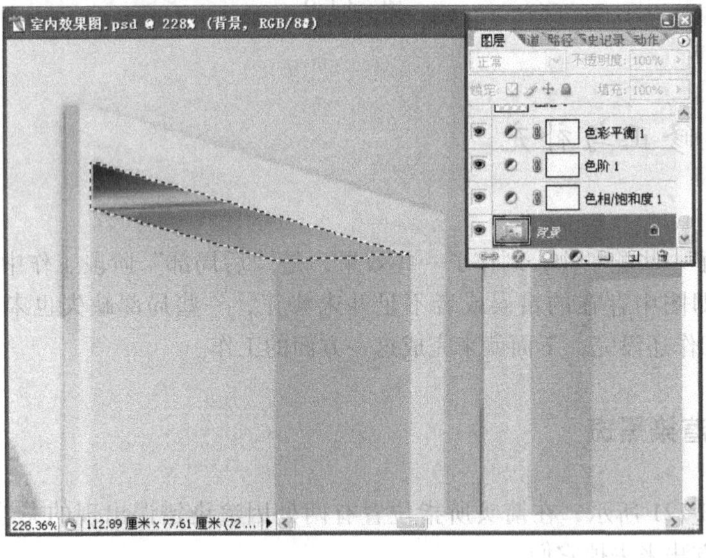

图 3-122

提示与技巧

在后期处理中，要对渲染图的某区域，尤其是较大区域进行编辑修改时，最好将该区域复制到一个新的图层再处理。这样，可以避免对原图造成不可恢复的损伤。如果编辑修改不成功，可以删掉所建选区图层，然后重新修改。

（4）单击工具箱中的前景色色块，在“拾色器”对话框中，设定颜色为深黄色，颜色值为 R：96，G：96，B：85，如图 3-123 所示。

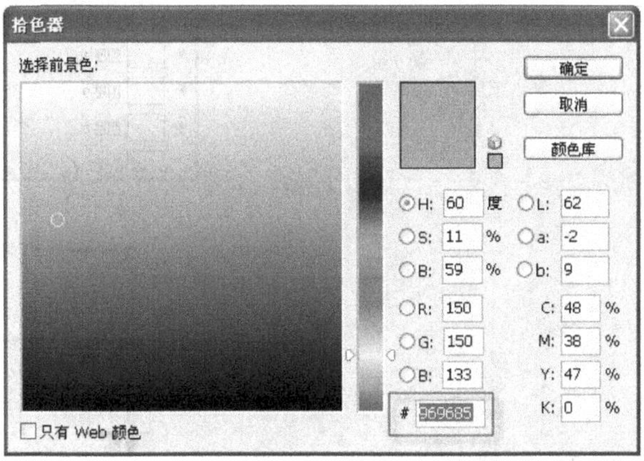

图　3-123

（5）选择最上面的图层，载入黑斑所在选区，按 < Alt > + < Delete > 键以前景色填充选区，结果如图 3-124 所示。

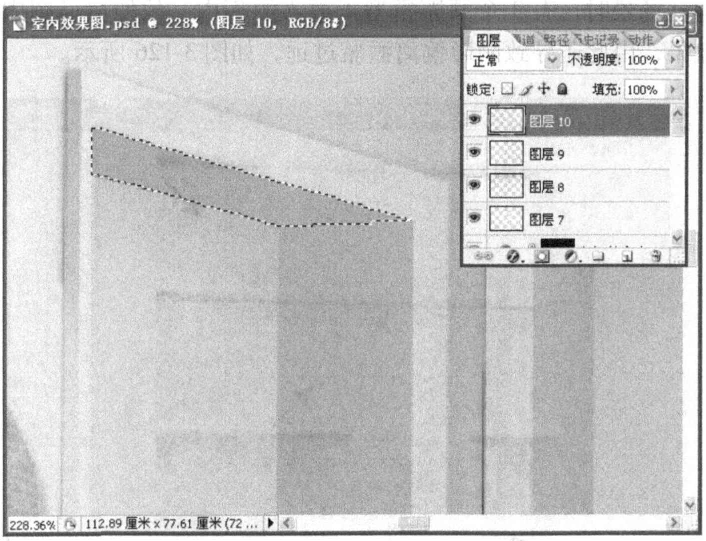

图　3-124

（6）以同样方法去掉右边门套上的黑斑，结果如图 3-125 所示。

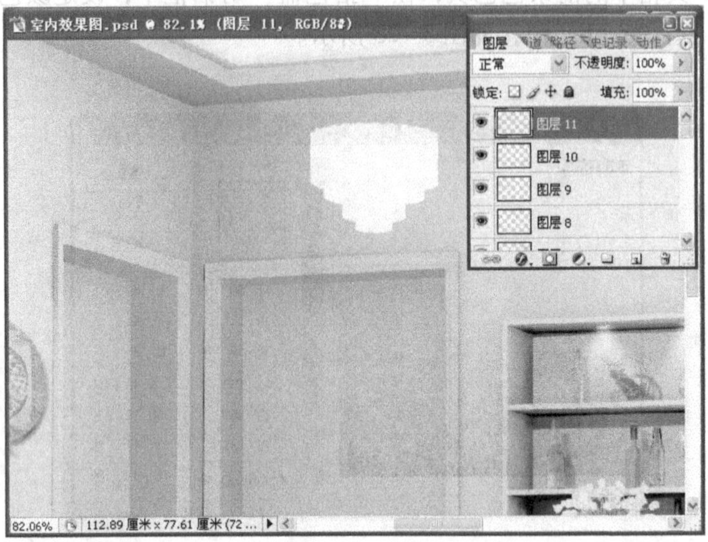

图 3-125

3.4.2 让悬浮酒瓶进柜

（1）前期建立场景时，有 3 个酒瓶模型未放入酒柜内，致使渲染图中出现了酒瓶悬在空中的错误效果，由此还导致阴影偏离酒瓶过远，如图 3-126 所示。

图 3-126

（2）先去掉酒瓶的错误阴影。进入“背景”图层，用多边形工具选择右上角悬浮酒瓶的阴影，然后选择仿制图章工具，按住 < Alt > 键在阴影旁边的酒柜背板上单击一下，确定仿制源，然后在阴影选区内单击，结果阴影被去掉，如图 3-127 所示。

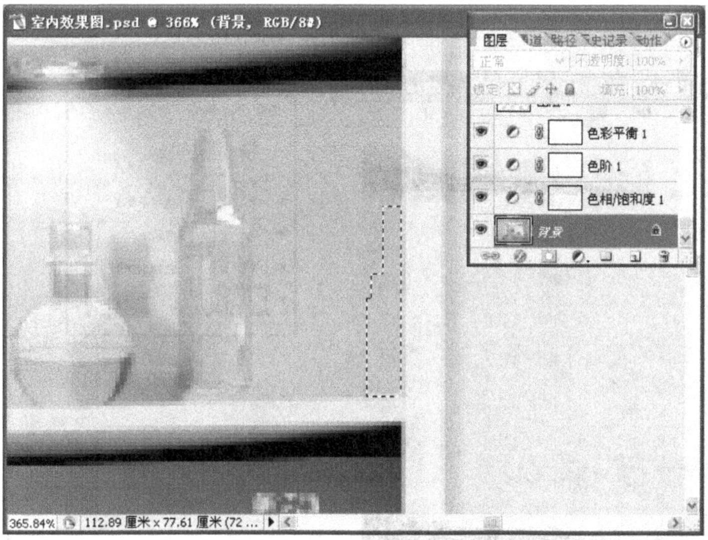

图　3-127

提示与技巧

使用仿制图章工具时，并不是非要先画定一个选区才可以操作，但画定选区后可以限定复制的效果仅在选区内，即使不小心单击到选区边线上甚至选区外，都不会对外面产生任何影响。这种方法也适用于 Photoshop 的其他很多工具，比如画笔、橡皮擦等。

（3）用同样方法去掉其他悬浮酒瓶的阴影，结果如图 3-128 所示。

图　3-128

（4）仍然在“背景”图层，利用多边形套索工具选中右上角悬浮酒瓶，如图 3-129 所示。

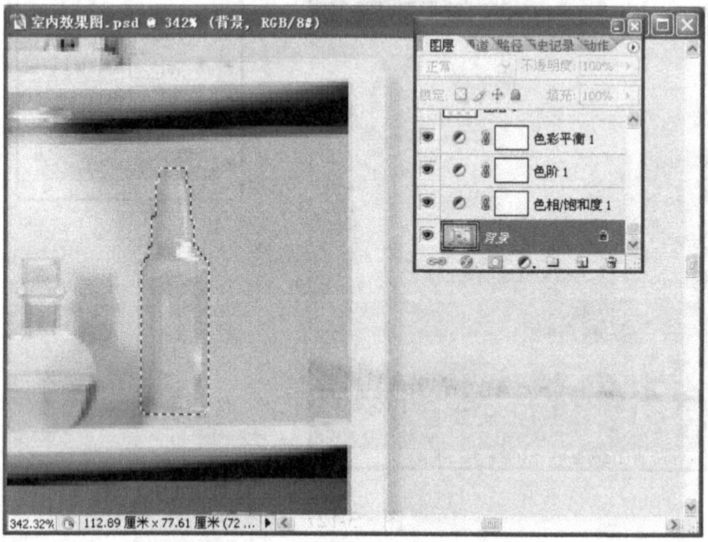

图 3-129

（5）复制选区到新图层，重新载入选区，选择多边形套索工具，按住 < Alt > 键，这时光标旁边出现一个“ - ”号，表示进入减选状态，选择酒瓶的上半部分，结果上半部分从选区中去掉，选区中只剩下下半部分，如图 3-130 所示。

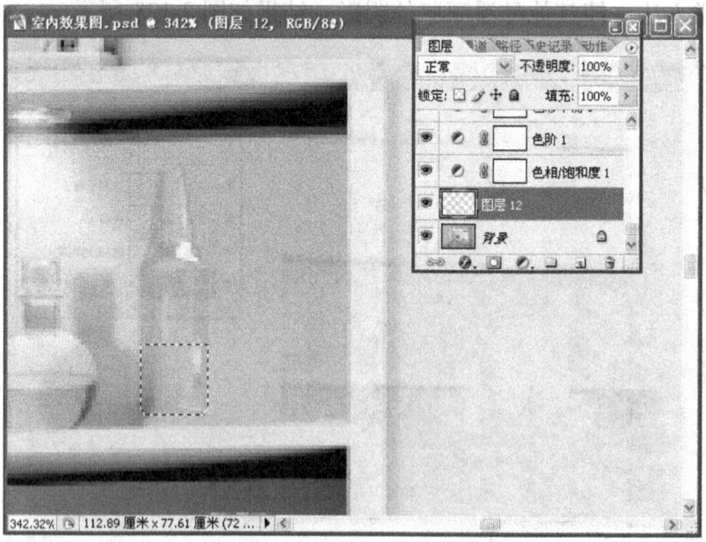

图 3-130

（6）下面将选区内的酒瓶向下竖直复制一份。操作为：选择移动工具，按住

< Alt > + < Shift >键，向下拖动选区，结果酒瓶延长了，如图 3-131 所示。

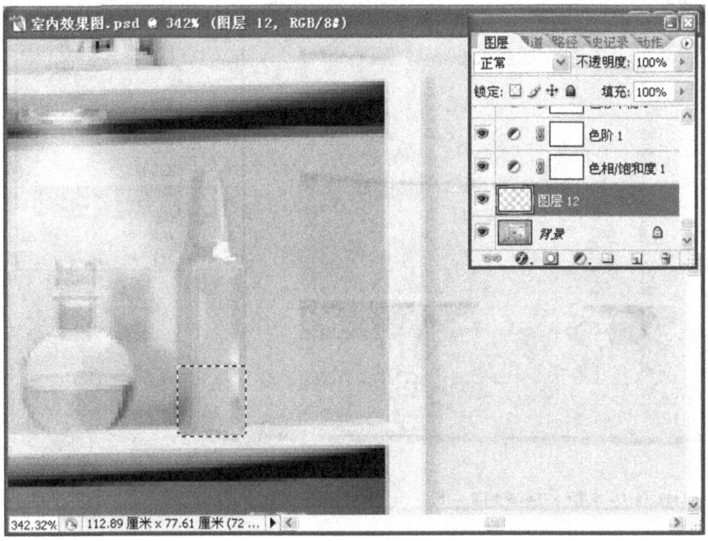

图 3-131

（7）删去前面被挡部分和添加阴影的操作，与前面介绍酒瓶添加及阴影制作的操作完全相同，这里就不重复了，制作结果如图 3-132 所示。

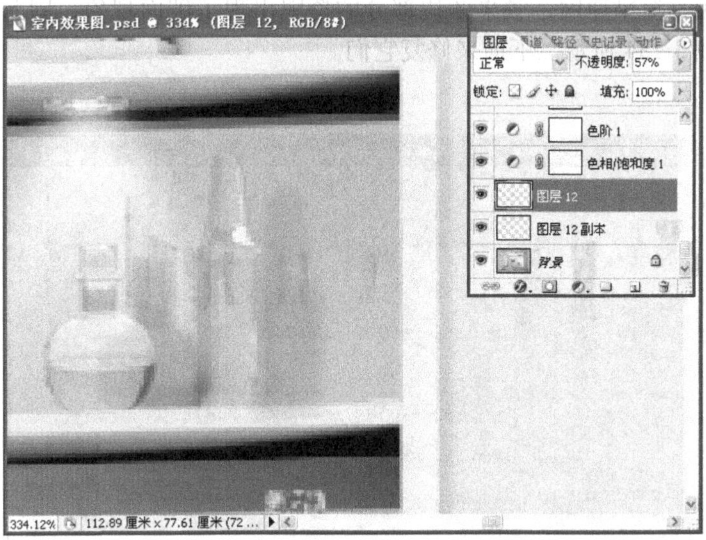

图 3-132

（8）以同样方法加长另两个悬浮酒瓶并制作阴影，结果如图 3-133 所示，这样，3 个悬浮酒瓶都移到了酒柜中。

图 3-133

3.4.3 修复椅腿破面

（1）同样也是渲染原因，餐桌旁边部分的椅腿出现了破面现象，同时还存在上部过黑的问题，如图 3-134 所示。下面来修复它们。

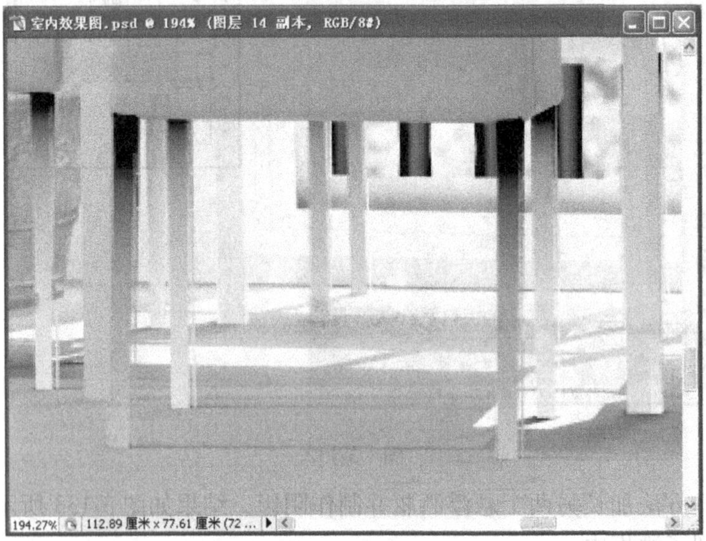

图 3-134

（2）先处理一条椅腿。进入“背景”图层，选择吸管工具，在要处理的椅腿下部单击鼠标吸取该处颜色为前景色，如图 3-135 所示。

图 3-135

（3）按 <X> 键，互换背景色与前景色，再用吸管获取椅腿中部色彩为前景色。

（4）选择多边形套索工具，绘制椅腿面向操作者的一面，如图 3-136 所示。

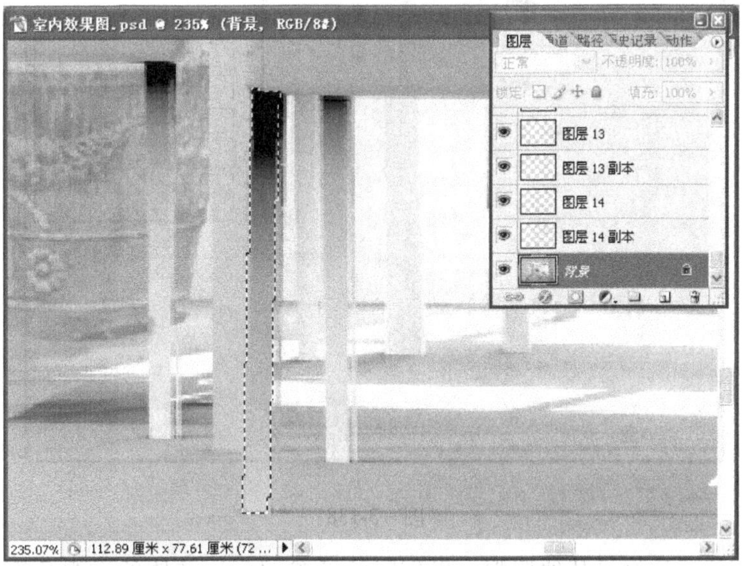

图 3-136

（5）将选区复制到新图层中并载入选区，选择渐变工具，使用线性渐变方式，由上向下拉一个渐变，结果如图 3-137 所示。

图 3-137

（6）用同样方法修复该椅腿右侧面，只是将前景色调暗一些，修复结果如图 3-138 所示。

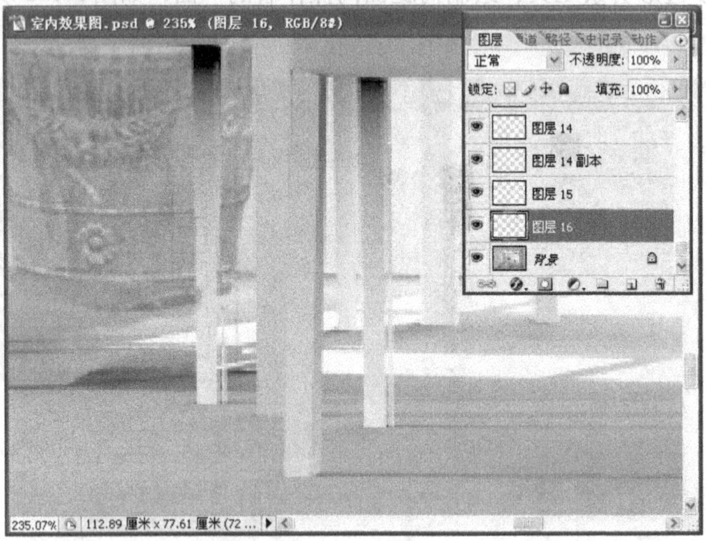

图 3-138

（7）用同样方法修复其他椅腿，操作时注意参照旁边物体的透视角度及明暗程度，结果如图 3-139 所示。

图 3-139

3.4.4 纠正栏杆明暗错误

(1) 从图 3-139 中还可以看到室外栏杆的明暗情况，尽管栏杆的主要部分处于背光面，但也不应该全部暗到如此程度，下面来纠正其明暗错误。先处理栏杆扶手，在“背景”图层中选中扶手区域，如图 3-140 所示。

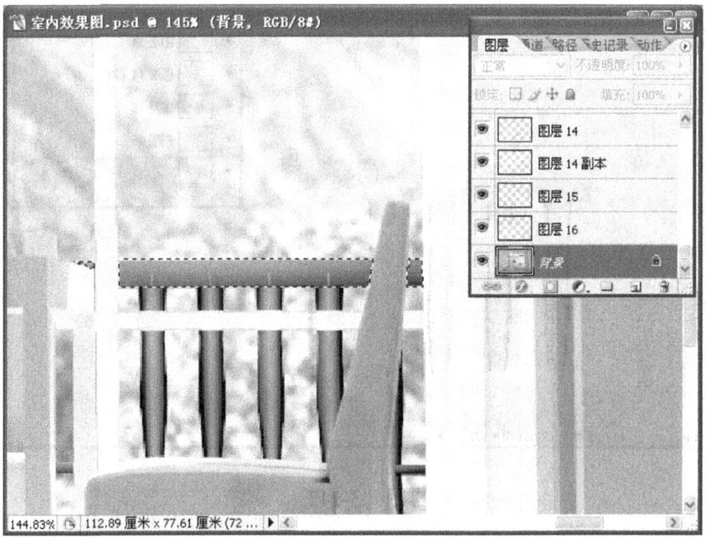

图 3-140

（2）选择渐变工具，单击选项栏中左边的渐变色块，打开“渐变编辑器”，在色带中间单击鼠标增加一个色标，通过下面的“颜色”区域，设定中间色标为深色略偏蓝，右端色标为白色，左端色标比中间稍浅，设置完成后色带效果如图 3-141 所示。

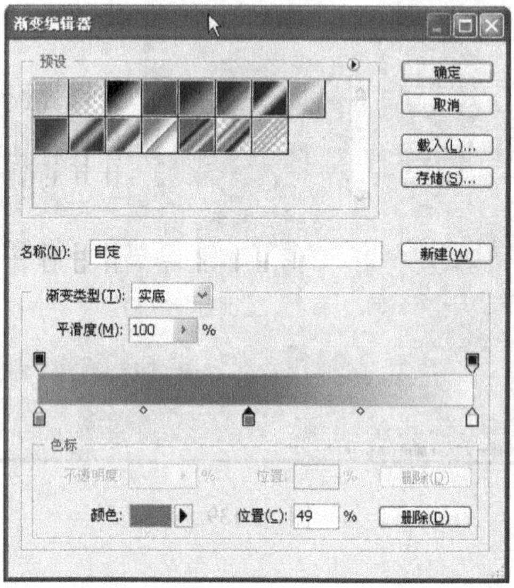

图 3-141

（3）确定后回到编辑窗口，按住 <Shift> 键由下向上拉一个渐变，扶手就有了正确的光影效果及较强的体积感，如图 3-142 所示。

图 3-142

（4）以同样方法纠正各条栏杆的错误，注意，根据阳光的照射角度，各栏杆右侧应比左侧亮一些，如图 3-143 所示。

图　3-143

3.4.5　增强不锈钢质感

（1）渲染图中经常会出现不锈钢等光亮材质灰暗的问题，本图也是这样，左边椅子、酒柜门板、吊灯灯杆上都用了不锈钢材质，但质感都不太好，主要是高光不够亮，没有与其他部位拉开层次，同时有的地方过于灰暗，如图 3-144 所示。

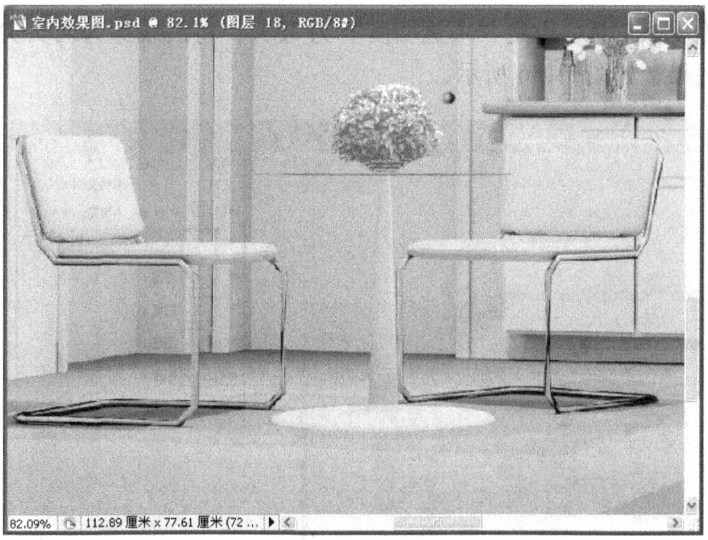

图　3-144

（2）先来添加椅子上的高光。新建一个空白图层并将其置于顶层，将前景色设定为纯白色，然后用画笔在要加高光处画一道白色直线，其宽度比需要的高光略宽，如图

3-145所示。

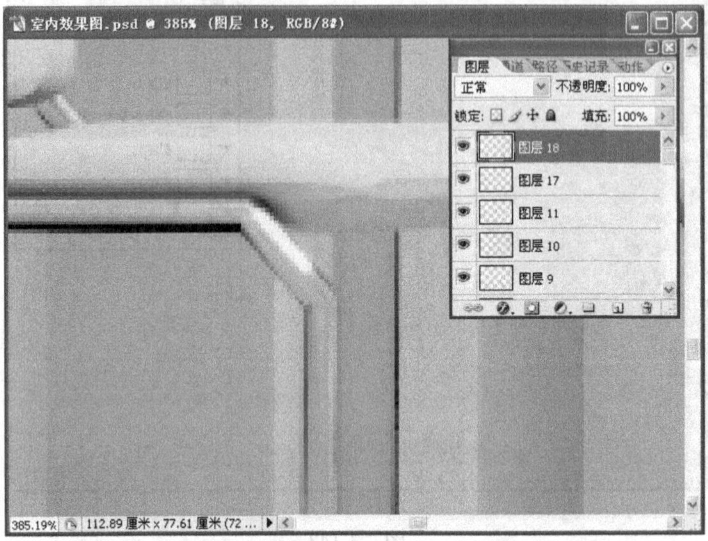

图 3-145

提示与技巧

要用画笔画直线，可以先在起点处单击鼠标，然后按住 <Shift> 键再在终点处单击鼠标，这样，两点之间就形成一条直线。此操作同样适用于 Photoshop 中的橡皮擦、仿制图章等工具。

（3）选择橡皮擦工具，设定“不透明度”为35%，将白线擦为两头尖、中间宽的形状，作为高光效果，如图 3-146 所示。

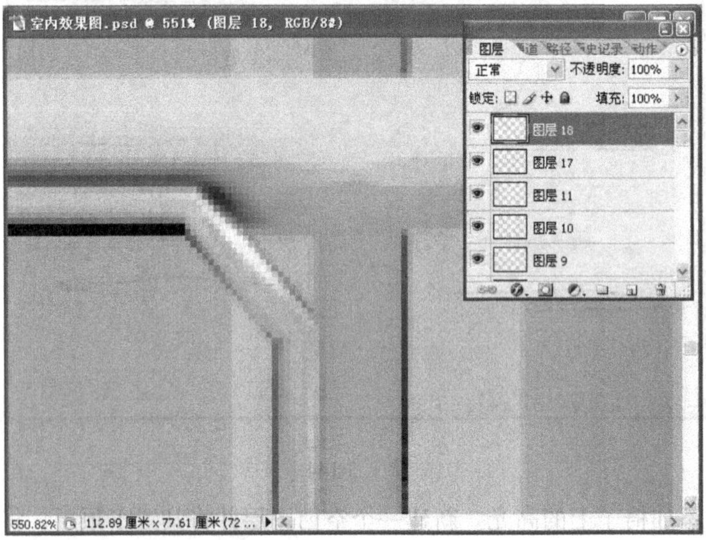

图 3-146

（4）仿照此操作，在椅子的其他较亮位置添加高光效果，如图 3-147 所示。

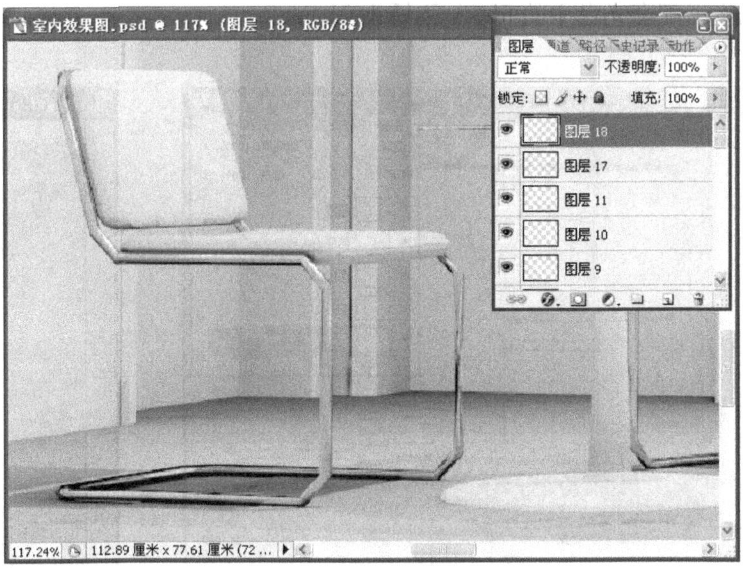

图　3-147

（5）使用减淡工具将过于灰暗部分提亮一些，如图 3-148 所示。

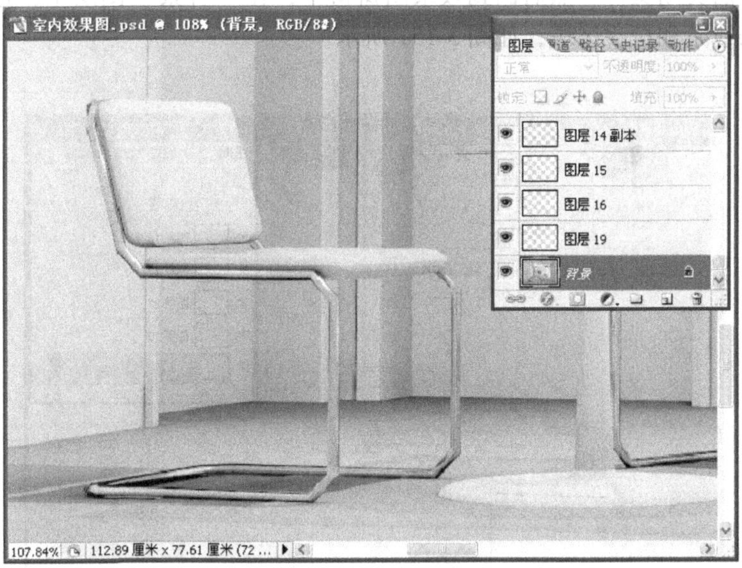

图　3-148

（6）对另一把椅子做同样处理，结果如图 3-149 所示。

（7）要做出较真实的不锈钢质感，还可以采用另一种方法——替换法，就是用不锈钢材料的照片替换渲染区域。这里酒柜门板上的不锈钢装饰线条、拉手，以及吊灯的不锈钢灯杆就是用这种方法来处理。先处理酒柜。打开一张不锈钢物体的照片，如图 3-150 所示。文件见本书配套光盘中的 files \ 不锈钢 01. jpg。

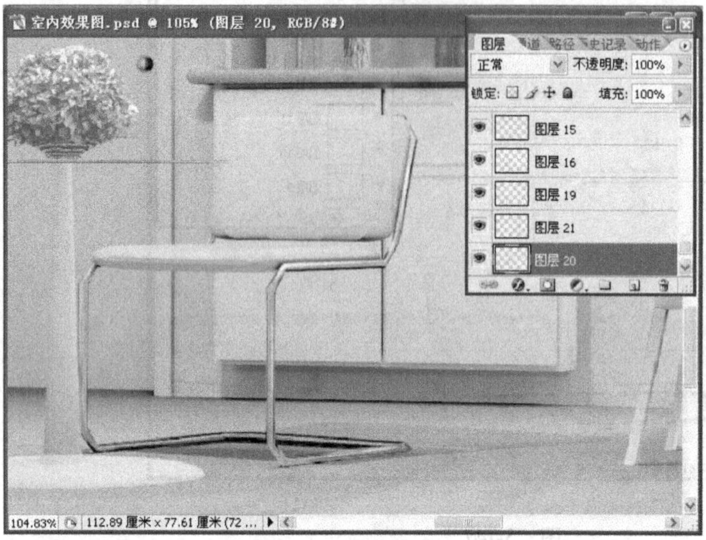

图 3-149

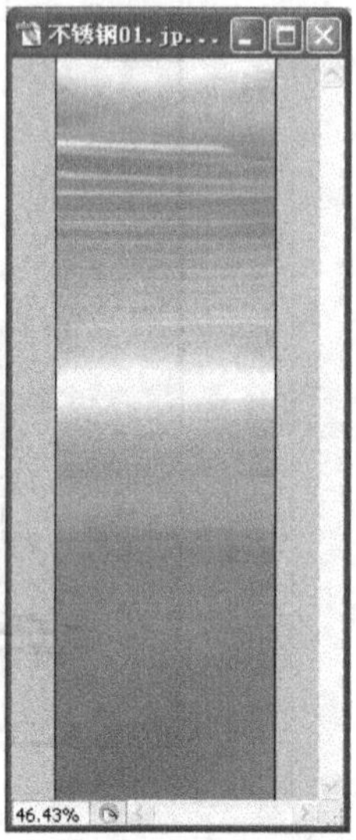

图 3-150

（8）复制后关闭文件，然后回到效果图窗口中，在“背景”图层中，选择酒柜门板上不锈钢装饰线条和拉手区域，如图 3-151 所示。

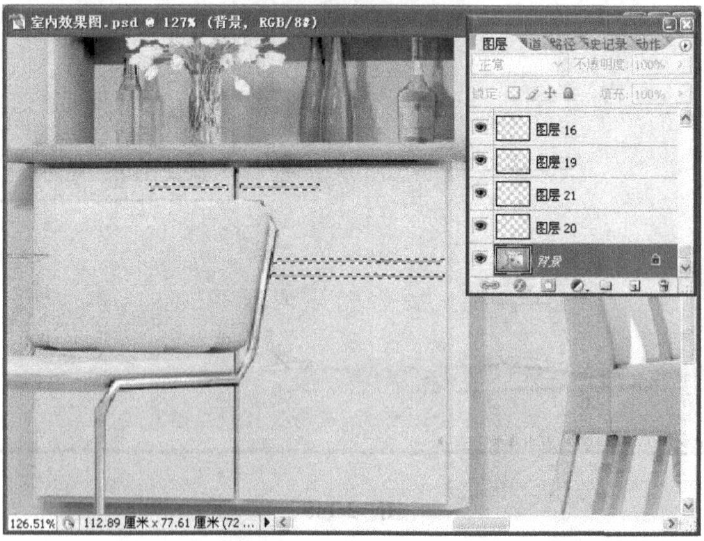

图 3-151

（9）按 <Shift> + <Ctrl> + <V> 键，将复制的不锈钢图片粘贴入选区中，通过变换调整图片大小、方向，结果如图 3-152 所示。可见，出现了较强的不锈钢质感。

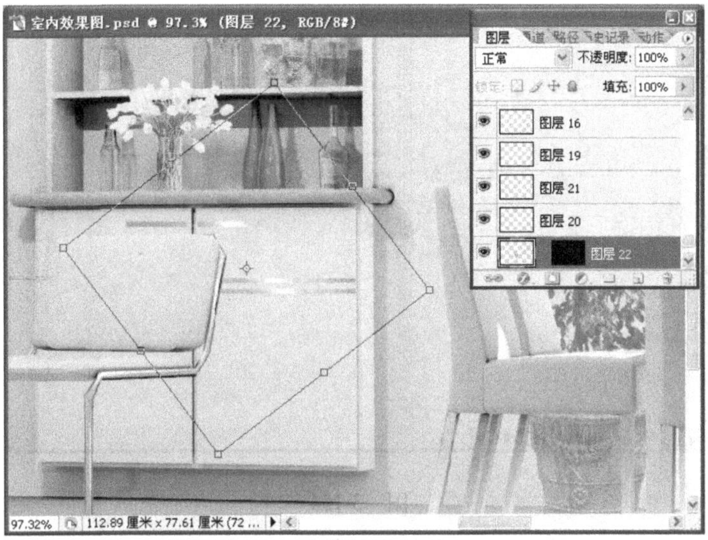

图　3-152

（10）按 <Enter> 键确认，提高图片的对比度，然后降低其饱和度，并为拉手添加阴影，结果如图 3-153 所示。

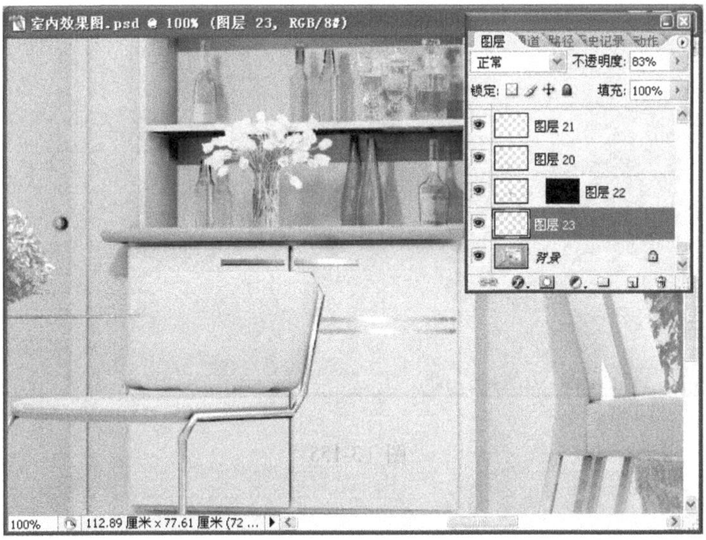

图　3-153

（11）以同样方法制作右边吊灯灯杆的不锈钢材质，结果如图 3-154 所示。

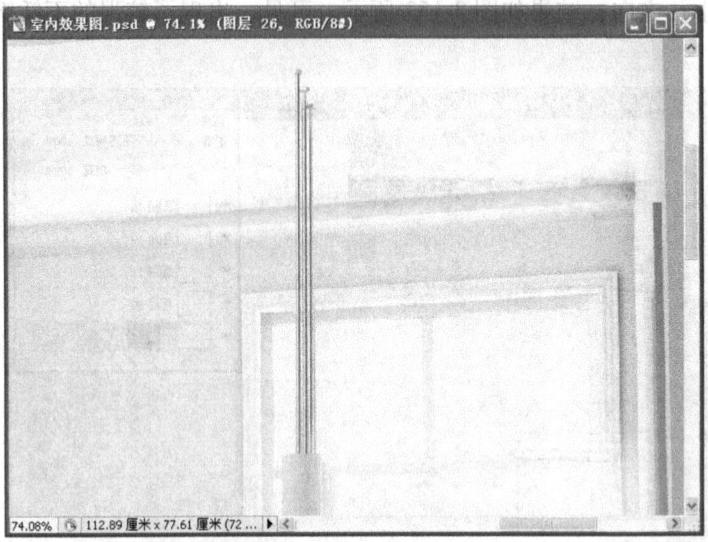

图 3-154

（12）将右边的灯杆复制一根放到左边，如图 3-155 所示。

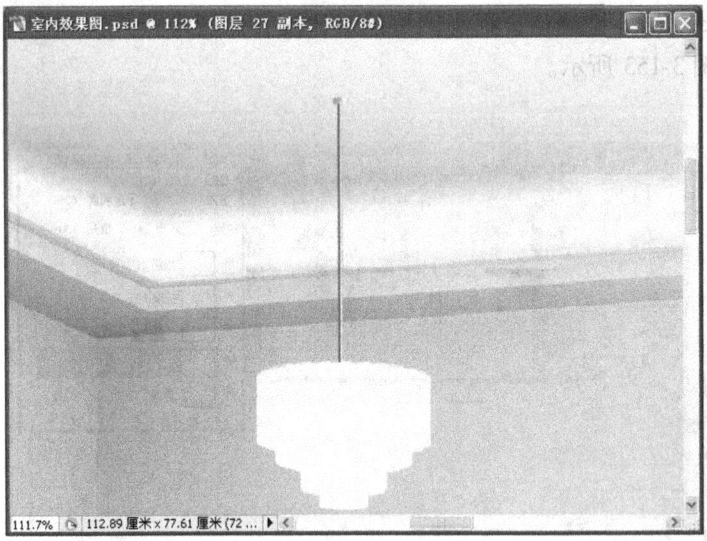

图 3-155

3.4.6 修补渲染黑缝

（1）由于建模及渲染上的不足，渲染图中某些面之间出现了较为明显的黑缝，如图 3-156 所示，可以用仿制图章工具来修补它们。

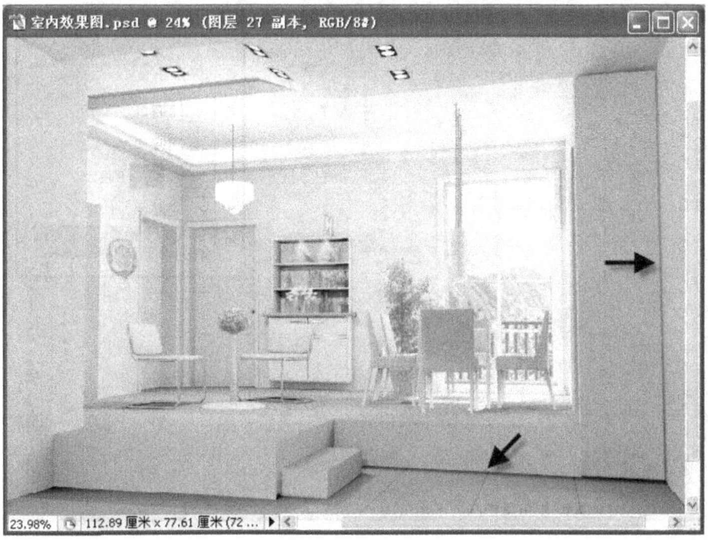

图　3-156

（2）以处理地面黑缝为例。进入“背景”图层，选择多边形套索工具，然后选中黑缝，如图 3-157 所示。

图　3-157

（3）选择仿制图章工具，按住 < Alt > 键在选区上边缘外单击鼠标，确定仿制源点，然后，在选区中单击鼠标或拖动鼠标进行修补，结果如图 3-158 所示。

（4）以同样操作修补其余黑缝，结合不自然的地方可以再用画笔修复等工具处理，结果如图 3-159 所示。

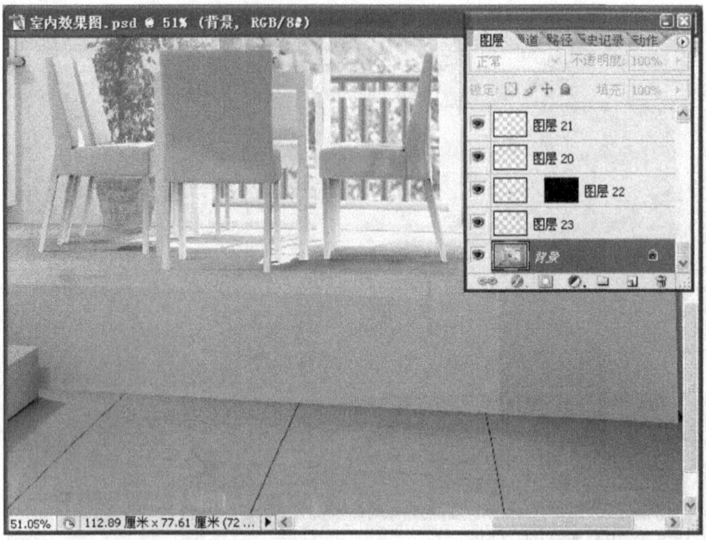

图 3-158

图 3-159

3.5 整体比较与调整

到这里，画面上要添加的配景、要制作的光效等已制作完毕，而且修正了画面上存在的一些缺陷。可以说，以上操作主要是在局部进行，尽管这当中肯定会不时进行整体观察和比较，但由于当时有些配景或效果还没有添加，所以，观察、比较带有一定的想象成分。当所有配景、效果制作完毕后，再回过头来看，即前面所谓的“再整体”，又会发现一些不协调的地方，需要进一步调整。当然，这时的调整主要是完善，一般不必做大的修改了。

3.5.1　分析确定待调部位

观察此时的效果图全貌，如图 3-160 所示。首先，感觉画面有些灰。此画面整体倾向于黄色调，要想解决灰的问题，可以将椅子蓝布颜色的饱和度稍微提高一些，加强两者对比。其次，室内前后空间及层次关系还不是很到位。左边桌上红花可以再鲜艳一点，增强靠前的感觉，而酒柜上的花瓶、墙边的植物还应退后，右边的水果颜色过黄，应进行色彩平衡调整。另外酒柜内部某些阴影过黑、台面与墙面交接处有黑斑、左边墙饰的宽度过大以致透视失真，应分别予以调整。

图　3-160

提示与技巧

这一阶段强调的是整体效果，所以，后面调整时应多在全视图状态下观察、比较，切忌只盯住某点或某物而忽视了整体。

3.5.2　提高蓝布饱和度

（1）进入“背景”图层，用魔棒等工具选中所有椅子的蓝布区域，如图 3-161 所示。

图 3-161

（2）将选区复制到新图层，重新载入选区，将饱和度提高 35，亮度降低 10，结果如图 3-162 所示。

图 3-162

3.5.3 提高红花饱和度

进入红花所在图层，将其饱和度提高 30，结果如图 3-163 所示。

图 3-163

提示与技巧

查找或进入物体所在图层的快捷键方法：打开图层面板，选择移动工具，按住<Ctrl>键单击视图中的物体，物体所在图层会以高亮显示。如果它有调整图层，那么显示的就是它最上面一个调整图层。反过来，要想知道某图层内有哪些或哪个物体，只要按住<Ctrl>键单击图层或蒙版缩览图，视图中就会用动态虚线围住相应物体，其实，这也就是载入选区操作。

3.5.4 降低花瓶饱和度

（1）花瓶的饱和度前面曾以新增调整图层方式改变过，所以，这里可以通过它重新设置参数。经查，“色相/饱和度 3”为花瓶的调整图层，双击图层面板中它左边的◐标记，打开“色相/饱和度”对话框，重新输入“饱和度” －40、“明度” ＋30，如图 3-164所示。

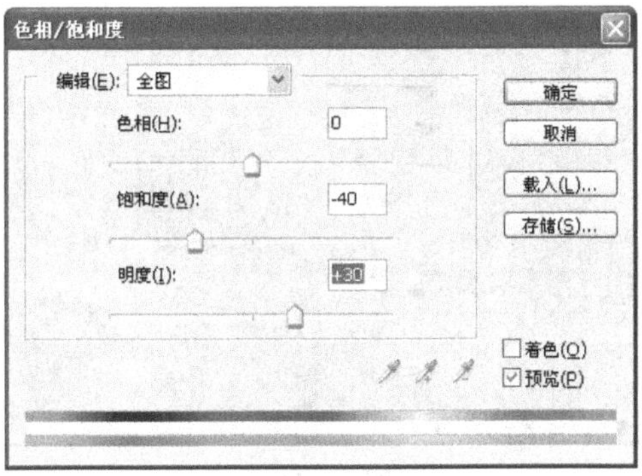

图 3-164

（2）调整结果如图 3-165 所示。显然，花瓶没有之前抢眼了，这正是我们要达到的目的。

图 3-165

3.5.5 提高植物明度

中间盆景植物也感觉靠前了，所以，这里通过提高其明度，增强与室外环境及光线的融合，达到使其退后的目的。经查，“色相/饱和度 4”为盆景（含此植物）的调整图层，通过它重新输入“明度” +30，结果如图 3-166 所示。

图 3-166

3.5.6　纠正水果偏色

（1）右边桌上水果目前过于偏黄，打算改为偏绿。操作为：进入果盆所在图层，按 <Ctrl> + <B>键打开“色彩平衡”对话框，按图 3-167 所示调整上、中、下 3 滑块。

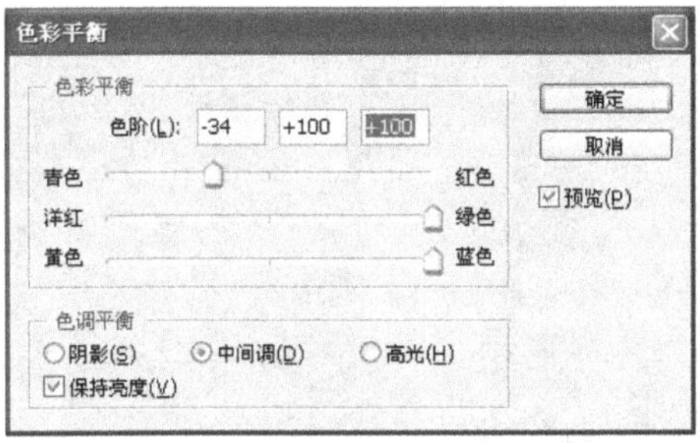

图　3-167

（2）调整结果如图 3-168 所示。

图　3-168

3.5.7　调整墙饰透视效果

主要是缩小其宽度，使其透视效果与周围门、墙等协调。进入其所在图层，按 <Ctrl> + <T>键，进入自由变换状态，调整左右宽度，并移到如图 3-169 所示的位置。

图 3-169

3.5.8 其他局部调整

其他像调整酒柜内部阴影亮度、去掉酒柜台面与墙体相接黑斑等，可参照前面介绍过的操作完成，结果如图 3-170 所示。为便于以后重新打开编辑，将结果保存为分层文件（.psd）。

图 3-170

3.6　图像裁剪与保存

经编辑处理后的效果图，除了保存为分层文件，便于今后重新编辑外，还要保存为常见的图像格式文件，以便交流或使用。在保存之前，可根据构图或表现内容的需要裁剪图像，而在裁剪之前，还应进行图层合并、锐化图像等工作，下面简单介绍这一过程。

3.6.1　合并图层

按 <Shift> + <Ctrl> + <E>键，合并所有可见图层，结果，之前的众多图层全部合并到“背景”图层，如图 3-171 所示，这样，最后保存的文件就会小得多。

图　3-171

提示与技巧

为了减小图像文件，还可以删除通道面板中的 Alpha 通道。这些通道实际是在编辑图像过程中建立的选区，在通道面板中位于红、绿、蓝通道下面，如图 3-172 所示。其中的 eee、999、uuu 三个通道均为 Alpha 通道。图像编辑完毕，在分层文件已保存了所有通道的情况下，这里就不必再保留 Alpha 通道了，删除操作为：在通道上单击鼠标右键选择“删除通道”命令。

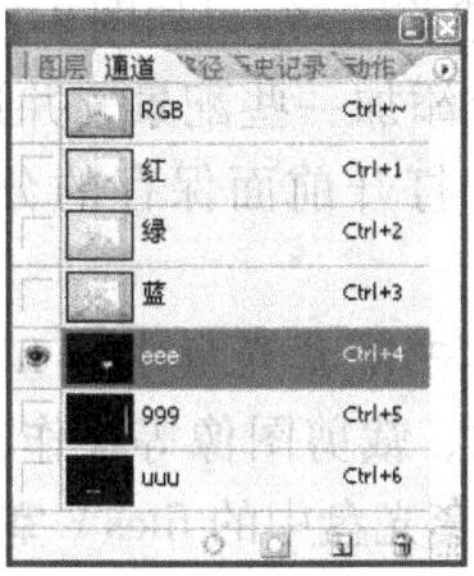

图　3-172

3.6.2 锐化图像

锐化图像，可以提高图像的清晰度，但通常不在编辑过程中进行，以免影响后续编辑质量。所有编辑工作完成了，在裁剪之前进行锐化较为适当。具体操作为：执行菜单命令“滤镜→锐化→锐化”。

3.6.3 裁剪图像

（1）根据构图或者表现内容需要裁去画面多余部分。操作为：先按 <Ctrl> + <0> 键满窗口显示效果图，然后，可以使用裁剪工具或裁剪命令，这里选择后者。使用裁剪命令应先用选框工具，选出要保留的部分，如图 3-173 所示。

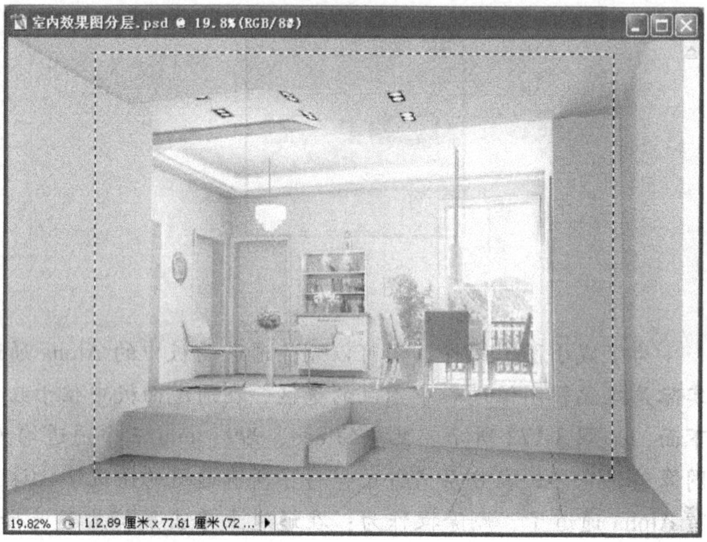

图 3-173

（2）执行菜单命令“图像→裁剪”，结果如图 3-174 所示。

（3）现在，如果还要在画面上添加一些配景，并进行一些编辑，直接在图 3-174 中操作是不正确的。正确的做法是，打开前面保存的分层文件，然后添加、编辑，如图 3-175所示。

（4）再次保存分层文件，见本书配套光盘中的 files \ 室内效果图分层 . psd。然后，再重复上面的合并图层、锐化图像、裁剪图像等操作，裁剪结果如图 3-176 所示，这也是本例的最终效果，文件见本书配套光盘中的 files \ 室内效果图 . tif。

图 3-174

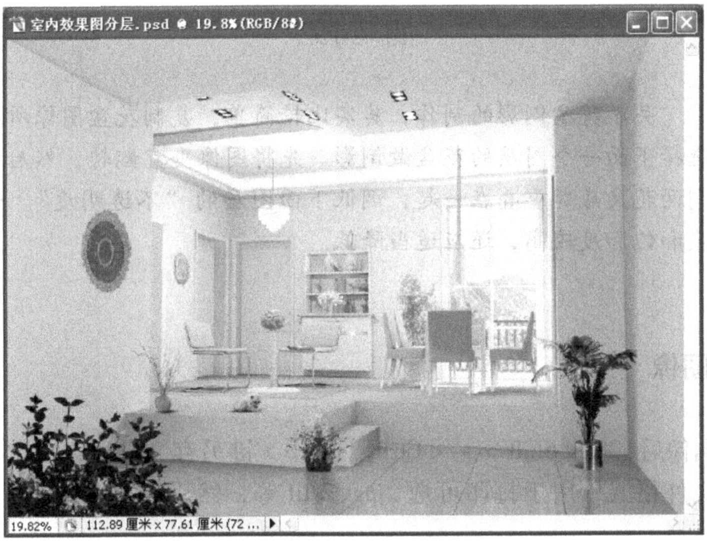

图 3-175

图 3-176

提示与技巧

关于花盆倒影的制作，其实比较简单，复制花盆图像所在图层，然后选择下面一个图层的花盆做倒影。先将图像垂直翻转，然后向下拖动，直到两花盆底部重叠在一起，调低下面图层的“不透明度”。如果倒影的亮度和饱和度较高，还应适当降低。

3.6.4 保存图像

（1）裁剪图像后，按 <Shift> + <Ctrl> + <S> 键另存文件，弹出“存储为”对话框，选择图像文件格式，用于打印可选 . jpg、. tif 等，然后输入文件名，如图 3-177 所示。

（2）如果选择 . jpg 格式，接下来会要求选择图像品质，等级为 0 ~ 12，可选最高的 12 级，如图 3-178 所示，结果见本书配套光盘中的 files \ 室内效果图 . jpg。至此，该效果图制作完毕。

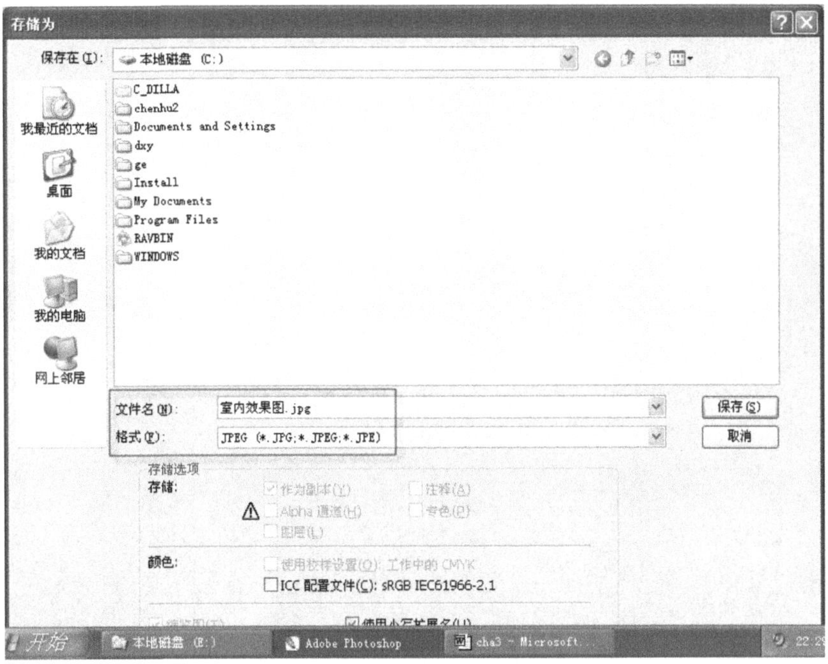

图 3-177

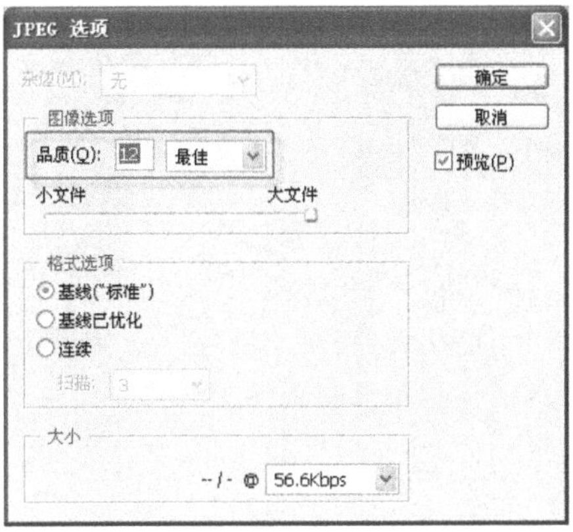

图 3-178

3.7 本章小结

本章通过一个室内效果图后期处理的实例，介绍了 Photoshop 在后期处理中的具体应用方法和相关技巧。从某种意义上说，本章是后面几章的基础和准备，熟悉了本章的相关操作，后面的学习会轻松许多，也正是基于这个原因，本章讲解得较为细致具体，所以，初学者最好不要跳过本章。

第4章

Photoshop室外效果图后期处理

制作室外效果图的关键，是要表现出空间感和层次感，由 3ds max 等软件渲染出的图像往往达不到这样的效果，而 Photoshop 恰好能在这方面大显身手，借助它的各种编辑及润色工具，可以大大增强画面的空间效果及艺术感染力。本章将介绍 Photoshop 在室外效果图后期处理中的常见应用，如前景、中景、远景的配置及调整，人物、车辆等的插入及调整方法等。

本章主要内容：

- 工作准备与处理规划
- 三大块的组合与调整
- 配景添加与调整
- 最终调整与修饰

4.1 工作准备与处理规划

与室内效果图后期处理类似，室外效果图后期处理也要做一些准备工作，除了素材准备，还有调入文件、另存文件、效果分析与处理规划等。

4.1.1 调入室外渲染图

在 Photoshop 中打开室外渲染图，渲染图效果如图 4-1 所示，文件见本书配套光盘中的 files \ 室外渲染图 . tga。

图 4-1

4.1.2　另存为分层文件

按 <Shift> + <Ctrl> + <S> 键另存文件，文件格式选 .psd，即分层文件。此格式可较完整地保存操作信息，如图层、通道等，便于在遭遇意外情况后重新打开文件接着处理。至于文件名，可以任意输入，如“室外效果图分层”。

4.1.3　后期处理规划

在正式进行后期处理之前，先进行一番简单的分析、规划，可以使各阶段的编辑处理相互照应，避免顾此失彼或者前后矛盾。室外渲染图由远到近一般可分成 3 大块，即天空、建筑和草地，它们大体上代表了未来画面的 3 个层次，即远景、中景和近景。室外效果图后期处理，除了修正错误外，主要工作就是丰富这 3 个层次的内容，并使它们之间拉开层次，更重要的是，深入细致地突出表现中景即建筑的效果。本图也不例外，也包括这 3 部分，目前，它的背景为浅蓝色，属效果图的远景区域，应添加天空及背景建筑。建筑前面的城市设施及绿地属近景和中景区域，应在此添加树木、花草、人物、车辆等配景。至于建筑，既是画面中景，也是画面主体，除了做好大的分面处理外，还要对一些细节进行细致刻画，包括上部反射玻璃与下部透明玻璃及不锈钢的材质表现。

4.2　三大块的组合与调整

观察本例的室外渲染图，目前背景和前景没有什么实质性的内容，所以，天空、建筑、草地 3 大块之间显得较生硬，一幢建筑孤零零地立在那里，仿佛是“长”错了地方。因此，首先要做的是，加入天空背景，其次，替换掉极不真实的草地。有了这两个区域做参照，最后，就是刻画建筑效果。

4.2.1　添加天空背景

（1）先挑选一张适当的天空图片，标准是：色调明快，云不多且主要集中在画面的中上部位置。通常，要找一张现成的、符合这些条件的图片是很难的。只要能找到经缩放等处理达到这些条件的图片即可，这里选用图 4-2 所示天空，文件见本书配套光盘中的 files \ 天空 3. jpg。

（2）为了将天空图片放到渲染图的下面一个图层，先对“背景”图层做简单处理。观察图层面板，目前“背景”图层右边有一个锁形图标，如图 4-3 所示，表示“背景”图层处于锁定状态，无法上移到其他图层之上。

（3）要取消锁定，以便随意调整“背景”图层的上下顺序，可以在层名或其两侧双

图 4-2

击鼠标，打开“新建图层”对话框，直接单击 确定 按钮退出，这样，锁定状态解除，锁形图标消失，原来的“背景”层，名称也自动改为“图层 0”，如图 4-4 所示。

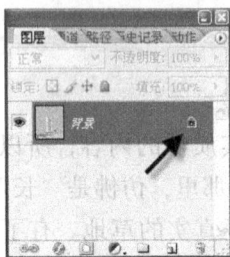

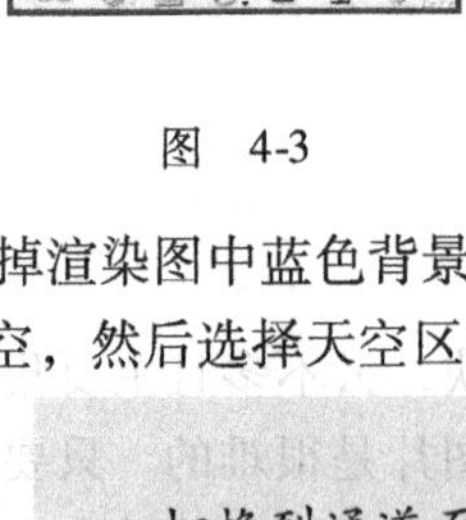

图 4-3

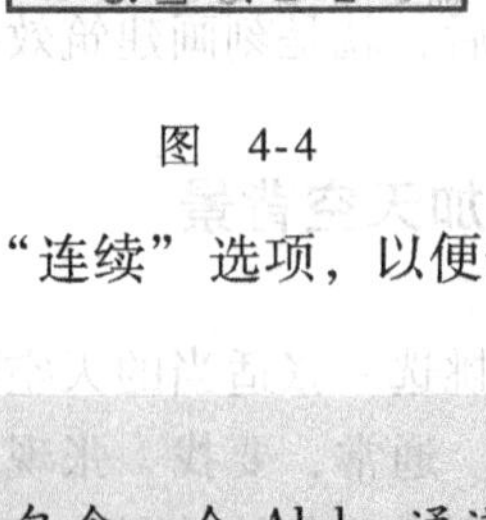

图 4-4

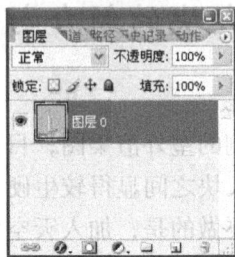

（4）挖掉渲染图中蓝色背景。选择魔棒工具，去掉“连续”选项，以便选中建筑中漏出部分天空，然后选择天空区域，如图 4-5 所示。

提示与技巧

切换到通道面板可以看到，本渲染图包含一个 Alpha 通道。在按住 <Ctrl> 键的情况下单击面板中的 Alpha 通道，编辑窗口中会出现一个选区，表示建筑被选中，如图 4-6 所示。如果再按 <Shift> + <Ctrl> + <I> 键反选，同样可以准确地选中背景区域。当背景较难选取时，用此法较方便。

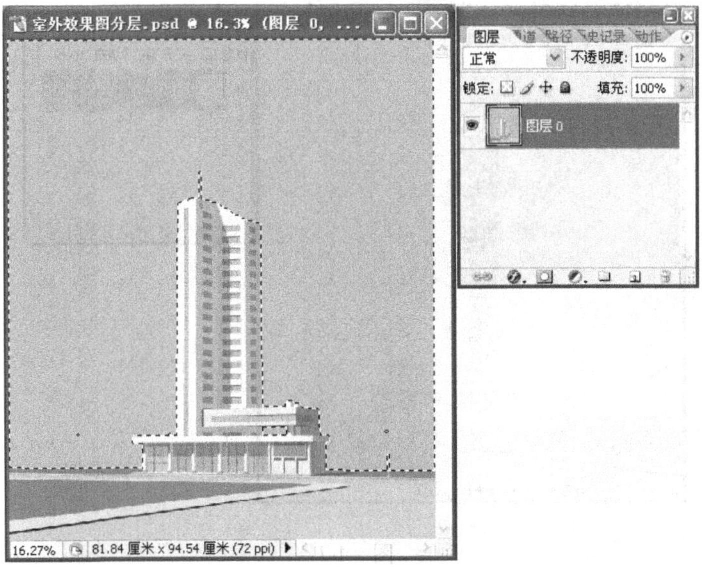

图 4-5

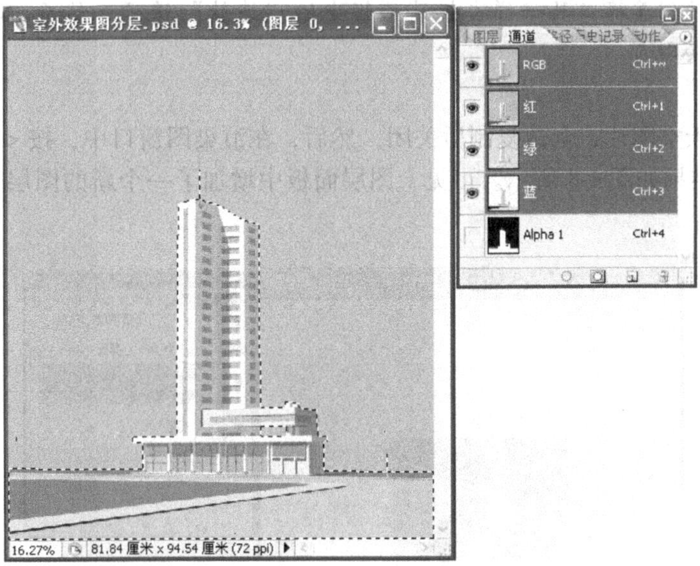

图 4-6

（5）按 < Del > 键删除天空，露出灰白相间的透明背景，如图 4-7 所示。

图 4-7

提示与技巧

其实，Photoshop 中有一个工具，可以将以上解锁及去背景操作一步完成。这个工具就是与橡皮擦工具同组的魔术橡皮擦工具。选择它后，像使用魔棒工具一样去掉选项栏中的“连续”选项，然后，单击渲染图背景即可。

（6）打开天空图片，全选复制后关闭，然后，在渲染图窗口中，按 <Ctrl> + <V> 键粘贴图片，结果如图 4-8 所示。可见，图层面板中增加了一个新的图层“图层 1”，里面就是天空图片。

图 4-8

（7）观察编辑窗口中的效果，此时天空位于建筑前面，是不正确的。于是，在图层面板中将“图层 0”拖到“图层 1”上方，结果建筑出现在前面而天空退到了后面，如图 4-9 所示。

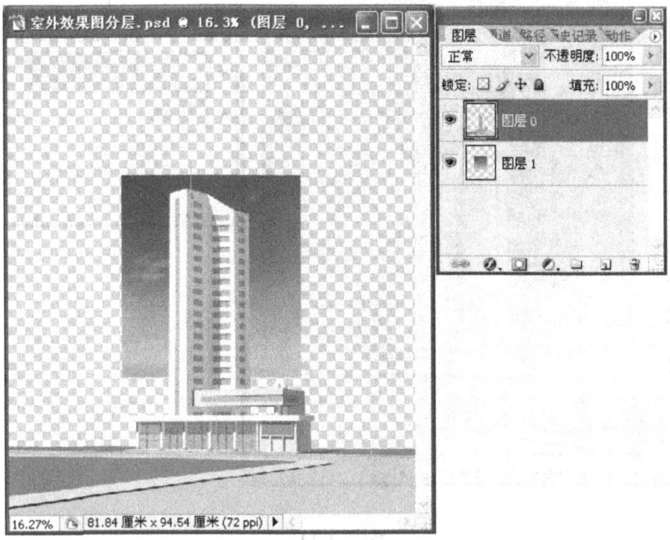

图 4-9

（8）编辑处理天空背景。选择“图层 1”，放大天空背景，然后移动背景，使云主要位于建筑上部，如图 4-10 所示。

图 4-10

（9）天空后面露出了部分透明背景，为了便于继续处理时观察效果，可以在此裁剪图片，使建筑与天空边缘对齐。于是，在“图层 0”选中要保留部分，如图 4-11 所示。

图　4-11

（10）执行菜单命令“图像→裁剪”，结果如图 4-12 所示。

图　4-12

提示与技巧

在前一章，是编辑处理完成后才裁剪图像，而这里一上来就进行裁剪。这说明某些操作并非只能在某个时候，或者按某个顺序进行，工作中可根据需要灵活调整。

（11）天空目前较为平淡，缺乏层次，于是，对它拉一个渐变，制造出层次感。为便于后面修改，这里以建立填充图层方式调整。选中“图层 1”，单击图层面板底部的 按钮，选择“渐变”命令，渐变设置及效果如图 4-13 所示。

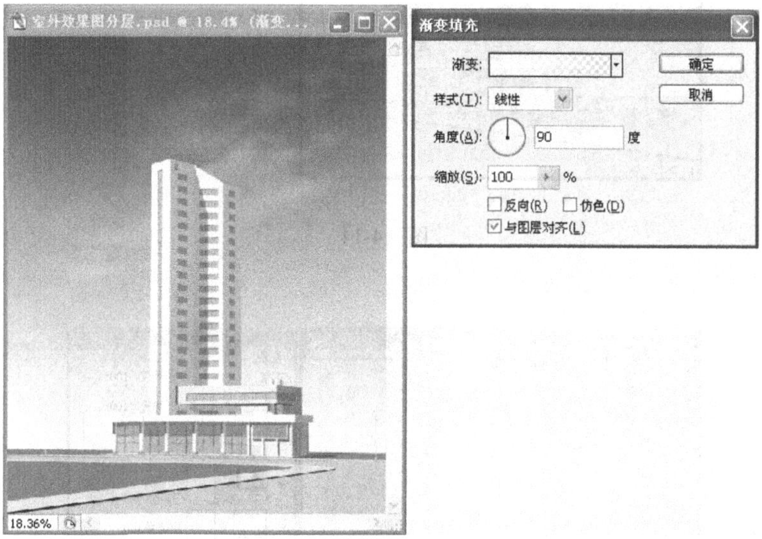

图　4-13

提示与技巧

填充图层与前面介绍过的调整图层基本特点是一样的，就是能保存调整参数，并允许随时打开进行重新调整。针对一个图层建立了调整或填充图层后，如果再次移动该图层中的对象，会出现调整或填充效果与对象分离的现象。解决办法是：在移动之前，在图层面板中选中该图层与它的所有调整或填充图层，单击鼠标右键选择“链接图层”命令，将它们链接在一些，这样，再移动就不会有问题了。

（12）天空由下到上有了较明显、丰富的层次变化，但是变化过于剧烈，于是，单击 确定 按钮后，降低图层的“不透明度”到 60%，结果如图 4-14 所示。显然，这样天空的变化就自然多了。

（13）此时，天空亮度显得过低，于是，再建立调整图层，将亮度提高 45，结果如图 4-15 所示。天空处理暂且到此。

图 4-14

图 4-15

4.2.2 替换草地纹理

(1) 目前草地仅为一片绿色，缺乏草的纹理效果，看起来很不真实。于是，用一张草地图片来替换它。首先，关闭除“图层 0”以外的所有图层，然后，选中“图层 0”

用魔术橡皮擦工具去掉现有草地，结果如图 4-16 所示。

图　4-16

（2）打开如图 4-17 所示的草地图片，文件见本书配套光盘中的 files\ 草地 . jpg。

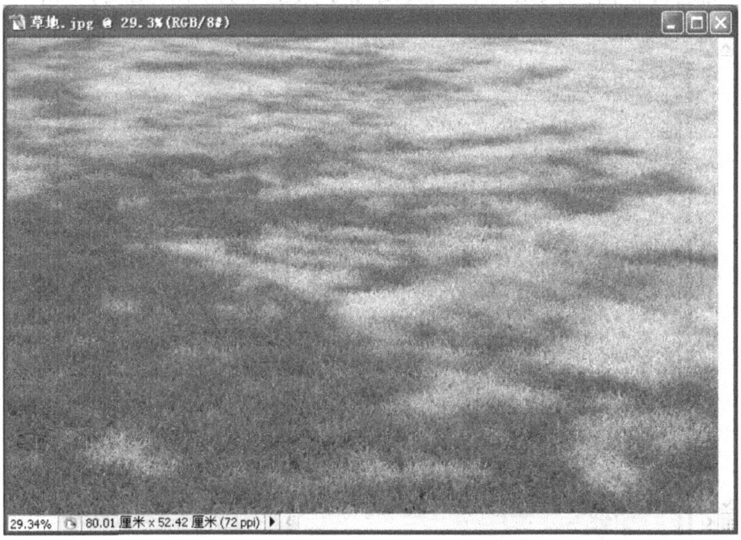

图　4-17

这里，选用了一张有阴影的草地图片，是因为后面要在草地上放置树木等配景物体，到时可以减少阴影制作工作量。假如选用的草地上没有阴影，那就要根据添加的配景物另行制作阴影，方法与上一章制作盆景阴影相同。

提示与技巧

（3）将其复制到渲染图窗口中，并移到“图层 0”下方，如图 4-18 所示。

图　4-18

（4）对草地进行自由变换处理，主要是缩小其上下方向的宽度，如图 4-19 所示。

图　4-19

（5）利用渐变工具增强草地的远近层次感。其基本原理是：依据色彩透视规律，近处色彩饱和度较高，而远处色彩饱和度较低；近的地方偏暖，远的地方偏冷。为便于与天空色彩比较，先打开所有图层，如图 4-20 所示。

（6）选中草地所在的“图层 2”，按 < Ctrl > 键单击草地图层缩览图，载入草地选区，

图 4-20

利用新建填充图层方式增加渐变。操作时打开“渐变填充”对话框后，单击“渐变”右边的色带，打开“渐变编辑器”，单击“预设”下面左边第一个色块，选择“前景到背景”填充模式，并将影响近处草地的左边色标设为高饱和度黄绿色，将影响远处草地的右边色标设为低饱和度蓝灰色，如图 4-21 所示。

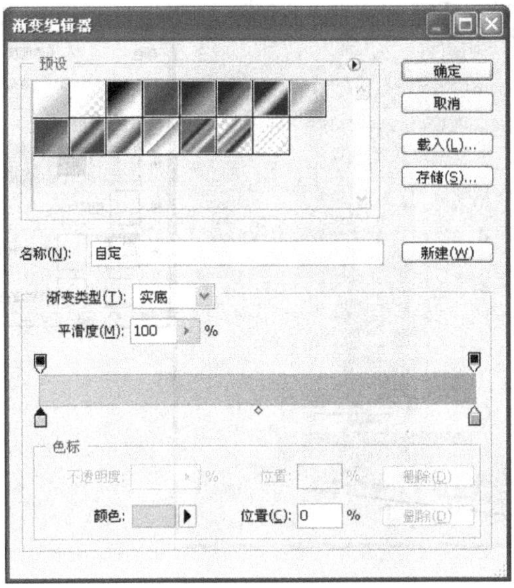

图 4-21

（7）连续两次单击 确定 按钮，渐变生效，结果如图 4-22 所示。草地纹理不见了，需要进行调整。

图 4-22

（8）草地纹理消失的主要原因，是使用了“正常”混合模式同时图层“不透明度”为 100%，这样，渐变色就覆盖了草地纹理。于是，选用“颜色”模式，并将图层“不透明度”降低到 30%，结果如图 4-23 所示。可见，远近草地有了正确的色彩关系。

图 4-23

提示与技巧

使用“颜色”混合模式，渐变色只影响下部图层中色彩的色相和饱和度。具体到本例，混合结果使近处草地饱和度提高且比原来偏暖，而远处草地饱和度降低且比原来偏冷，达到了事前确定的调整目标，增强了草地的空间及层次感。

4.2.3 制作反射玻璃

（1）三大块中的天空与草地，已初步编辑到位，接下来就该调整、刻画建筑效果了。先制作建筑立面上的反射玻璃效果。本建筑主楼及二层裙房立面窗户玻璃均为反射玻璃，制作它的关键是：表现出环境的镜像效果及本身的明暗变化。于是，可分两大步进行，先制作镜像效果，也就是对对面环境的反射效果。为此，打开一张用于模拟对面环境的图片，如图 4-24 所示，文件见本书配套光盘中的 files \ 背景 100. jpg。

图 4-24

（2）这里，希望添加这张图片到渲染图后，仍能通过建筑之间的空隙看到绿色镜面玻璃效果，所以，应将建筑之间的白色区域去掉，并使图片变成透明图片。操作方法是：选择魔术橡皮擦工具，单击白色区域，结果如图 4-25 所示。

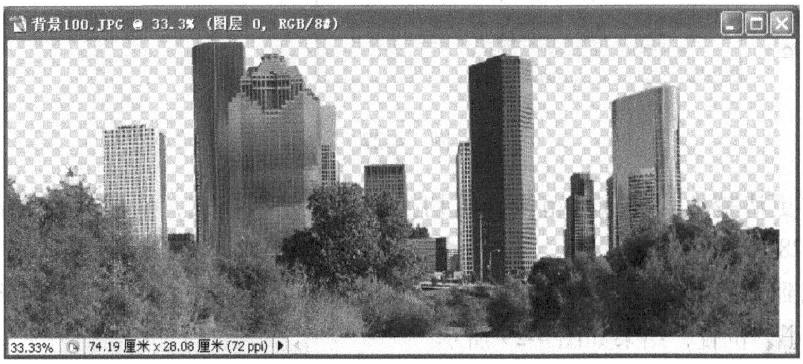

图 4-25

（3）再用普通橡皮擦工具，将图片下侧植物等擦去一些，如图 4-26 所示。

图 4-26

（4）全选复制以上图像，然后关闭窗口，回到渲染图窗口，选择魔棒工具，进入“图层 0”，按住 < Shift > 键选中所有绿色玻璃区域，如图 4-27 所示。

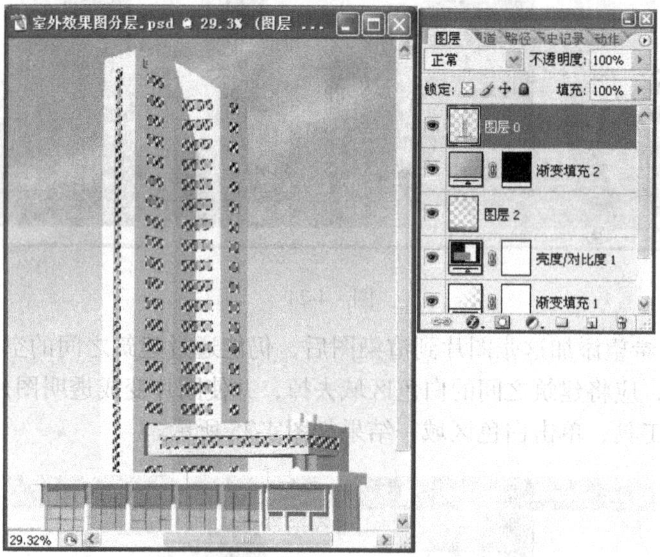

图 4-27

（5）要更清楚地看到选区范围，可切换到快速蒙版模式，未被红色覆盖区域为选区，如图 4-28 所示。

（6）回到普通编辑模式，将复制的环境图片粘贴入选区中，得到“图层 3”，调整环境图片的大小、位置，结果如图 4-29 所示。

（7）按住 < Ctrl > 键单击“图层 3”的蒙版缩览图，再按住 < Ctrl > + < Shift > + < Alt > 键单击“图层 3”的图层缩览图，可选中刚添加的环境，如图 4-30 所示。

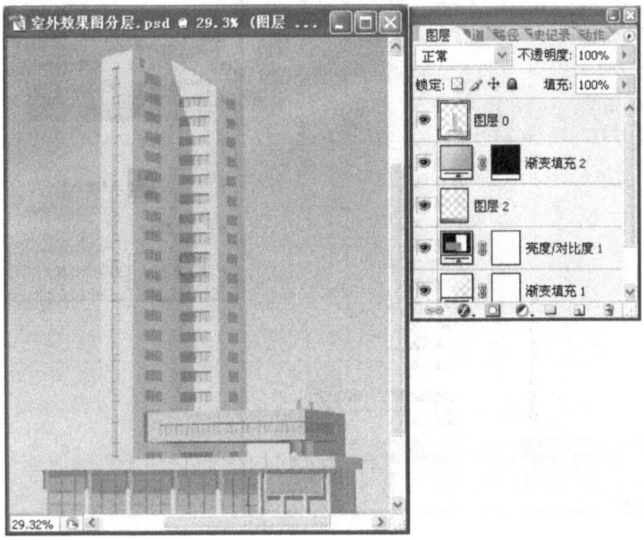

图　4-28

图　4-29

（8）将选区内环境的饱和度调低、明度调高，得到图 4-31 所示的效果，这基本上反映了反射玻璃的特点。要得到更真实自然的反射玻璃效果，还应反映出玻璃表面的明暗变化，这将在后面与墙面明暗一起调整。

图 4-30

图 4-31

4.2.4 制作透明玻璃

（1）本建筑底层裙房为大型商场，临街面为透明玻璃，制作它的关键是：既要有透明效果，还要有一点反射效果。所以，也可分成两大步来操作。先制作透明效果。最简单的做法，就是在玻璃后面放一张商场室内效果图。读者可以自己找一张这样的图，复制到内存，然后，在渲染图中进入“图层 0”，选取透明玻璃所在区域，如图4-32所示。

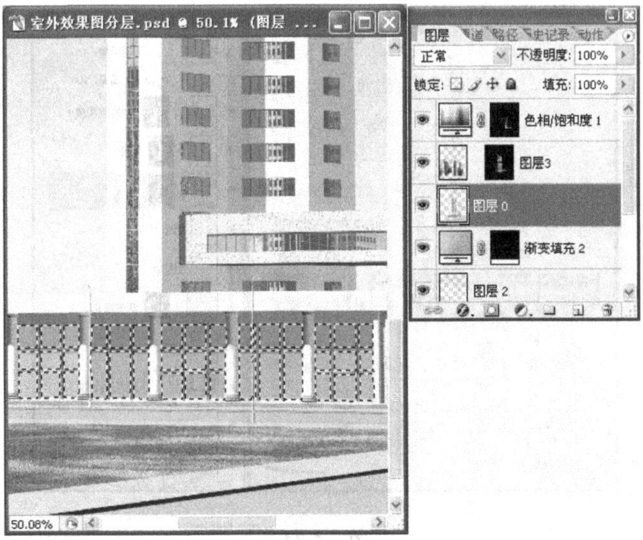

图 4-32

(2) 将商场效果图粘贴入选区中，然后，调整其大小、明暗、色彩，结果如图 4-33 所示。这样，就表现出了玻璃的透明特性。

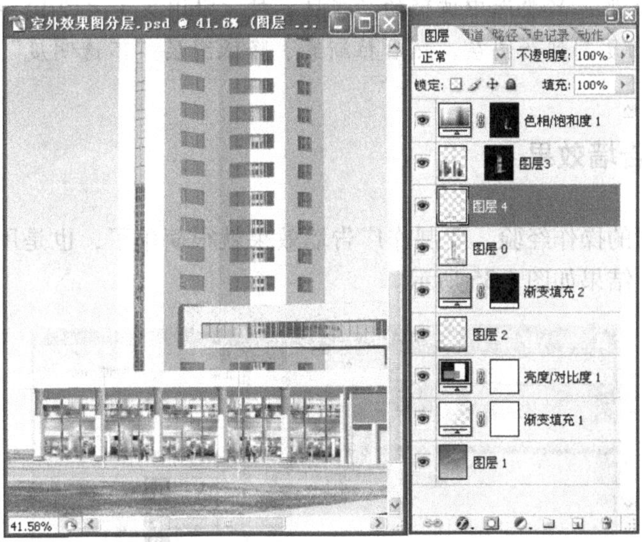

图 4-33

(3) 再次打开制作反射玻璃时用到的环境图片，然后复制到内存，关闭图片。按住 <Ctrl> 键，单击图层面板中“图层 4”缩览图，重新载入透明玻璃选区，将环境图片粘贴入选区中，调整其大小，并将图层“不透明度”降低到 40%，选择“变亮”混合模式，如图 4-34 所示。仔细观察，能从玻璃上隐约看到一些建筑影像，这就表现出了玻璃的反射特性。

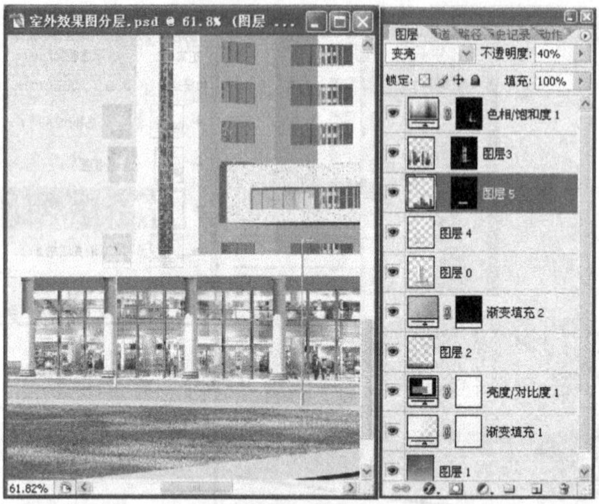

图 4-34

提示与技巧

要将透明玻璃表现得更为真实，还可以利用它在阳光照射下的另一个特征，那就是受光区有渐变现象，高光区或靠近光源一端最亮，但反射、透明度较低，其他地方亮度逐渐减弱，但反射、透明度提高。要实现这样的效果，只要选中玻璃的受光区，按 <Shift> + <Ctrl> + <J> 键，将其剪切复制到新图层，然后拉渐变、降低图层“不透明度”即可。

4.2.5 制作广告墙效果

(1) 有了前面的操作经验，要制作广告墙效果就很简单了，也是用一张图片来替换现有的单色区域，结果如图 4-35 所示。

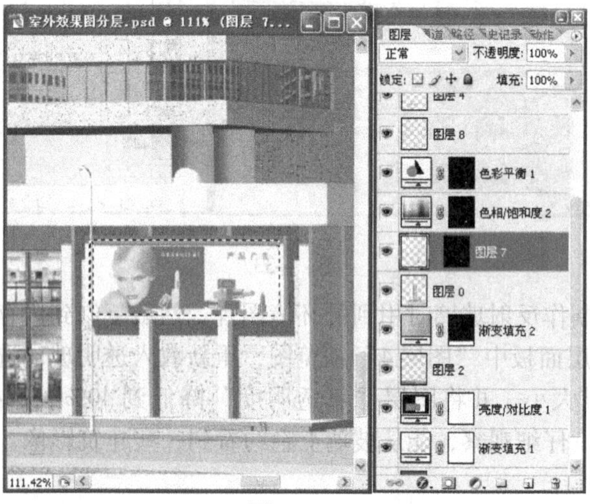

图 4-35

（2）再依次按 <D>、<X> 键将前景色、背景色分别设定为白色、黑色，由左上角向右下角拉一个渐变，混合模式选“强光”，使屏幕左上角更亮，如图 4-36 所示。

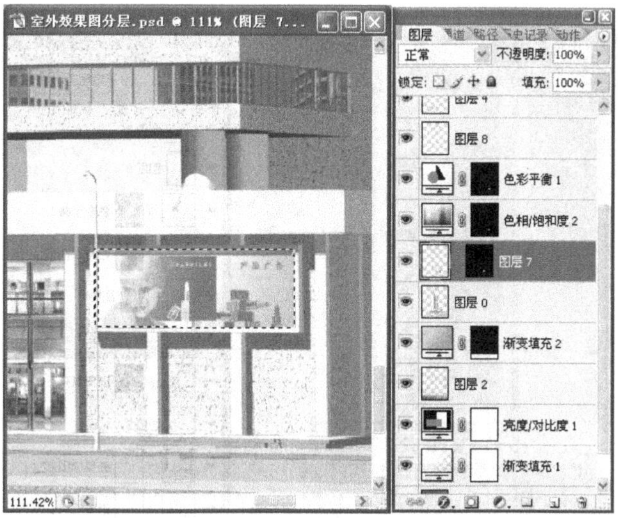

图 4-36

4.2.6 立面光线处理

（1）在本例渲染图中，无论是建筑的受光面还是背光面，内部亮度都比较均匀，而实际上，受光面离光源越近的地方应越亮，背光面受地面、屋顶、其他墙面等反射光影响的部位也应更亮。根据这一规律，先来处理建筑的受光面。选择“图层 0”，然后选中建筑受光面的墙体、窗户和柱子，如图 4-37 所示。

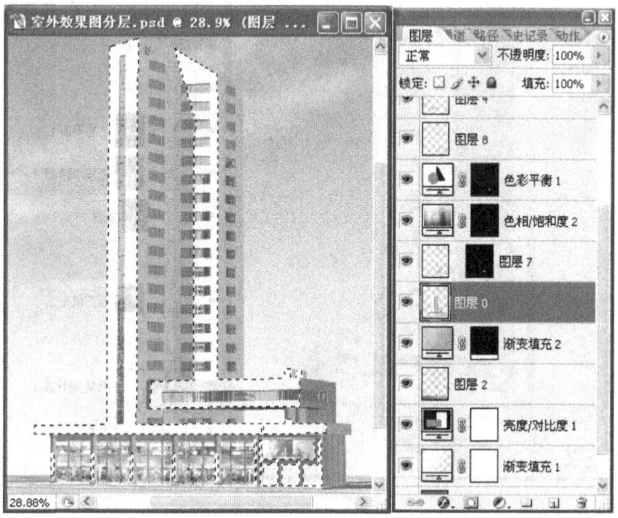

图 4-37

（2）将前景色、背景色分别设定为白色、黑色，混合模式选“叠加”，“不透明度”设为 60%，由左上角向右下角拉一个渐变，建筑顶部墙面、玻璃更亮，如图 4-38 所示。

图 4-38

（3）观察发现，建筑左右两个受光面亮度太接近，而事实上右边的离光源略远，理论上应稍暗一些，也许现实中肉眼看不出这样的变化，但是制作效果图时为了丰富画面层次，可以人为加强这种效果。于是，选中右边的受光面及二层裙房圆柱受光部分，如图 4-39 所示。

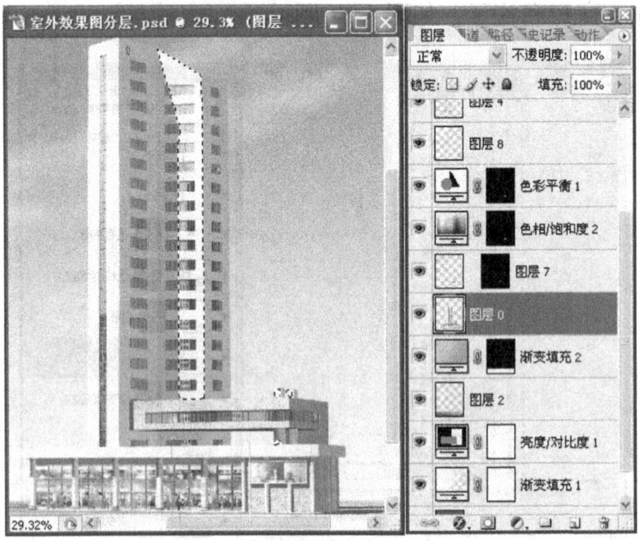

图 4-39

（4）将选区亮度降低 10，结果如图 4-40 所示。这样，左右立面亮度上就有了区别。

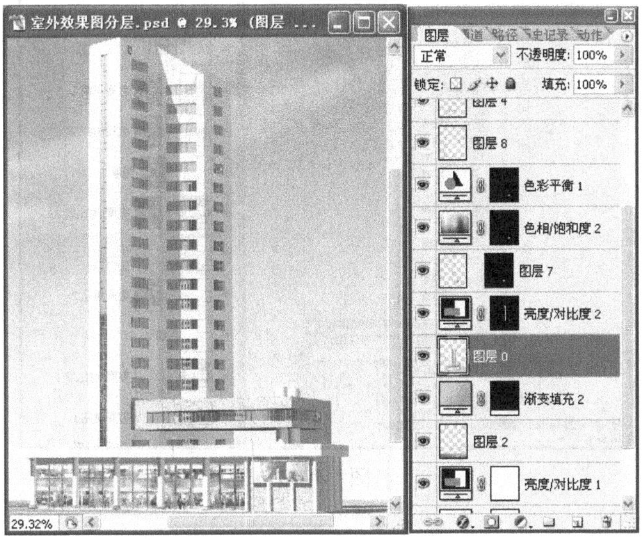

图　4-40

（5）处理建筑的背光面。选中背光面，如图 4-41 所示。

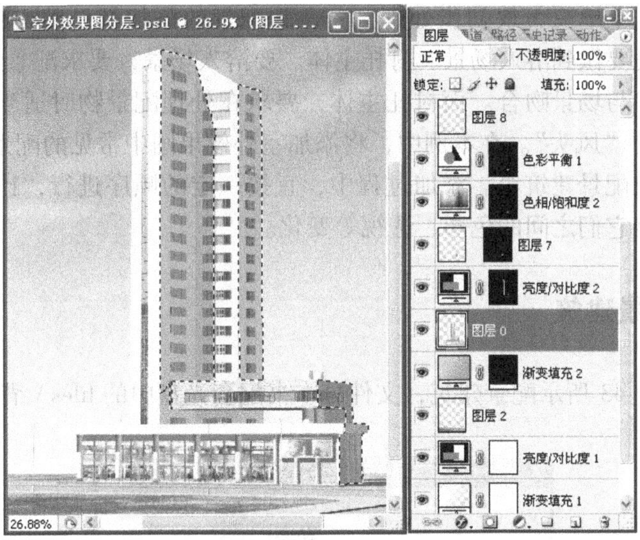

图　4-41

（6）选择渐变工具，将“不透明度”改为 30%，其他设置与前面相同，然后由右下角向左上角拉一个渐变，结果如图 4-42 所示。

图 4-42

4.3 配景添加与调整

建筑、天空、草地三大块初步处理到位，为配景的添加及调整提供了条件和参照。添加配景，主要是要做到溶入场景、衬托主体。要溶入场景，要求配景物的透视、明暗、色彩、受光方向等与场景吻合。而衬托主体，要求在处理配景物时适当弱化，不要抢了画面主体即建筑的“风头”。在本例中，将添加室外效果图中常见的配景物，如人物、车辆、树木、花草及配景建筑等。添加过程中，宜按一定的顺序进行，比如由远到近，这样便于比较、控制它们之间的色彩、透视等变化。

4.3.1 添加远景建筑

（1）打开图 4-43 所示配景建筑，文件见本书配套光盘中的 files \ 背景 77. jpg。

图 4-43

(2) 利用魔术橡皮擦工具去掉图片的白色背景，然后拖到渲染图窗口，按 < Shift > + < Ctrl > + <] >键，移到图层的顶层，如图 4-44 所示。

图 4-44

(3) 观察其受光方向，与场景并不一致，于是，按 < Ctrl > + < T >键进入自由变换状态，单击鼠标右键选择“水平翻转”命令，结果如图 4-45 所示。这样，配景建筑不但受光方向与场景一致，而且透视角度也很相近。

图 4-45

(4) 通过按 < Ctrl > + < [>或 <] >键，调整配景建筑图层的上下位置，使其位于草地即“图层 2”的下面，将配景建筑略微放大然后拖到左侧，仅让右边的建筑显露出来，如图 4-46 所示。

图 4-46

（5）根据配景建筑的大小，可以推断，它应在主体建筑后面较远处，即属于画面远景，但画面上却给人与主体建筑紧挨在一起的感觉。要解决这个问题，就要降低配景建筑的饱和度，另外，使它偏冷，并使它带点朦胧感。现在，配景建筑本身已经为冷调，所以，剩下的就是降低饱和度和清晰度。当然，用相关命令轻易可以做到这一点，但是在天空为蓝色的情况下，还有更简便的方法，那就是降低配景建筑所在图层的“不透明度”，这里，降低到 50%，结果如图 4-47 所示。可以感受到配景建筑明显后退了。

图 4-47

（6）将配景建筑复制一份放到右边。选择移动工具，按住 <Alt> 键向右拖动配景建筑，结果它被复制出一份，调整其位置，仅让左边的建筑显露出来，如图 4-48 所示。

图 4-48

（7）为了丰富画面层次，可以让右边的配景建筑离主体建筑近一些，但仍在主体建筑后面，仍属于画面远景，于是，提高右边配景建筑所在图层“不透明度”到 80%，结果如图 4-49 所示。

图 4-49

（8）可以感受到右边配景建筑已经前移了，但是比较它与主体建筑的冷暖及明暗关系，还应该稍做调整，即提高亮度的同时稍调暖一些。打开“色彩平衡”对话框，将黄色右边滑块左移，结果配景建筑的冷感减弱，如图 4-50 所示。

图 4-50

（9）再将亮度提高一些，结果如图 4-51 所示。这样，右边配景建筑与主要建筑效果就较为统一。

图 4-51

（10）要让右边配景建筑与主体建筑明暗更为统一，应将配景建筑的背光面调暗一些，结果如图 4-52 所示。至于立面上的反光效果，因为是配景建筑，就没必要去细致表现了。

图　4-52

4.3.2　添加中景树木

（1）在主体建筑的两侧添加一些树木，因为这些树木离视点（即我们观察建筑的位置）的距离与主体建筑离视点的距离大致相近，所以将其归于中景范围。虽然同样是中景，但与主体建筑比较起来，中景树木等配景物仍需弱化，毕竟是配景。打开如图 4-53 所示的树林图片，文件见本书配套光盘中的 files\ 植物 120. jpg。

图　4-53

（2）用魔术橡皮擦工具去掉红色背景，然后拖到渲染图窗口，移到草地图层下面。由于光源在左侧，所以，应将树林水平翻转，接下来，适当缩小树林并移到画面左侧，如图 4-54 所示。

（3）根据周围环境亮度，提高树林的亮度，结果如图 4-55 所示。

图 4-54

图 4-55

4.3.3 添加中景人车

（1）在本图中，人物及车辆主要集中在建筑前面及侧面，大部分属于中景范围，所以，在添加中景树后，接下来添加人物、车辆较为适宜，便于对色彩及明暗的把握。添加人物、车辆尤其要注意大小、高度的调整，此外，还要注意受光方向与场景一致。具体添加时，可先添加人物，再添加车辆，车辆高度以人为参照。打开图 4-56 所示的人物图片，文件见本书配套光盘中的 files\ 人物 5. jpg。

图 4-56

提示与技巧

选择人物图片时，首要标准是，透视角度与场景一致，或者只需经过水平翻转等简单变换就能取得一致。通常明暗、色彩、大小等差异容易调整，而透视不一致较难调整，有时甚至无法取得一致。其次，人物神态以自然的为宜，行走、站立或坐着的均可，但那些矫揉造作、花枝招展或者动作夸张、过于抢眼的最好不要来。

（2）这是一张背景不透明的图片，于是，使用魔术橡皮擦工具去掉背景，然后再拖到渲染图窗口中，并移到最顶层，如图 4-57 所示。

图 4-57

(3) 这里，希望人物在建筑对面保持从右到左行走姿态，于是，按 <Ctrl> + <T> 键进入自由变换状态，再单击鼠标右键选择“水平翻转”命令，按 <Enter> 键确认，将人物水平翻转，结果如图 4-58 所示。

(4) 现在，这个人物存在的主要问题是太高，应将其调整到场景中比门略低的高度，如图 4-59 所示。

图 4-58

图 4-59

提示与技巧

如果建筑底层正面没有门，可以参照窗台的高度，通常人肩与底层窗台同高（建筑底层地面比室外地坪一般要高出几十厘米）。此外，还可以根据视平线确定人的高度，可以粗略认为成年人头顶高度处于视平线位置。要确定视平线高度，可在 3ds max 中选取原场景中的摄影机，并选择“Show Horizon”选项（显示地平线，即视平线），就会显现出视平线。另外，也可以直接在渲染图像中找。建筑横向的线一般是倾斜的，但其中有一条是水平的，即为视平线。特别要注意的是，如果室外场地是平的，那么不管人站在室外哪个地方，其头顶始终处于视平线位置。

(5) 处理人物明暗。本场景中光源在左上方，这就决定了人物的受光面在左侧，而背光面在右侧，但抬起的后脚也会受光。分别选择减淡和加深工具调整人物明暗，结果如图 4-60 所示。

(6) 下面制作人物阴影。制作前，先观察渲染图中建筑阴影与建筑本身的角度，如图 4-61 所示。

图　4-60

图　4-61

（7）可以参照此角度并用上一章介绍的通过复制图层、扭曲变换的方法制作人物阴影，将阴影图层“不透明度”降低到 50%，结果如图 4-62 所示。

图　4-62

（8）以同样方法添加更多人物，结果如图 4-63 所示。

图 4-63

提示与技巧

添加人物时要注意，数量不要太多，能点缀、活跃画面即可。人的分布要有层次，不要都布置在一个层面。近景人物一般不要面向视点方向，容易吸引视觉注意力。如果人物身着艳丽服装，应降低其饱和度，而且越远的饱和度越低。调整人物大小时，应按住 <Shift> 键，以保证宽高按同比例缩放。以上几点也适用于后面将要添加的小车。

（9）按同样方法添加车辆，小车高度一般与成年人肩同高。关键是要注意，车辆应与道路方向一致，不要给人上天或钻地的感觉，添加结果如图 4-64 所示。

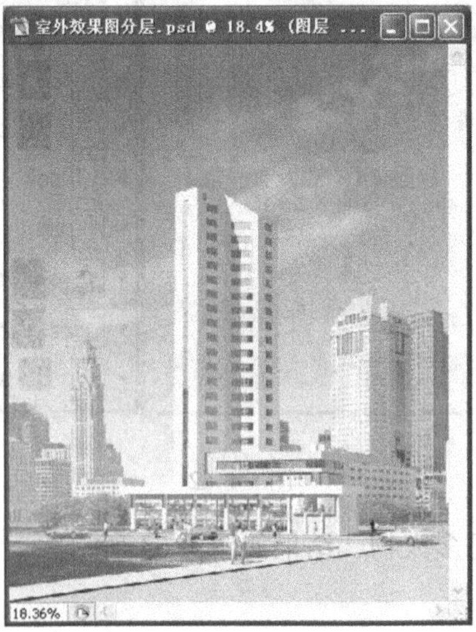

图 4-64

4.3.4 添加近景花草

（1）作为近处的配景，主要要求是概括、浓重，细节不要太多，饱和度可稍高一点，但仍以不抢主体建筑风头为界限。根据这些要求，先添加一个花坛。打开图 4-65 所示的花坛图片，文件见本书配套光盘中的 files \ 配景 5. tif。

图 4-65

（2）将图片拖到渲染图窗口中，调整大小尤其是上下方向的宽度，调整幅度要大一些，使其有被平稳放到草地上的感觉。调高其饱和度，再用加深工具将左侧加深，表示那里存在树木投下的阴影，结果如图 4-66 所示。

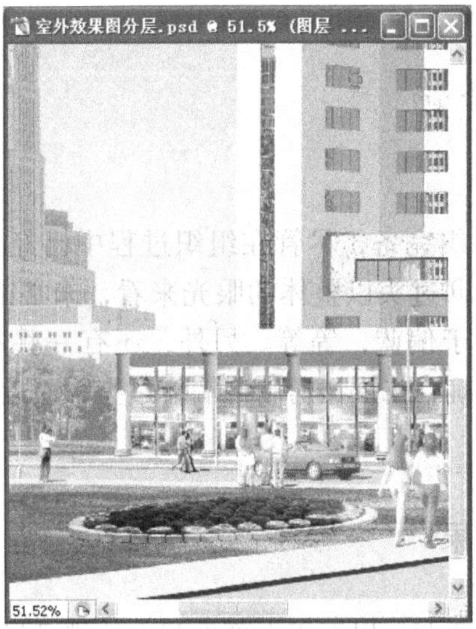

图 4-66

4.3.5 添加近景树木

（1）以同样要求，在画面左上角添加一树枝，表示左侧有树，同时对草地上的阴影由谁产生也有了交待，结果如图 4-67 所示。

（2）由于目前树枝的亮度不够低，所以表现出了较多细节，于是，降低其亮度，结果如图 4-68 所示。这样，树枝基本上就显示个轮廓，达到了概括目的。同时，其浓重的暗色与后面主体建筑明亮的白色形成鲜明的对比，进一步突出了画面主体。

图 4-67

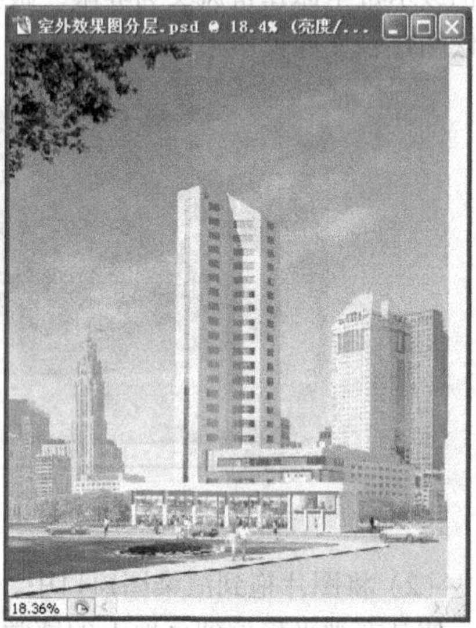

图 4-68

4.4 最终调整与修饰

到这里，画面基本上组织完备，尽管在组织过程中已经对各个局部的明暗、色彩、透视等做了调整，但现在再回过头以整体的眼光来看，未必都调整到位了，比如，底层玻璃过于透明，花坛暗部过于偏蓝，等等。另外，还有一些本当调整的部位而未调整，比如，楼顶金属杆材质不明确，二层裙房暗部墙体过亮，而近处人行道暗部死黑，等等。下面就来解决这些问题。

4.4.1 改善透明玻璃效果

（1）底层玻璃显得过于透明，以至于上部看起来仿佛已经没有玻璃了，如图 4-69 所示。

（2）这里可以这样解决，就是找到室内图片所在图层，然后降低其“不透明度”，使原来渲染图中的玻璃更多地显现出来。为此，先选择移动工具，然后按住 <Ctrl> 键单击底层室内图片，图层面板中“图层 4”以高亮显示，表明室内图片位于“图层 4”，将其“不透明度”降低到 50%，结果如图 4-70 所示。

图 4-69

图 4-70

4.4.2 降低花坛暗部蓝调

（1）目前花坛暗部蓝色饱和度过高，显得较为鲜艳、抢眼，而且也不真实。尽管暖色光下物体的暗部应该偏冷，但也有一个限度问题，通常情况下到不了本图这样的程度，如图 4-71 所示。

（2）要降低画面局部饱和度，一般可以使用海绵工具。于是，进入花坛所在的“图层 23”，选择海绵工具，在选项栏中“模式”右边选“去色”，然后在图中花坛暗部蓝色

图 4-71

上涂抹，直至将饱和度降到较低程度，如图 4-72 所示。

图 4-72

4.4.3 增强金属杆材质

（1）楼顶金属杆为亚光不锈钢材质，虽说没一般不锈钢光亮，但仍然会有较明显的光感，但现在图中看不出来这一点，如图 4-73 所示。

（2）可以采用上一章介绍的图片替换法解决这一问题，结果如图 4-74 所示。

图　4-73

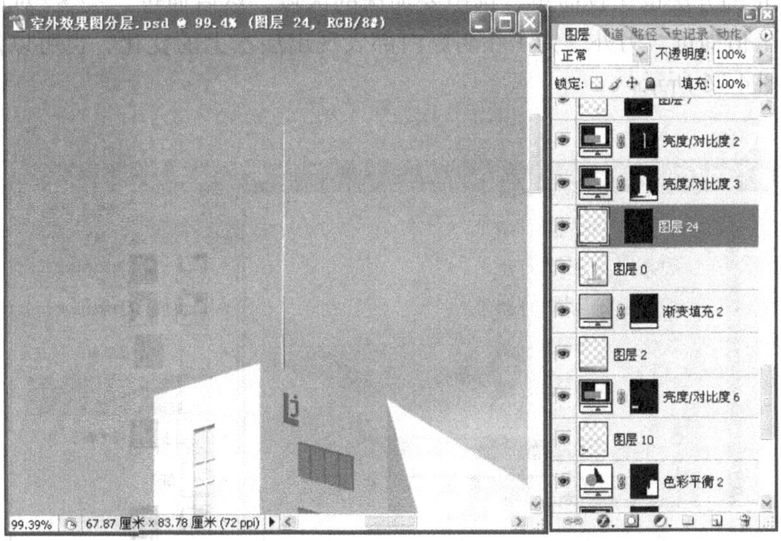

图　4-74

4.4.4　加深二层裙房墙体

（1）二层裙房墙体（包括墙附近的圆柱）因处于建筑阴影之中，按理说应较暗，但现在图中却较亮，这不但不真实，而且也使建筑显得不够稳重，画面明暗对比减弱，如图 4-75 所示。

图 4-75

（2）纠正的方法也比较简单，选中要加深的区域，然后通过“亮度/对比度”命令调低“亮度”值即可。另外，为了在阴影内部表现出层次上的变化，也可以使用渐变工具，结果如图 4-76 所示。

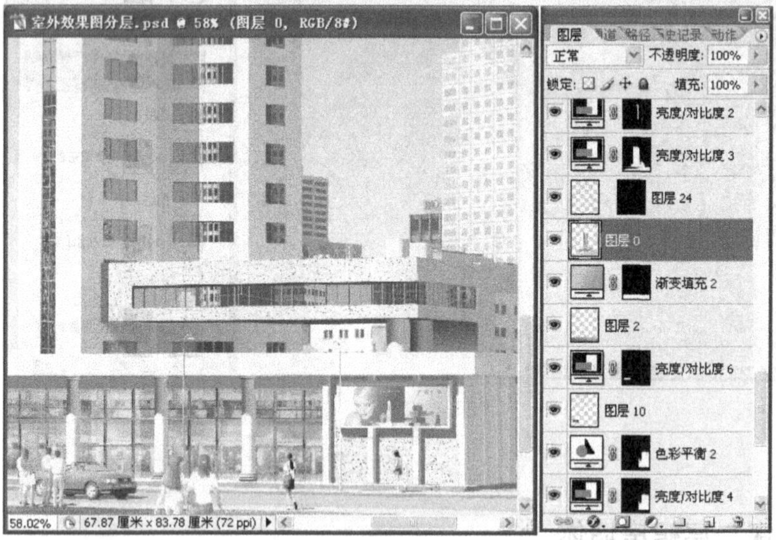

图 4-76

4.4.5　提亮人行道暗部

（1）图中人行道侧面，因处于背光面，而成了漆黑的一条线，如图 4-77 所示。现实中因受地面反光影响，是不会出现这种情况的，侧面必定会有一些亮度。假如这条黑线位于远处，不易被注意到，也可以不管它，但处于近景，视觉极易感知，所以应予纠正。

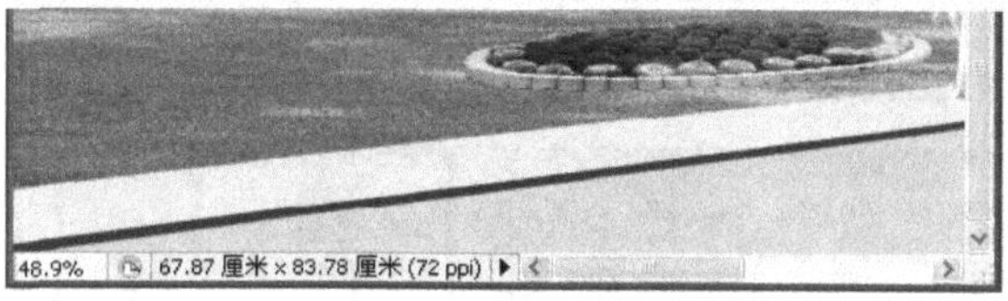

图　4-77

（2）纠正方法也可以通过亮度调整或使用渐变工具，结果如图 4-78 所示。

图　4-78

4.4.6　调整建筑层次

（1）通过二层裙房下面的架空部位，可以看到后面的配景建筑，但是这部分配景建筑与主体建筑没拉开层次，感觉到两者似乎“粘”在一起了，如图 4-79 所示选区内部分。

（2）处理方法是，降低选区内的饱和度，使用模糊滤镜降低清晰度，再利用“色彩平衡”命令调整颜色倾向，使其略偏蓝色，如图 4-80 所示。显然，这样就拉开了前后建筑的距离和层次。

图 4-79

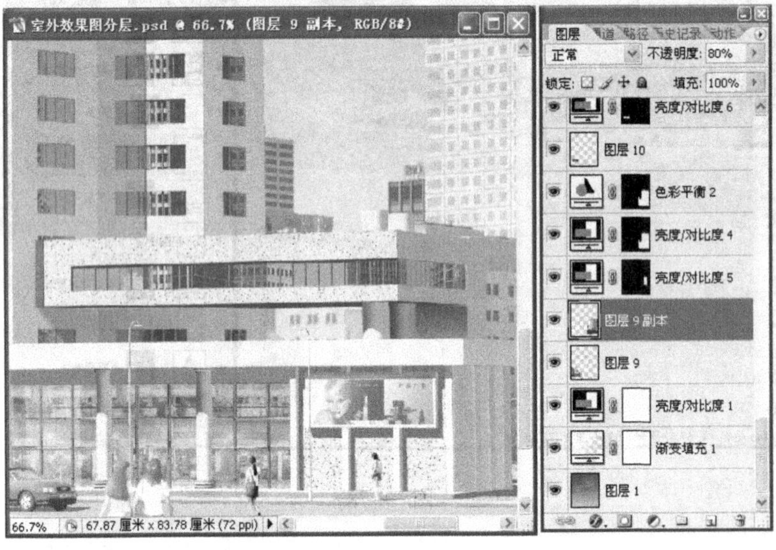

图 4-80

4.4.7 平衡画面构图效果

（1）至此，编辑处理工作基本完成，观察画面的构图效果，感觉到右边亮而轻，而左边显得较重，为平衡画面可将右侧加深。操作为：进入主体建筑及道路所在的“图层 0”，选择套索工具，设选项栏“羽化”值为 20 像素，选中图 4-81 所示区域。

图 4-81

提示与技巧

这里，只希望靠近画面中心一侧选区边缘被羽化，而选区其余边缘均不羽化，所以，可以在初步圈定选区后，进入快速蒙版编辑模式，用橡皮擦工具擦掉选区外侧边缘上的红色，如图 4-82 所示，再回到普通编辑模式即可。

图 4-82

（2）进行渐变填充，靠近画面中心一侧为浅色，靠近画面外侧一边为深色，如图 4-83所示。

室外效果图分层.psd @ 18.4% (图层 ...
18.36%
图层
正常
不透明度: 100%
锁定:
填充: 100%
图层 7
亮度/对比度 2
亮度/对比度 3
图层 24
图层 0
渐变填充 2
图层 2
亮度/对比度 6
图层 10
色彩平衡 2

图 4-83

图 4-84

4.4.8 最后调整及成果保存

对画面明暗等作最后调整，然后保存为分层文件，见本书配套光盘中的 files \ 室外效果图分层 . psd。接着，拼合图层、锐化图像、裁剪图像，保存为“室外效果图 . tif”，如图 4-84 所示，文件见本书配套光盘中的 files 目录。

4.5 本章小结

本章通过一个室外效果图的后期处理实例，较详细地介绍了此类效果图的编辑处理过程及方法。其中关键的是，明暗、色彩、透视的调整与协调，空间感、层次感的形成及处理方法。

第5章

Photoshop小区鸟瞰图后期处理

鸟瞰图，是人处于空中或者较高位置向下俯视看到的效果，常常用于城市、小区、园林规划等的表现。本章通过一个小区鸟瞰图的后期处理，介绍Photoshop 在这当中的具体应用，包括各种配景物的添加及调整方法，另外，将介绍马路的真实感处理、喷泉的制作方法等。

本章主要内容：

- 分层制作各组成部分
- 明暗及色彩调整

5.1 分层制作各组成部分

从 Photoshop 图层角度说，渲染图一般只有一个图层，却包含了画面的各个组成部分，包括建筑、道路、绿地、水面，等等。为了便于用 Photoshop 处理，应将它们分离成一个个单独的图层，并分别制作出应有的效果。

5.1.1 制作草地

(1) 在 Photoshop 中打开如图 5-1 所示的小区渲染图，文件见本书配套光盘中的 files \ 小区渲染图 . tif。

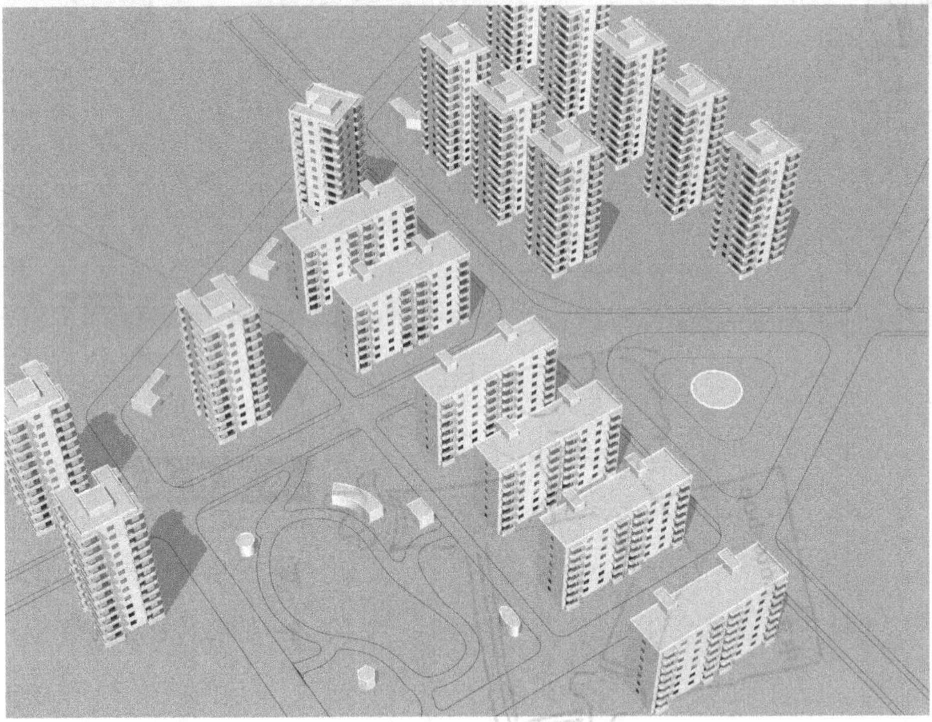

图 5-1

(2) 为了能在后面随时保存制作进度，而不改变原来的渲染图，按 < Shift > + < Ctrl > + < S > 键，将图像另存为“小区效果图 . tif”。

(3) 在这张图中，绿地的面积最大，也是整个画面的背景，对整个色调、效果影响较大，所以，先将它制作出来，便于制作其他部分时对比参考。于是，使用魔棒工具，设“容差”值为 10，按住 < Shift > 键选择各绿地区域，结果如图 5-2 所示。

图 5-2

注意，这里的草绿色区域并不都是绿地，而是包括了道路、水面等区域。当然，如果时间允许，也可以在制作渲染图时为各部分指定不同的颜色，比如绿地为绿色，水面为蓝色，道路为灰色等，这样，在 Photoshop 中处理时就更容易区分了。

提示与技巧

（4）如果觉得看不清楚，可单击工具箱中的按钮，切换到快速蒙版模式，未被罩上红色的区域就表示当前选区，即绿地区域，如图 5-3 所示。

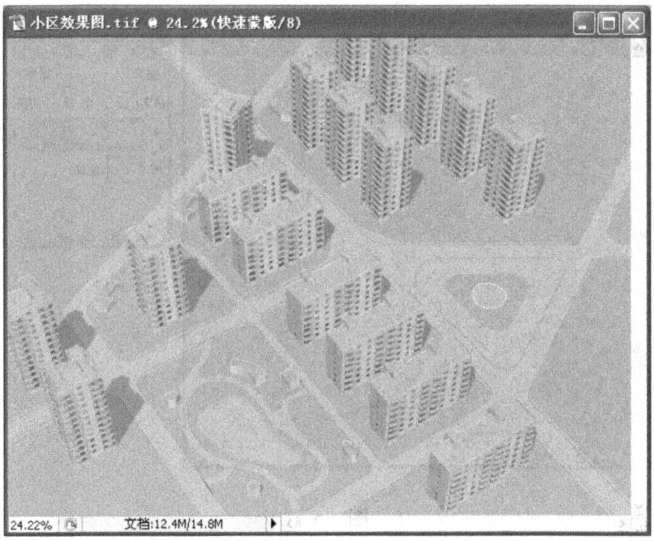

图 5-3

（5）观察完毕，可单击按钮左边的按钮，返回标准模式。如果选区与上面显示的吻合，可进行后续操作；如果不吻合，可继续参照上图选择，然后再到快速蒙版模式观看，直到与上图一致为止。

（6）按 <Ctrl> + <J> 键，将选区复制到新建图层，即“图层 1”，如图 5-4 所示。

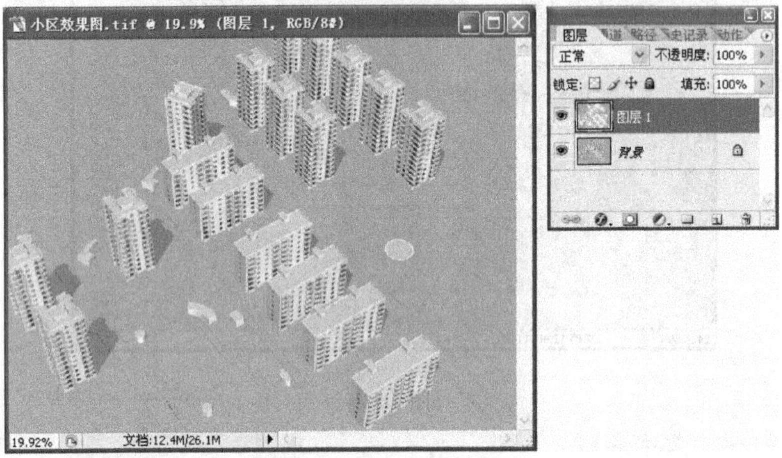

图 5-4

（7）按住 <Ctrl> 键，单击图层面板中“图层 1”的缩览图，重新载入绿地选区。

（8）下面在选区内制作草地。为了让各块草地之间有一些变化，先使用“渲染”滤镜，制作出草地的分块效果。操作为：分别设定前景色和背景色为深绿色和浅绿色，颜色值分别为 66956b 和 c2f5a6。

（9）执行菜单命令“滤镜→渲染→云彩”，将“图层 1”的“不透明度”设定为 40%，结果如图 5-5 所示。

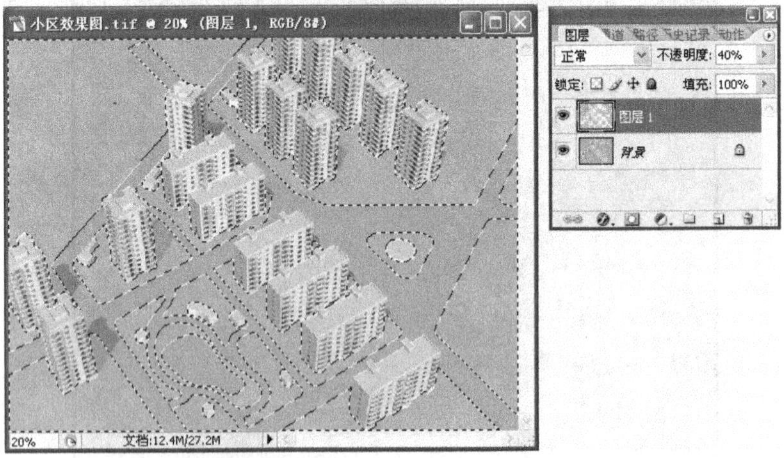

图 5-5

（10）用“杂色”滤镜制作草地效果。执行菜单命令“滤镜→杂色→添加杂色”，参数设置及生成的草地效果如图 5-6 所示。

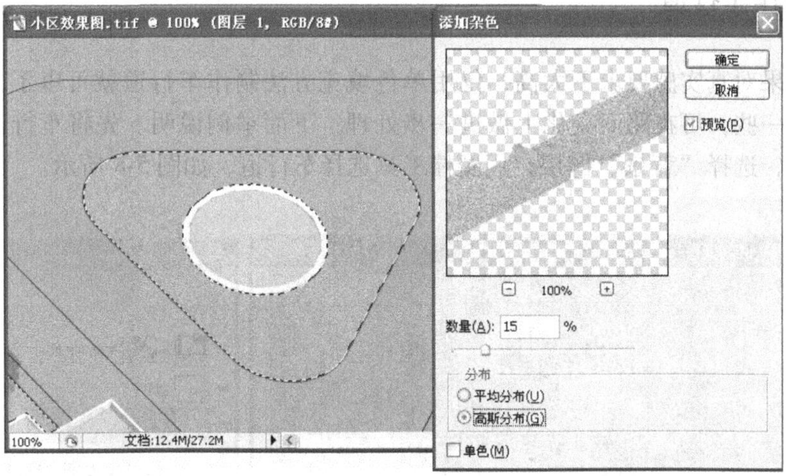

图 5-6

（11）单击图层面板底部的 按钮，选择“亮度/对比度”命令，打开“亮度/对比度”对话框，将草地整体亮度暂时降低40，这时自动产生名为“亮度/对比度1”的调整图层，如图 5-7 所示。由于这里使用的是创建调整图层的方法，所以，后面要调整草地亮度就很方便了。

图 5-7

提示与技巧

到这里，草地包括画面其他元素的前后空间关系并未较好地体现出来。而要表现这种关系，主要是要调整前后色彩的饱和度及画面前后的对比度，但这里暂不调整，因为还有道路、水面等未制作出来，等画面各部分都制作好了再统一调整。

5.1.2 制作车行道

（1）如果对真实感要求不太高，仅用单色填充方法制作车行道就可以了，如果要求效果更真实一些，可在路面变化上做进一步处理。下面举例说明。先将车行道图层分离出来。为此，选择“背景”图层，用魔棒工具选择车行道，如图 5-8 所示。

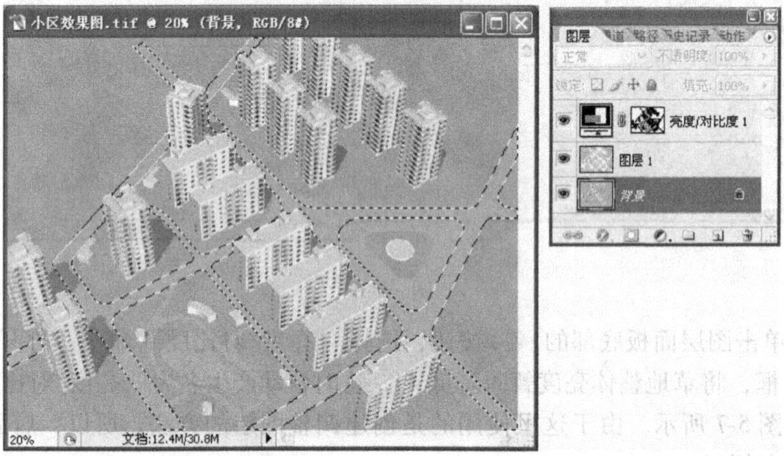

图 5-8

（2）切换到快速蒙版模式观察选区，即图 5-9 所示的浅色部分（包括建筑在车行道上投下的阴影）。

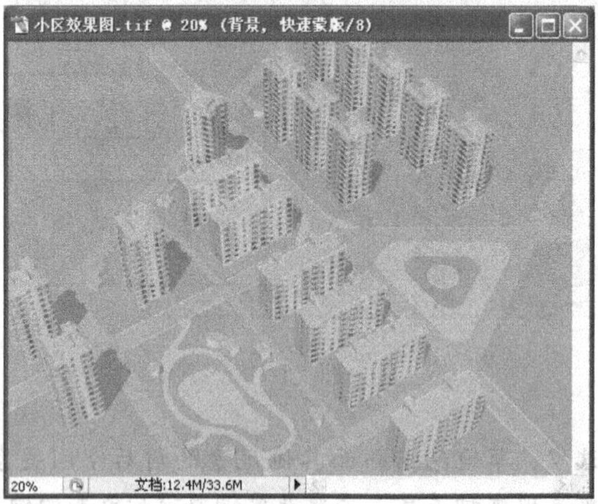

图 5-9

（3）回到标准模式，按 <Ctrl> + <J> 键，将选区复制到新建图层，即“图层 2”，如图 5-10 所示。

（4）按住 <Ctrl> 键，单击“图层 2”的缩览图，重新载入车行道选区，将前景色设定为蓝灰色，颜色值为 8c8e9e。按 <Alt> + <Delete> 键填充，再按 <Ctrl> + <D> 取消选区，结果如图 5-11 所示。

图　5-10

（5）下面来增强路面的真实感。观察现实生活中真实的马路，中间颜色一般要浅一些，而且由于城市道路一般具有一定的横向坡度，路面中间通常比两边高，在素描上要表现这种空间关系，可以用提高凸起部分亮度的方法。综上所述，可以在路中间画一条浅色线，以增强路面的真实感。

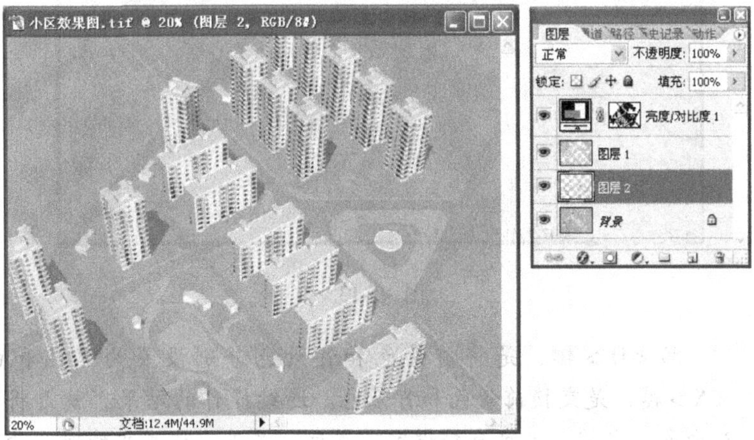

图　5-11

（6）在图层面板中，“图层 2”左边的  图标上单击鼠标右键，选择“显示/隐藏所有其他图层”命令，结果其他图层前面的  图标均消失，表示它们都被暂时关闭，只有“图层 2”打开，如图 5-12 所示。

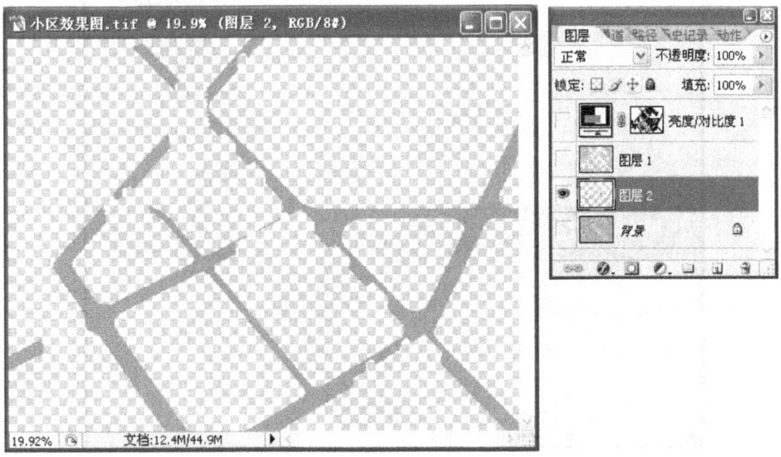

图　5-12

(7) 依次按 <D>、<X>键，设定前景色为纯白色。选择画笔工具，设定画笔直径为30、“不透明度”为10%，按住<Shift>键，在路面中间画直线，结果如图 5-13 所示。

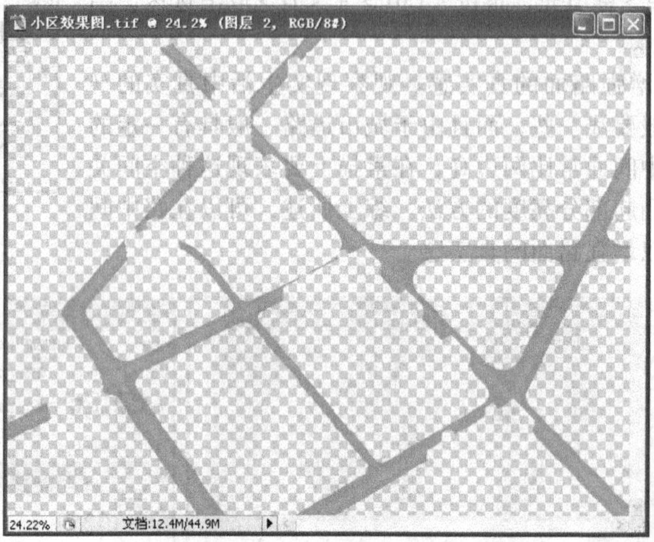

图 5-13

提示与技巧

按<D>键，是将前景色和背景色分别设置为黑色和白色，而按<X>键，是交换前景色和背景色。连续操作的结果，就是将前景色设定为白色。当然，也可直接设定前景色。另外，这里画线时，为了尽可能准确地将线画在路面中间，应将视图放大，可按<Shift>+<Ctrl>+<0>键，以实际像素显示，或者连续按<Ctrl>+<+>键，将图像逐步放大，直到便于观察、操作为止。

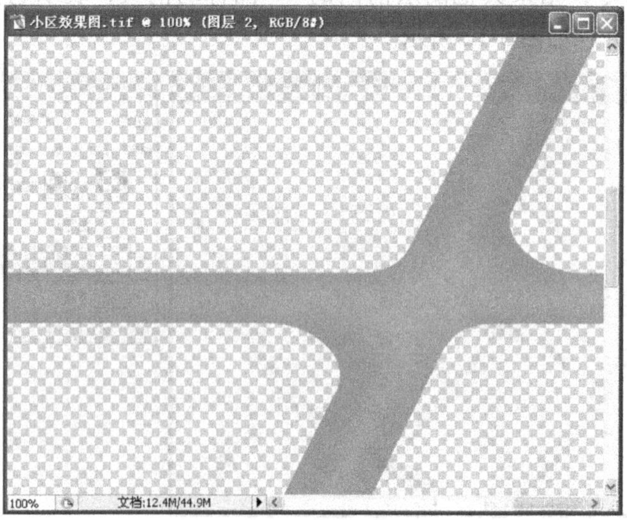

图 5-14

（8）道路转弯及交叉处比较生硬，选择减淡工具，设定“曝光度”为 10%，然后进行修整，使其成为弧形转弯，如图 5-14 所示。

（9）此外，还可以利用画笔工具画出主要道路中间的分隔线。这可以新建一个空白图层进行操作。先按住 <Shift> 键画长直线，然后用橡皮擦擦成一段段的短直线，如图 5-15 所示。

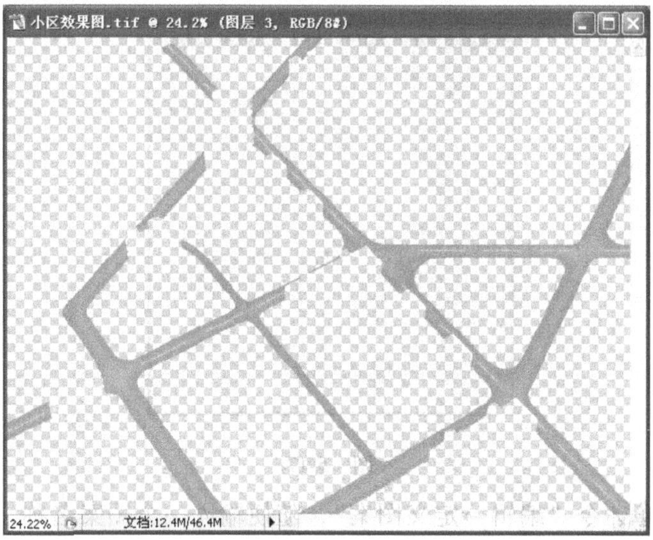

图 5-15

（10）打开所有图层，效果如图 5-16 所示。车行道制作到此暂告一段落，后面根据整体效果需要再对其明暗、色彩进行调整。

图 5-16

5.1.3 制作人行道

（1）制作人行道可使用图案填充方法。为此，先定义作为人行道的图案。操作为：打开如图 5-17 所示的图案，见本书配套光盘中的 files \ TILE03. jpg。

图 5-17

（2）执行菜单命令“编辑→定义图案”，随便输入一个图案名称，如图 5-18 所示，定义结束。

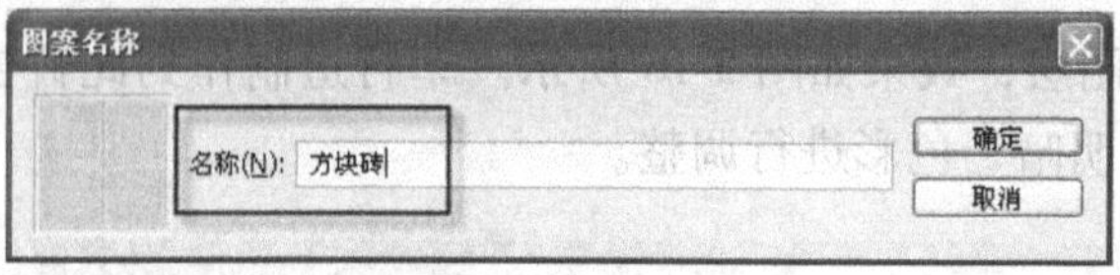

图 5-18

（3）选择“背景”图层，用魔棒工具选择人行道区域（包括阴影中的部分），如图 5-19 所示。

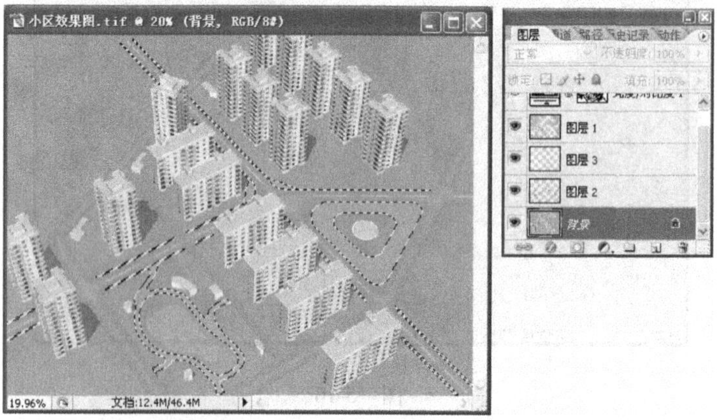

图 5-19

（4）在快速蒙版模式下观察，效果如图 5-20 所示。

图　5-20

（5）回到标准模式下，按 < Ctrl > + < J > 键，将选区复制到新图层，即“图层 4”，重新载入选区，单击图层面板中的 按钮，选择“图案”命令，建立一个新的填充图层，参数设置及效果如图 5-21 所示。

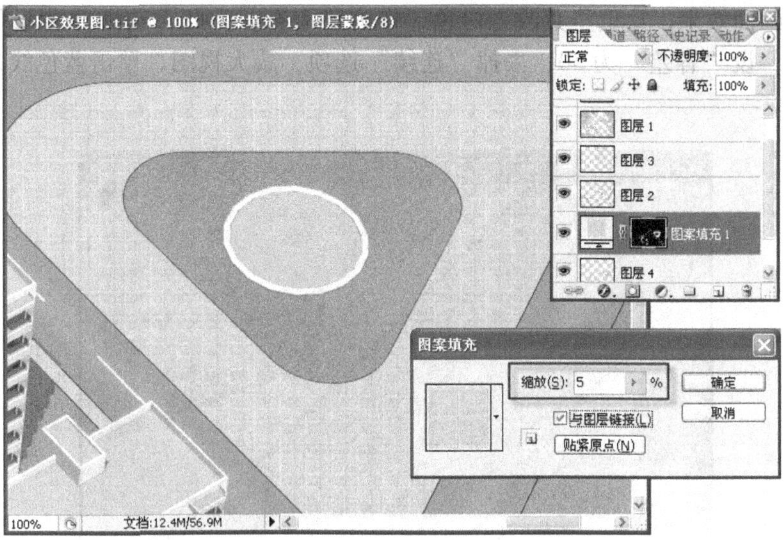

图　5-21

（6）全图填充效果如图 5-22 所示。

图　5-22

5.1.4　制作路沿石

(1) 渲染图中车行道与人行道之间、人行道与绿地之间有蓝色线条，如果不加以处理，将破坏画面效果，这里将其改为白色，作为路沿石。为此，选择“背景”图层，选择魔棒工具，设“容差”为 50，去掉“连续”选项，放大视图，单击蓝色线条，如图 5-23 所示。

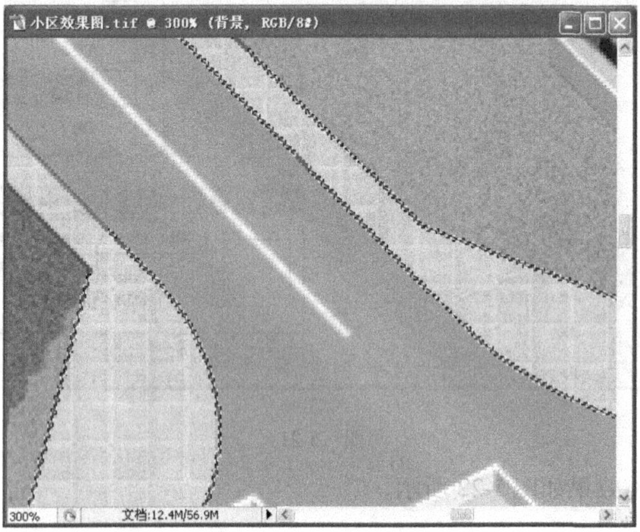

图　5-23

（2）移动视图，可能会发现有些地方的蓝色线条还没有被选中，按住 < Shift > 键一一单击它们，直到全部选中为止。如果出现了局部多选，如图 5-24 所示的部分窗户玻璃，可以进入快速蒙版模式处理。

图 5-24

（3）单击 按钮，切换到快速蒙版模式，可以看到，多选的区域没有被红色覆盖，如图 5-25 所示的部分窗户玻璃。

图 5-25

（4）选择画笔工具，在无红色覆盖的玻璃上涂抹，为它加上红色，如图 5-26 所示。这样，这些玻璃就被排除在选区之外，其他未被涂改的地方不受影响。

图 5-26

(5) 为了证明以上说法，单击按钮返回标准模式，发现所有窗户玻璃均没有被选取，而右边的蓝色线条仍处于选区内，这就证实了以上说法，如图 5-27 所示。

图 5-27

(6) 以这种方式将所有蓝色线条选中（包括阴影中的），而将其他对象排除在选区外，结果如图 5-28 所示。

(7) 按 <Ctrl> + <J>键，将选区复制到新层，重新载入选区。设前景色为纯白色，按 <Alt> + <Delete>键填充，取消选择，结果如图 5-29 所示。

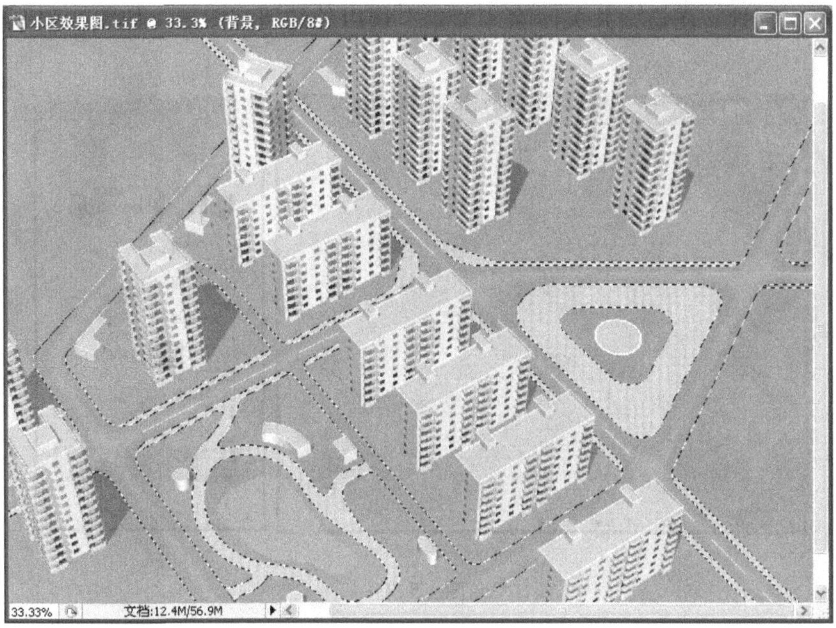

图 5-28

图 5-29

5.1.5 制作建筑阴影

（1）本来，渲染图中已有建筑阴影，但前面制作道路时部分阴影被盖住。为了纠正此问题，下面将建筑投到路面的阴影分离到一个单独的图层，并对阴影效果做适当处理。为此，进入“背景”图层，并关闭除“背景”层以外的所有图层，如图 5-30 所示。

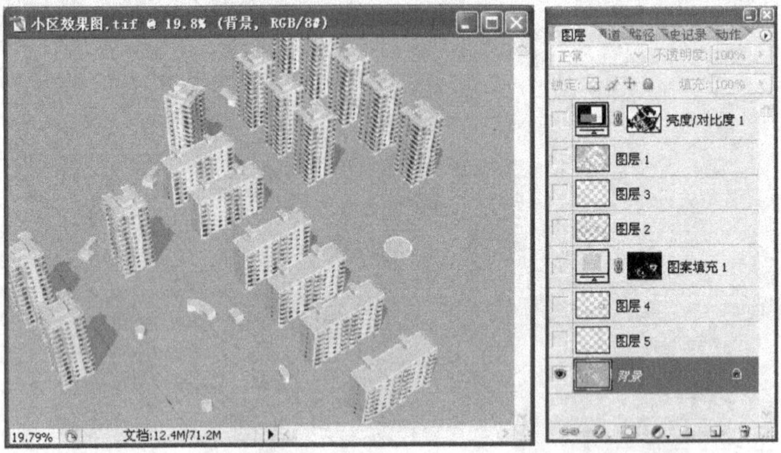

图 5-30

（2）选择魔棒工具，设“容差”为 10，选中“连续”选项，按住 <Shift> 键选中建筑投在路面（包括人行道）上的阴影，如图 5-31 所示。

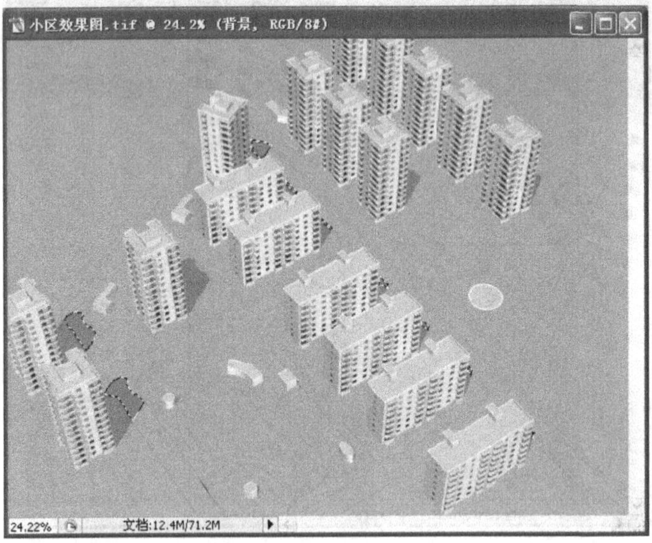

图 5-31

（3）按 <Ctrl> + <J> 键，将选区复制到新层，即“图层 6”，然后，按 <Shift> + <Ctrl> + <] > 键，将新层置为顶层，如图 5-32 所示。

（4）重新载入选区，按 <D> 键设前景色为纯黑色，按 <Alt> + <Delete> 键填充，结果如图 5-33 所示。

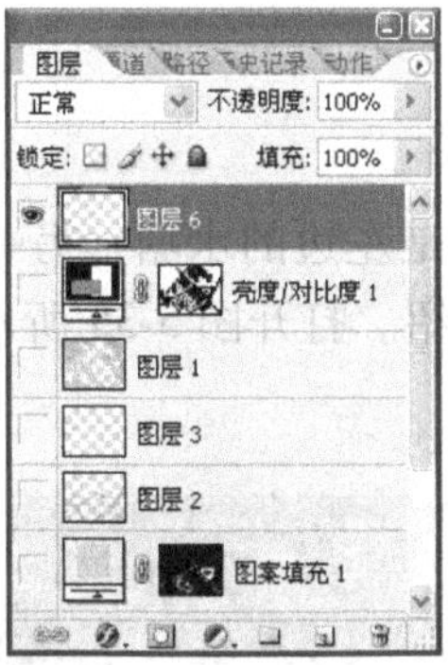

图　5-32

图　5-33

(5) 打开所有图层，设“图层 6”的“不透明度”为 30%，取消选择，结果如图 5-34 所示。

图　5-34

5.1.6 制作水面

（1）本图中有两处水面，一处是左边的水塘，另一处是右边的喷泉池，这里先介绍前者的制作方法，后者将在后面介绍。打开图 5-35 所示的水面图片，文件见本书配套光盘中的 files\ 背景 143. jpg。

图 5-35

（2）按 < Ctrl > + < A > 键全选图像，然后按 < Ctrl > + < C > 键复制，关闭文件，图像暂存于内存中。

（3）在效果图窗口中，进入“背景”图层，用魔棒工具选择水塘范围，如图 5-36 所示。

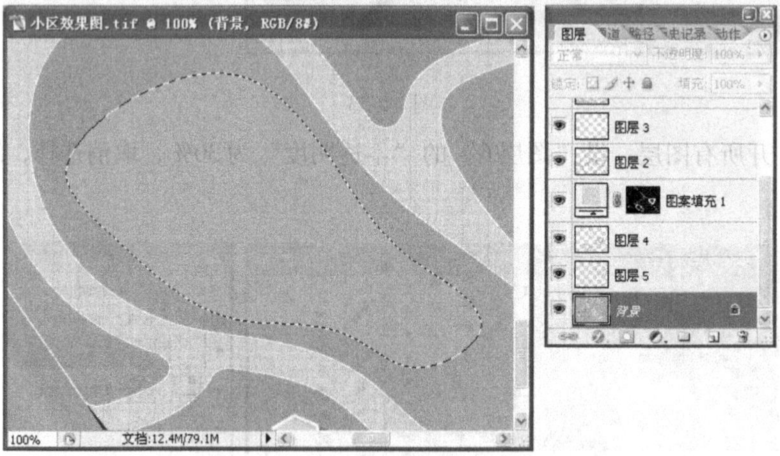

图 5-36

（4）将选区复制到新的图层，重新载入选区，进入快速蒙版模式，如图 5-37 所示。

（5）选择橡皮擦工具，设“不透明度”为 50%，沿水塘边缘涂抹，将选区扩大，如图 5-38 所示。

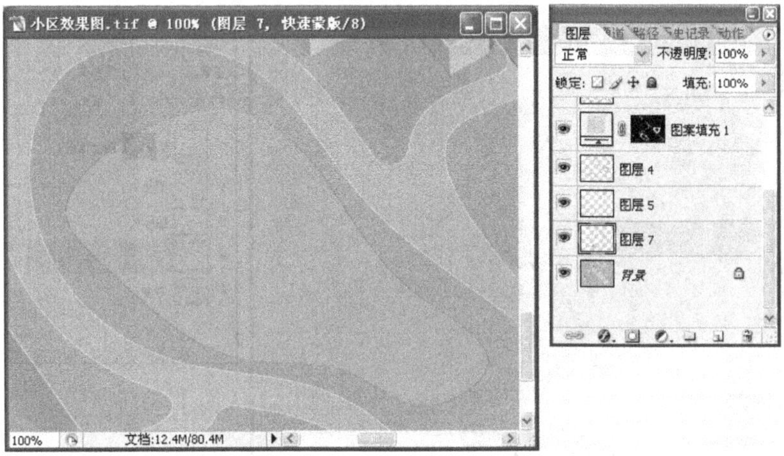

图　5-37

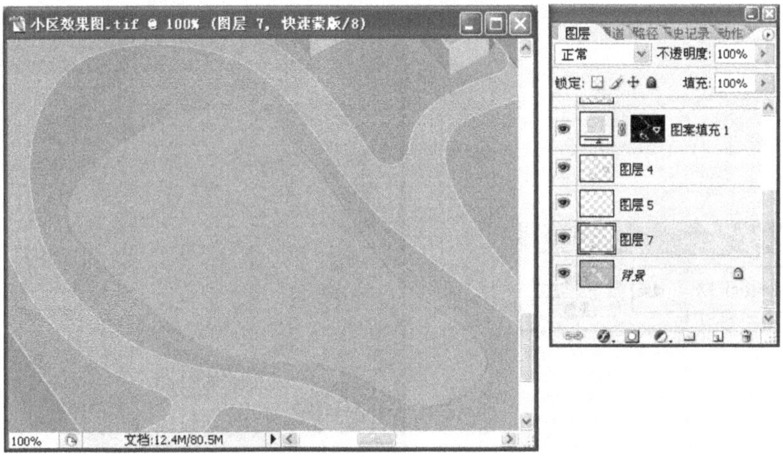

图　5-38

提示与技巧

为了使水塘边缘体现出较强的立体感，使用橡皮擦时，左边及下边擦除范围可以大一些，且靠近水一侧可多擦两次。这是因为，本场景中光源位于左下方，而水塘周围边坡一般是向中间倾斜的，因此左边及下边处于背光面。擦的程度越重，那么将更多体现出水面的深色，擦的范围越大深色的范围也越大。这一点可从后面的效果图中看到。

（6）切换到标准模式，选区如图 5-39 所示。

（7）按 < Alt > + < Ctrl > + < D > 键，打开“羽化”对话框，设定“羽化半径”为 10 像素，如图 5-40 所示。

（8）羽化操作可以使选区边缘更加自然圆滑，如图 5-41 所示，这将使得制作出的效果在边界上过渡更加自然柔和。

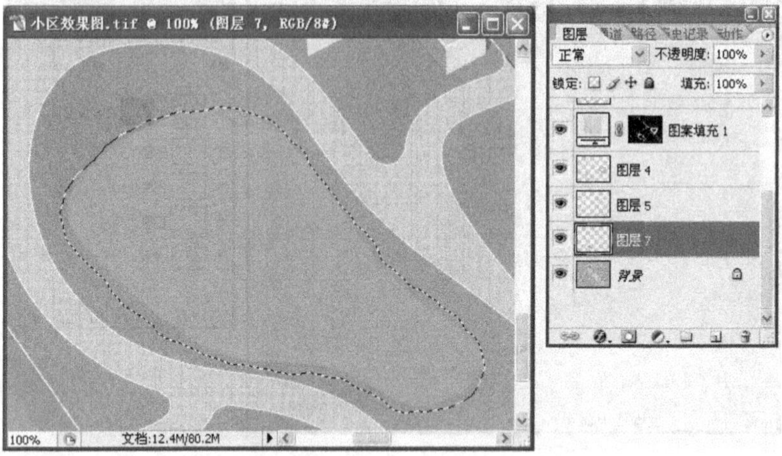

图 5-39

图 5-40

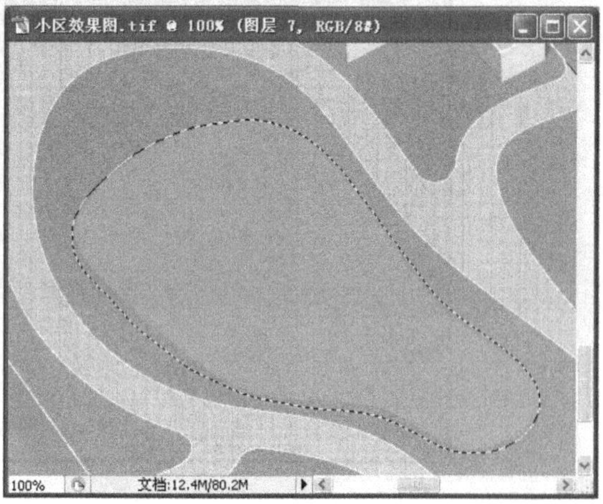

图 5-41

(9) 按<Shift> + <Ctrl> + <V>键，将内存中的水面图像粘贴到选区中，这时自动产生一个新图层即“图层 8”，如图 5-42 所示。

(10) 水面在上下方向的宽度过窄，于是，按<Ctrl> + <T>键，将其拉长，然后按<Enter>键确认，并移动到图 5-43 所示的位置。

(11) 显然，水面太暗了，可将它调亮一些。为此应先选中水面，但水面所在的“图层 8”中有两个缩览图，左边的是图层缩览图，右边的是蒙版缩览图，这里应通过哪个载入水面选区呢？其实，缩览图中的小图就回答了这个问题。图层缩览图中是整个水面图像，蒙版缩览图中是水面范围。所以，按住<Ctrl>键，单击蒙版缩览图就选中了水面（包括羽化范围），如图 5-44 所示。

(12) 为了便于后面根据整体效果再次调整水面亮度，这里使用建立调整图层的方

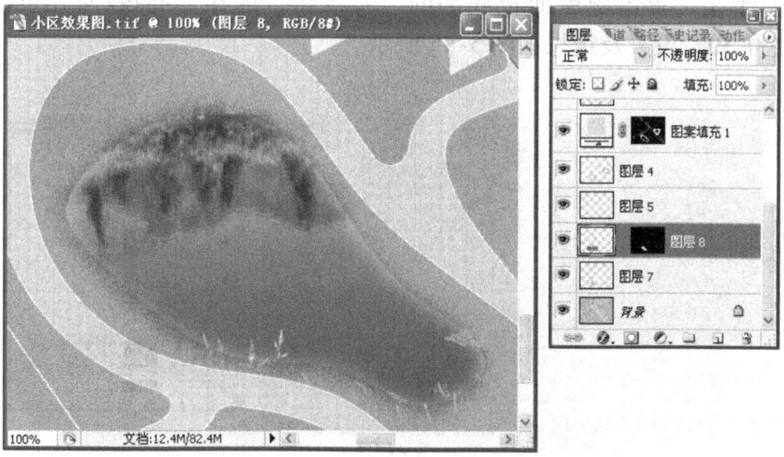

图 5-42

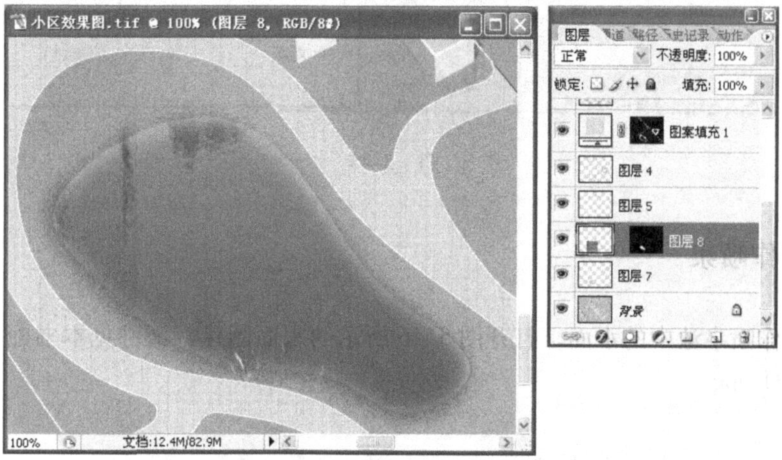

图 5-43

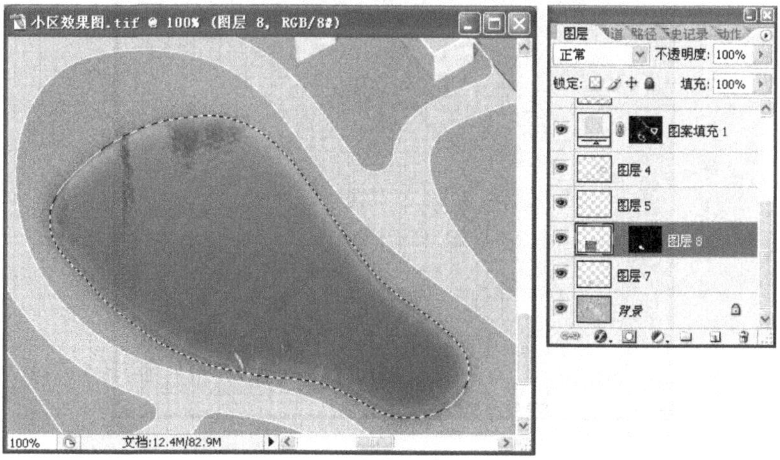

图 5-44

法调整亮度。于是，单击图层面板底部的 按钮，选择“亮度/对比度”命令，将“亮度”值提高 30，设置及结果如图 5-45 所示。

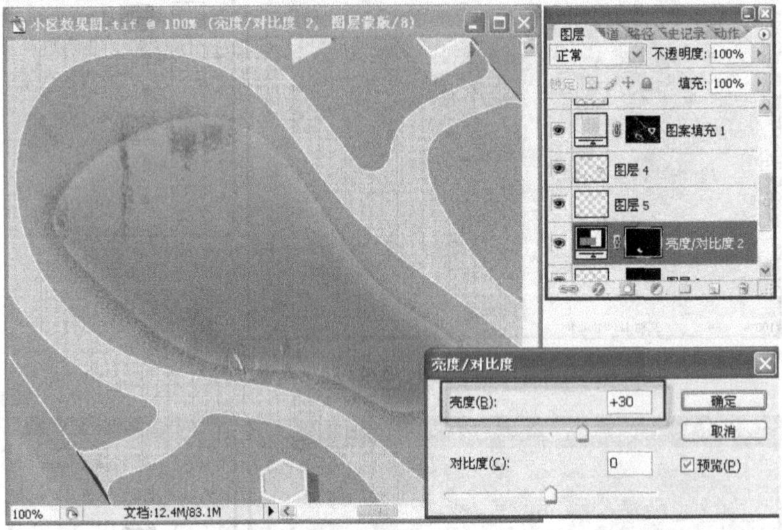

图 5-45

5.1.7 制作喷泉

（1）制作喷泉池中的水面。打开图 5-46 所示的水面图片，文件见本书配套光盘中的 files \ 水面 31. jpg。

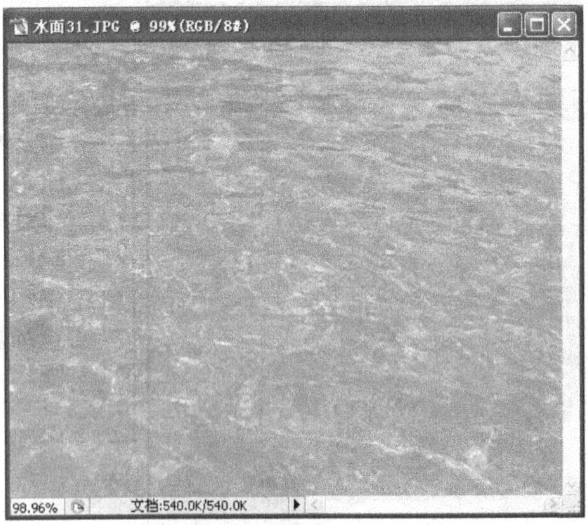

图 5-46

（2）按 <Ctrl> + <A> 键全选图像，然后按 <Ctrl> + <C> 键复制，关闭文件，图像暂存于内存中。

（3）在效果图窗口中，进入“背景”图层，用魔棒工具选择喷泉池水面，如图 5-47 所示。

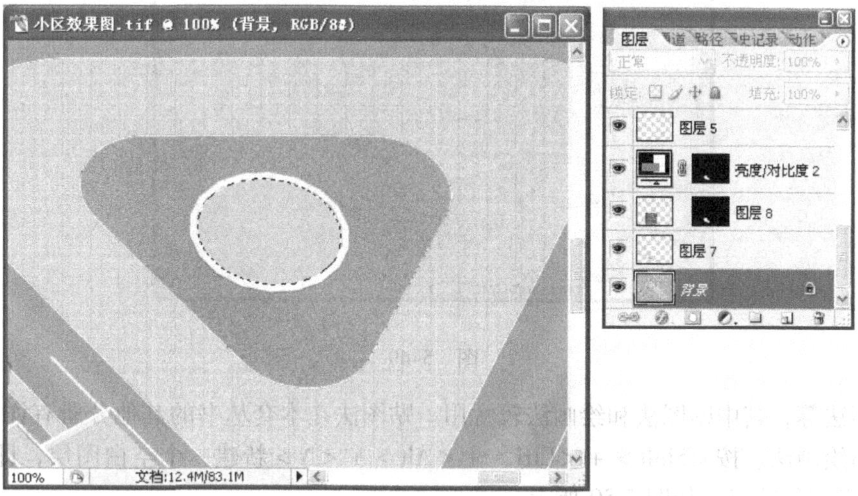

图　5-47

（4）将选区复制到新的图层，然后重新载入选区，按 <Shift> + <Ctrl> + <V> 键，将内存中的水面图像粘贴到选区中，自动产生“图层 10”，如图 5-48 所示。

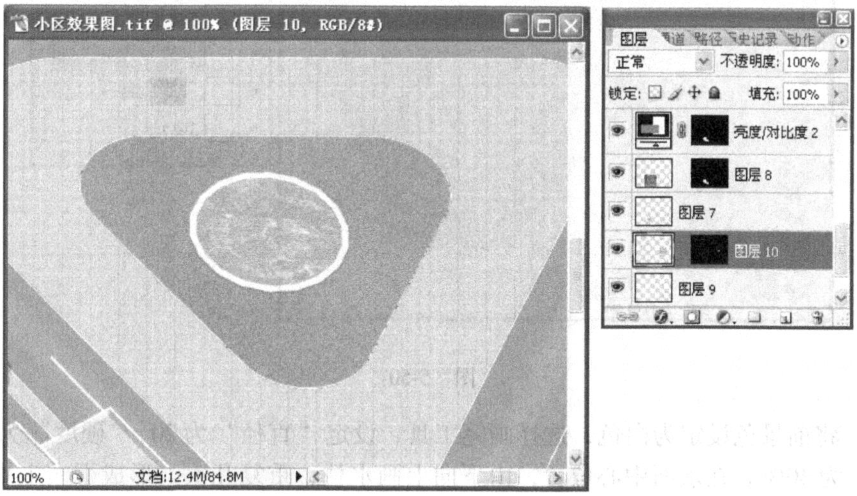

图　5-48

（5）按 <Ctrl> + <T> 键，将水面调小一些，以减小波纹尺寸，如图 5-49 所示。

（6）水面制作完毕，接下来制作喷泉。制作喷泉有多种方法，比如贴图法、绘画

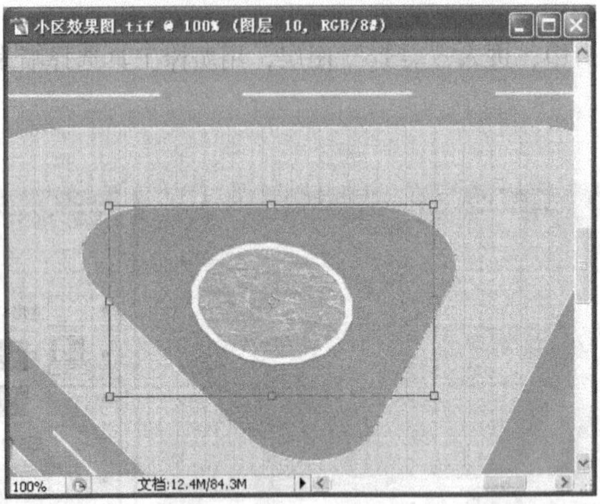

图 5-49

法、模型法等，其中贴图法和绘画法较常用。贴图法在本套丛书的其他分册有详细介绍，这里介绍绘画法。按 <Shift> + <Ctrl> + <Alt> + <N> 新建一个空白图层，即“图层 11”，用于制作喷泉，如图 5-50 所示。

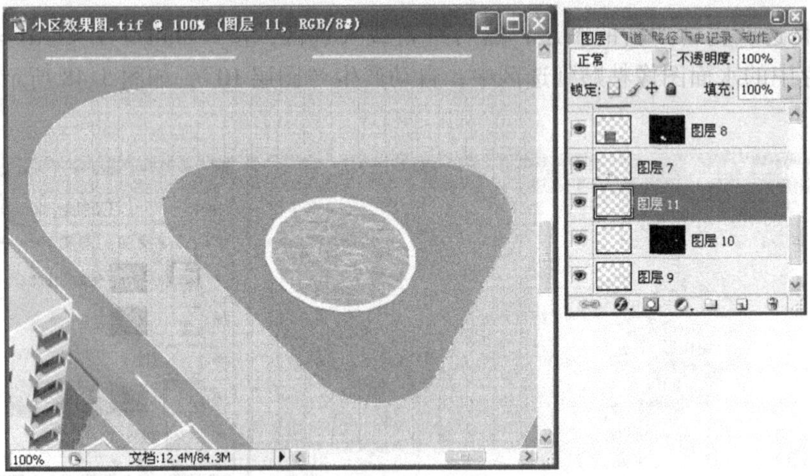

图 5-50

（7）将前景色设定为白色，选择画笔工具，设定“直径”为 20，“硬度”为 0，“不透明度”为 40%。在水面中心位置，由下向上画水柱，重复几次，形成下实上虚，内实外虚效果，虚的部分表示水雾，如图 5-51 所示。

（8）用画笔围绕水柱根部画几笔，表示溅起的水花，如图 5-52 所示。

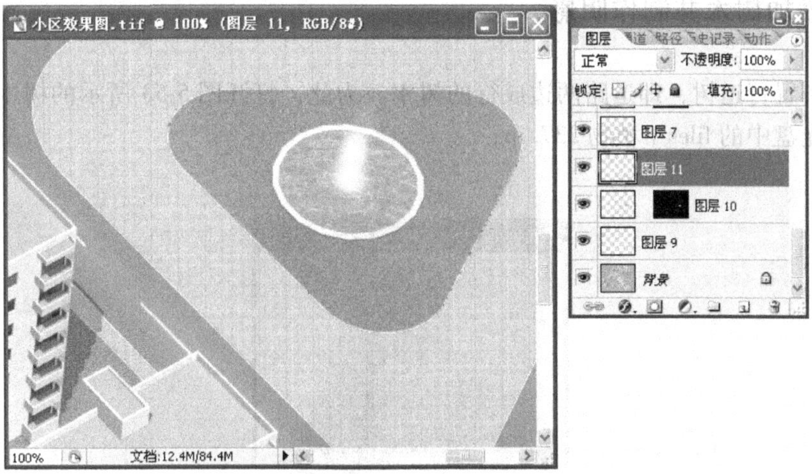

图　5-51

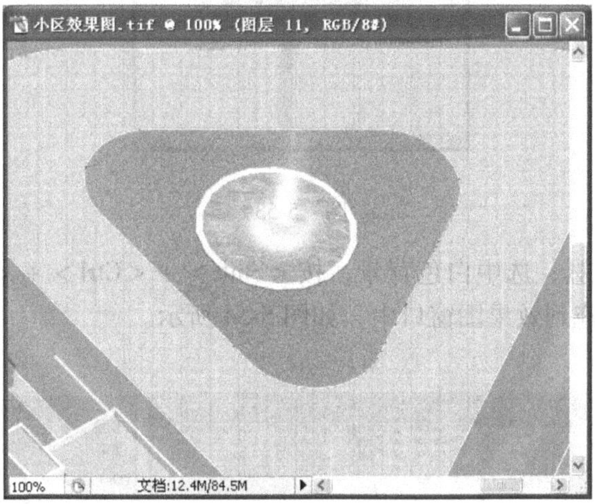

图　5-52

提示与技巧

一次画不出上面的效果，可以多试几次，但试之前最好先保存前面的工作成果。另外，可以用橡皮擦（“不透明度”设为10%）擦出需要虚一些的地方，这比直接用画笔去画往往更方便。

5.1.8 添加树木并制作阴影

（1）布置行道树，即道路两边成行的树木。为此，打开图 5-53 所示的树木图片，见本书配套光盘中的 files \ 植物 237. jpg。

图 5-53

（2）选择魔棒工具，选中白色背景，按 < Shift > + < Ctrl > + < I > 键反选树木，选择移动工具，将树木拖到效果图窗口中，如图 5-54 所示。

图 5-54

（3）放大视图，可以看到树叶边缘有很多细小的锯齿，尤其是右侧树叶与墙面重叠处，如图 5-55 所示。显然，这些锯齿如果不去掉，将会影响效果图的质量。

图 5-55

（4）要解决这个问题，只要执行菜单命令“图层→修边→去边”，并设定好去边“宽度”即可，这里设定为 3，修边结果如图 5-56 所示，尤其要仔细观察右侧树叶边缘。

图 5-56

（5）调整图层顺序，按 <Shift> + <Ctrl> + <］>键上升到最顶层。当然，如果已经在顶层就不必调整了。

（6）下面确定树的大小，可参照其他物体，比如建筑，进行调整。于是，将树拖到一座建筑旁边，假设此树有 3 层楼高，按 <Ctrl> + <T>键移动控制点，调整结果如图 5-57 所示。

图 5-57

提示与技巧

为了保证在调整过程中树木高宽方向的比例不变，即让树仍然保持原来的形状，可以按住 <Shift> 键再拖动控制点。

（7）观察两边建筑的受光区域和背光区域可知，树木表面应做相同调整。调整前先将树木复制一份放在一边。操作为：选择移动工具，按住 <Alt> 键向左移动树木，于是向左复制出一份，如图 5-58 所示。

图 5-58

（8）现在处于复制出的树木所在的图层，选择原来树木所在的图层，然后，分别选择减淡工具和加深工具，设“曝光度”为 30%，涂抹树冠调整亮度，将左侧略微调暗，中间及上部调亮，如图 5-59 所示。

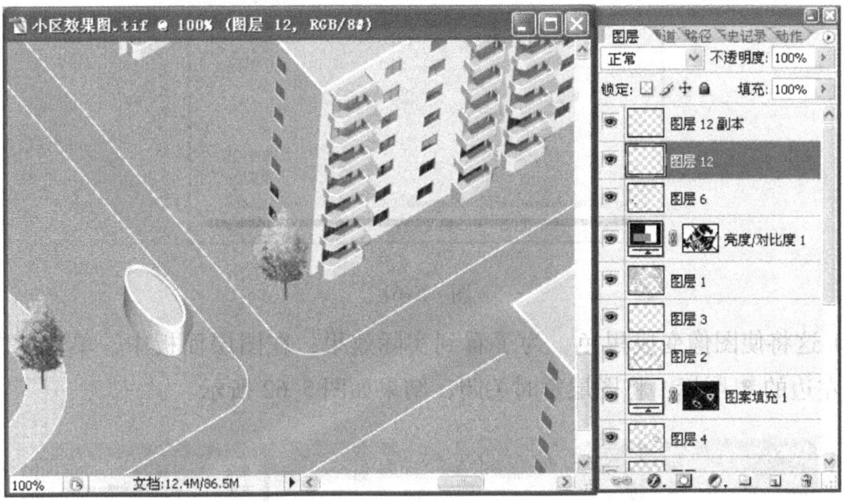

图 5-59

（9）此树只布置在建筑阴影以外、受阳光照射的地方，所以应为它制作阴影。制作物体阴影有多种方法，甚至可以用 Eye Candy 4000 直接生成。这里，选择手工方法用 Photoshop 来制作阴影。将树稍微前移，按 <Ctrl> + <J> 键再复制一份，选择下面图层的那份做阴影，如图 5-60 所示。

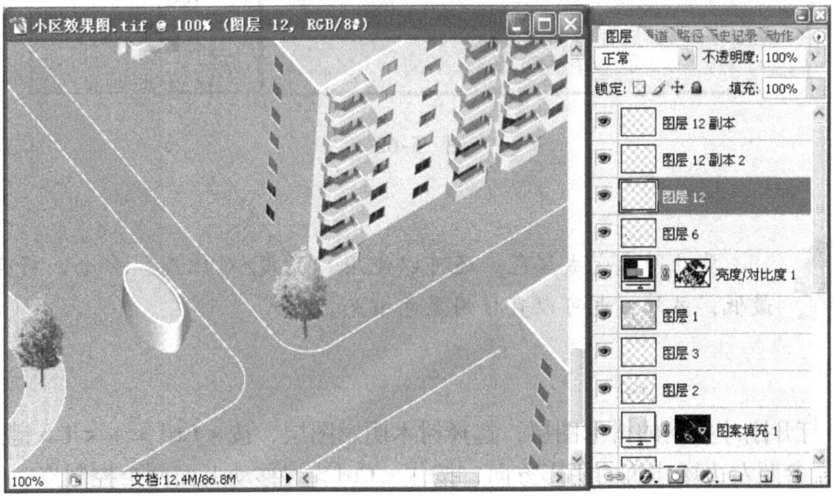

图 5-60

（10）按 <Ctrl> + <U>键，将明度和饱和度调到最低，如图 5-61 所示。

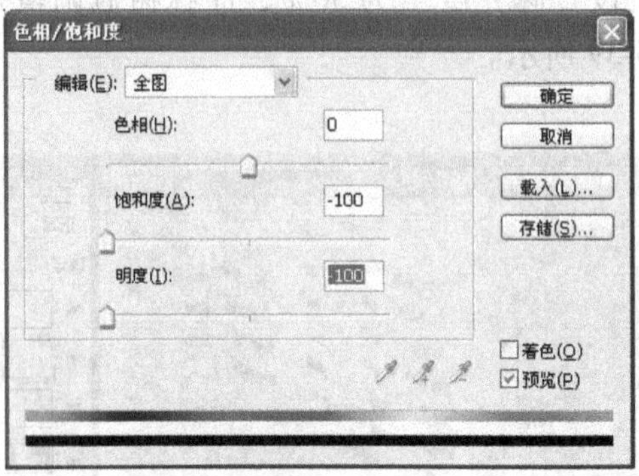

图 5-61

（11）这将使图像变成黑色，为了看到实际效果，在图层面板中，单击此图层上面树木图层左边的 图标，将图层暂时关闭，结果如图 5-62 所示。

图 5-62

> 要让图像变成黑色，还可以使用“亮度/对比度”命令，将亮度调到最低，另外，也可以直接用黑色填充。
>
> 提示与技巧

（12）打开刚才关闭的树木图层，选择树木阴影图层，按 <Ctrl> + <T>键进入变换操作状态，参照左边矮建筑的阴影方向，按住 <Ctrl>键移动上面两个控制点，得到图 5-63 所示的阴影。

图 5-63

按 < Ctrl > + < T > 键进入变换操作状态，再按住 < Ctrl > 键移动变换控制点，进行的实际是变换中的扭曲操作，所以，它与执行菜单命令“编辑→变换→扭曲”是相同的，只不过通过键盘操作更加方便快捷。

提示与技巧

（13）将阴影图层的“不透明度”降低到 40%，结果如图 5-64 所示。这样，阴影就有了透的感觉，可以隐约看到其中的草地，显得更加真实。

图 5-64

（14）在图层面板中，按住 < Ctrl > 键，选中树影及上面的树木图层，如图 5-65 所示，然后单击鼠标右键选择“合并图层”命令，将这两个图层合成一个图层。

（15）在图层面板中，双击合并图层的层名，将其改为“行道树”，如图 5-66 所示。

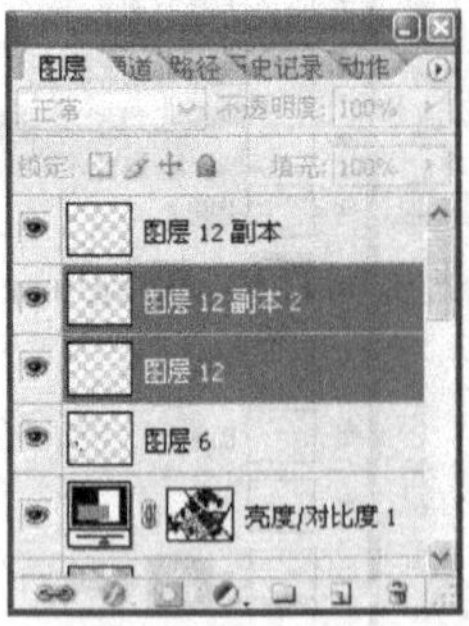

图　6-65

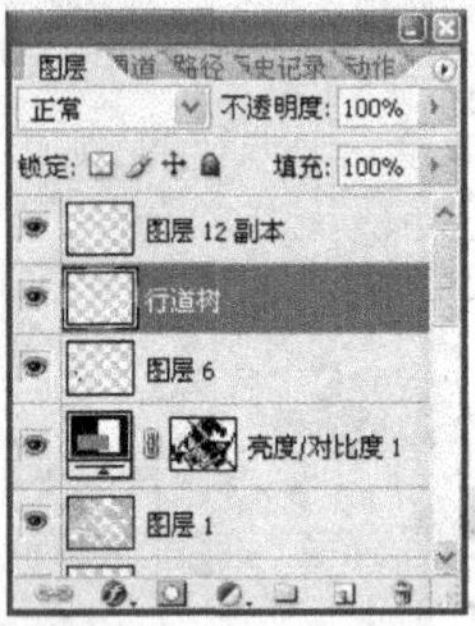

图　5-66

（16）现在，选中移动工具，按住 < Alt > 键用复制方法在道路两侧布置行道树，有建筑阴影的地方暂不布置，另外，周围建筑明显倾斜处（如喷泉上方）树木也可适当倾斜，以保持一致的透视关系，操作时可按 < Ctrl > + < T > 键进行旋转，结果如图 5-67 所示。

图　5-67

> 注意，为了让树木重叠处前面树木盖在后面树木上，最好按由远到近或者说由后到前的顺序布置树木。在 Photoshop 中，每次复制出的物体都会自动放在一个新的图层，且位于原物体上面一层，这样后复制的始终在先复制的上面，也即画面上的前面，从而保证了树木正确的前后覆盖关系。
>
> 提示与技巧

（17）放大视图，观察树木与建筑重叠处，发现树木“长”在了建筑上面，如图 5-68 所示，这当然是不正确的，可以将整个建筑图层分离出来并置于所有树木图层的上面，以解决此问题。

图 5-68

（18）如果这种重叠部位不多，也可以直接修整。以修整上图中间屋面上那棵树木为例，操作为：进入“背景”图层，关闭除“背景”层以外的所有图层，用魔棒选中与树木重叠的建筑，范围可大一些，如图 5-69 所示。

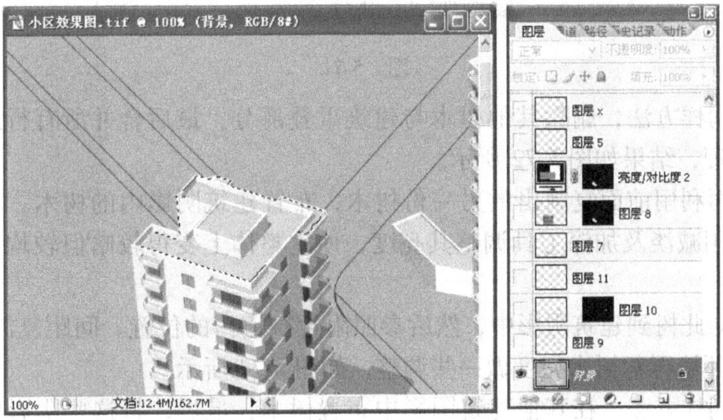

图 5-69

（19）重新打开其他图层，选择移动工具，按住 < Ctrl > 键单击屋面上的树木，进入此树所在图层，如图 5-70 所示。

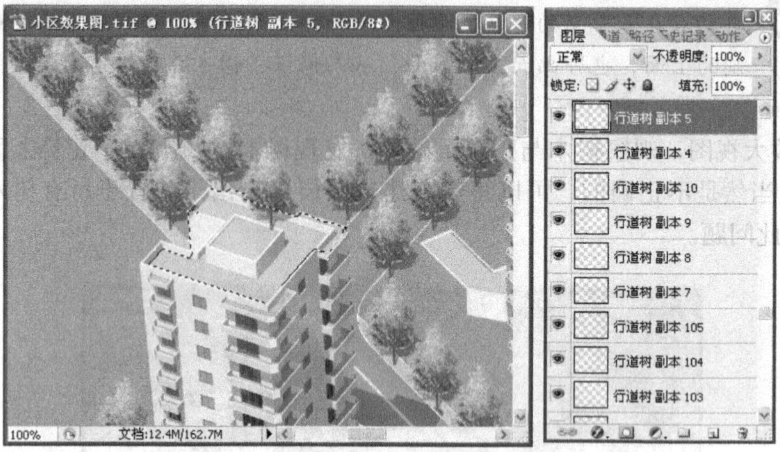

图 5-70

（20）按 < Del > 键删除树木与建筑重叠部分，取消选区，结果如图 5-71 所示。

图 5-71

（21）以同样方法，删除其他树木与建筑重叠部分，最后合并所有行道树图层，以便做进一步处理，结果如图 5-72 所示。

（22）下面利用前面复制出的另一份树木，布置建筑阴影内的树木。先进入该树木所在图层，利用减淡及加深工具调整其亮度，使它整体上变得较暗但较均匀，如图 5-73 所示。

（23）移动此树到建筑阴影中，然后参照附近行道树的位置、间距复制布置，然后，可以根据所处环境再对树木亮度做一些调整，如图 5-74 所示。

（24）用同样方法，在其他建筑阴影中布置树木，最后，将这些阴影中的树合并到同一个图层，将层名改为“阴影内树”，如图 5-75 所示。

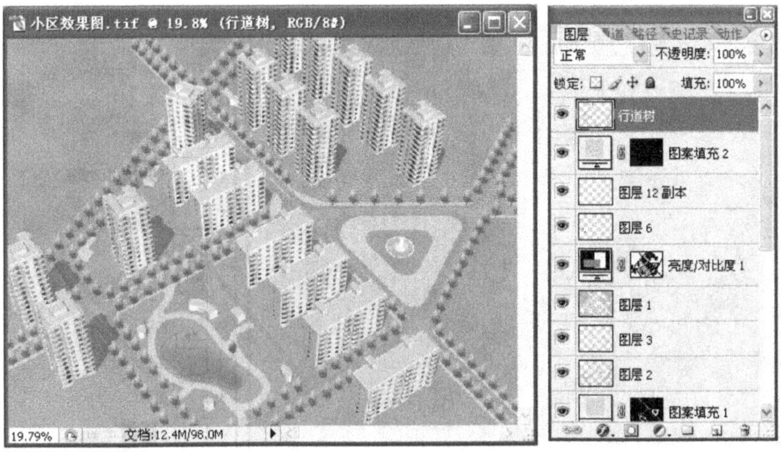

图 5-72

图 5-73

图 5-74

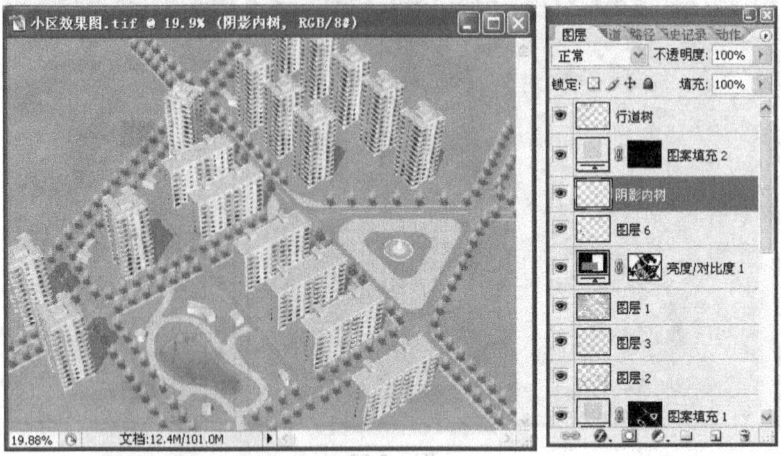

图 5-75

（25）至此，行道树布置完毕，再在草地上零星布置一些大小、品种不同的树木，操作与上面相同，结果如图 5-76 所示。将所有树木图层合并为一个图层。

图 5-76

5.1.9 添加花草

利用添加树木的方法添加一些花草，注意花草的受光部位与场景中其他物体保持一致，另外，将所有花草合并为一个图层，如图 5-77 所示。

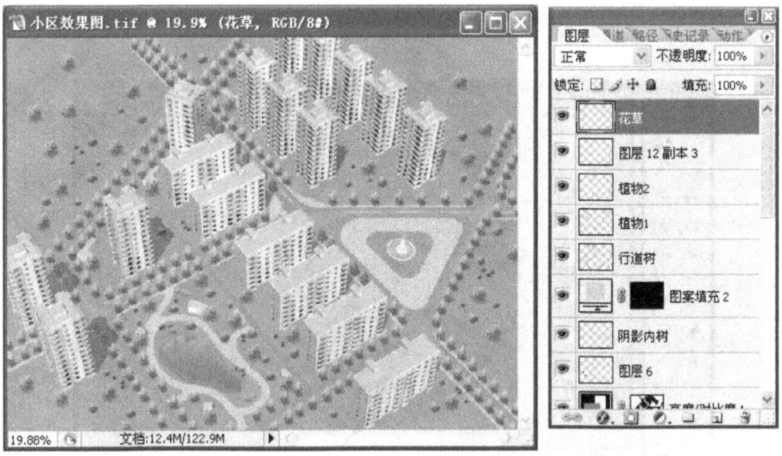

图 5-77

5.1.10 画面局部修整

（1）至此，要制作、添加的各种对象已全部到位，在进行下一步操作之前，检查一下图中是否有需要修整之处。这里，发现有图 5-78 所示的多余的蓝色线条。像这样的线条，图中还有几处，可用就近的路面材质替换它。

图 5-78

（2）选择吸管工具，在蓝线左边路面上单击鼠标，取得此处颜色作为前景色，如图 5-79 所示。

图 5-79

（3）选择“背景”图层，使用画笔工具重画蓝线区域，变成路面的蓝灰色，如图 5-80 所示。

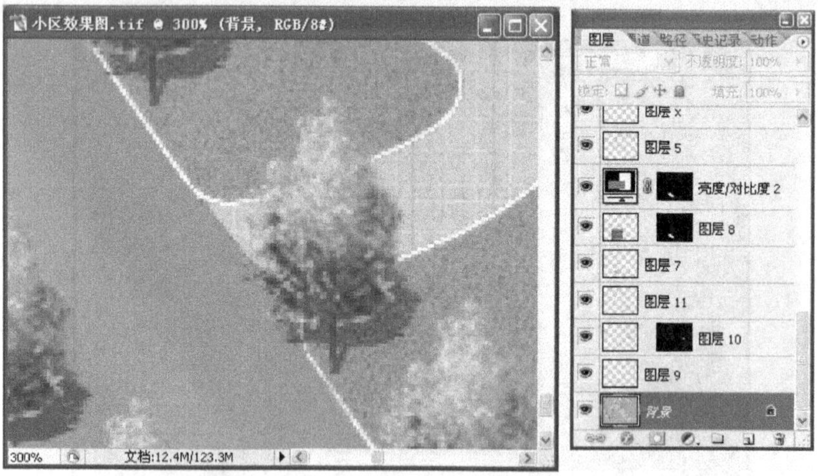

图 5-80

（4）用同样方法对其余地方多余蓝线做相同处理，全图效果如图 5-81 所示。

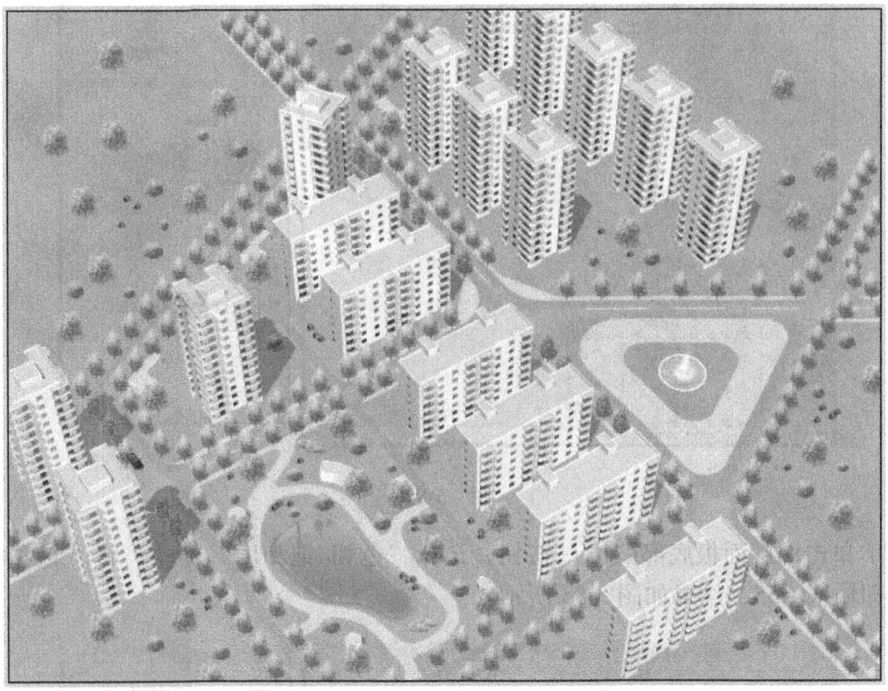

图　5-81

5.2　明暗及色彩调整

通过前面的工作，形成了鸟瞰图的基本效果。之所以说是基本效果，是因为画面中还有一些地方需要完善，尤其是在明暗和色彩关系上，前面只是做了局部的少量调整，没有使画面产生较强的空间感和层次感，同时有些色彩之间也不协调，这里就来做全面细致的调整。

5.2.1　草地的调整

(1) 这里的草地是整个画面的背景，它的明暗、色调对其他对象来说，是个参照，是个标准，所以应先将它调整到位。那么要怎样才算到位呢？分析一下。这里的草地，面积较大，首先，其饱和度不能高，否则，画面会显得花、乱。其次，相比楼顶等位置来说，草地离视点最远，由于空气及尘埃等的阻隔，草地看起来应该比较素，也就是说饱和度较低。因此，很关键一点应该将草地饱和度控制在较低水平，至于亮度也不能过高，确定了调整原则，具体多少值合适，就主要取决于个人感觉了。这里，做如下调整：选择草地所在图层即“图层 1”，按住 <Ctrl> 键单击图层面板中“图层 1”的缩览图，载入草地选区，如图 5-82 所示。

图 5-82

（2）单击图层面板底部的按钮，选择“色相/饱和度”命令，将“饱和度”降低55，即输入-55，结果如图5-83所示。

图 5-83

（3）观察草地的亮度，感觉前面已经调整到位，这里就不调整了。

5.2.2 调整花草

（1）花草，从离视点的距离来说，与草地相近，故色彩饱和度也不宜过高。不过，由于它本身色彩很鲜艳，从这个角度来说，似乎饱和度又应该在较高水平。像这种矛盾的情况，在绘画中也经常遇到，解决的办法就是抓矛盾的主要方面，而这里的主要方面显然是前者，所以花草饱和度宜低，但要比草地鲜艳，目前图中符合此要求，故色彩就不必调整了。至于亮度，花草应与草地大体一致，而目前暗了一些，应调亮一点。操作为：选择“花草”图层，载入花草选区，如图 5-84 所示。

图　5-84

（2）单击图层面板底部的按钮，选择“亮度/对比度”命令，将“亮度”提高 30，即输入 30，结果如图 5-85 所示。

图　5-85

5.2.3　调整水面

（1）喷泉池水面明度及色彩感觉符合需要的效果，所以不必调整。要调整的是左边水塘的水面，其色彩饱和度过高，而亮度过暗。调整操作为：选择左边水面所在图层即“图层 8”，按住 <Ctrl> 键单击右边的图层蒙版缩览图，载入水面选区，如图 5-86 所示。

（2）按前述方法将“饱和度”降低 40，结果如图 5-87 所示。

（3）至于水面亮度，前面曾用建立调整图层的方法调整过，这里只要双击这个调整层输入新的亮度值即可。于是，选择前面创建的“亮度/对比度 2”图层，双击图层缩览

图 5-86

图 5-87

图，可见前面将亮度提高了30，这里改为40，结果如图5-88所示。

图 5-88

5.2.4 调整单层建筑

（1）主要是调整屋顶颜色的饱和度。相对于多层及高层建筑而言，单层建筑屋顶离视点较远，饱和度应较低，而目前图中的感觉偏高。调整操作为：进入“背景”图层，选择魔棒工具，为了能一次选中所有单层建筑屋顶（它们是同色的），去掉“连续”选项，然后单击屋顶，选区如图 5-89 所示。

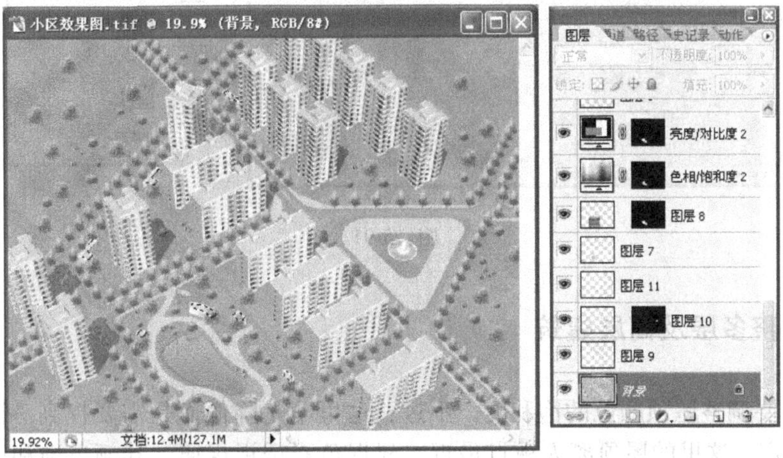

图 5-89

（2）按 <Ctrl> + <J> 键，将选区内图像复制到一个新的图层，并将图层更名为“单层屋顶”，如图 5-90 所示。

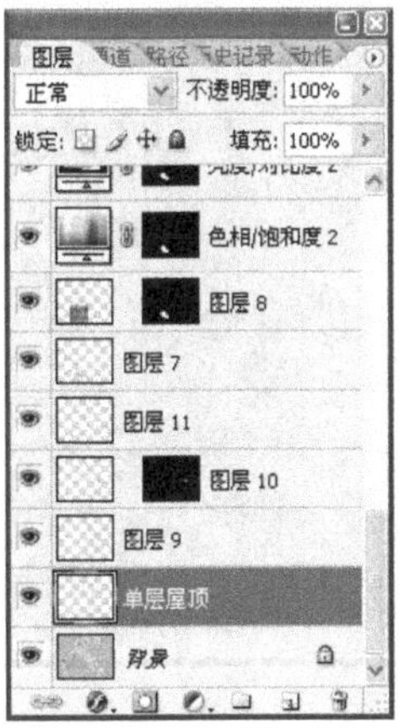

图 5-90

（3）载入单层屋顶选区，采用上述创建调整图层的方法，将其“饱和度”降低 30，结果如图 5-91 所示。

图 5-91

5.2.5 调整多层及高层建筑

（1）需要调整屋顶颜色的饱和度，不过，这里不是降低而是需要提高。因为相对于其他物体而言，这里的屋顶离人视点最近。根据色彩透视规律，其颜色饱和度应在较高水平。于是，按如下调整：进入“背景”图层，选择魔棒工具，去掉“连续”选项，单击浅蓝色屋顶，选区如图 5-92 所示。

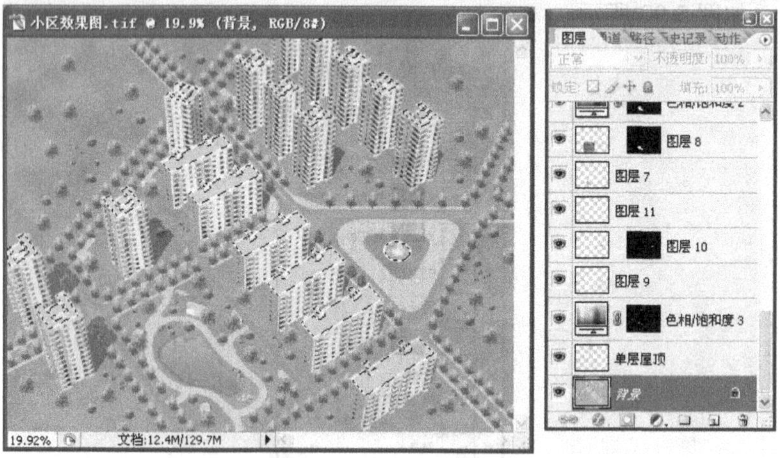

图 5-92

（2）从图中可以看出，右边喷泉池也被选取了，而实际并不打算选它。于是，选择矩形选框工具，按住 <Alt> 键框选喷泉池，将它排除在选区之外，结果选区中就只有屋顶了，如图 5-93 所示。

（3）按 <Ctrl> + <J> 键，将选区内图像复制到一个新的图层，并将图层更名为

图　5-93

“多层屋顶”，重新载入选区，采用前述方法将“饱和度”提高 35，同时将“明度”降低 10，结果如图 5-94 所示。

图　5-94

（4）至此，图中各部分的明暗及色彩已基本调整到位。为便于以后编辑，将工作成果保存为分层文件，见本书配套光盘中的 files\ 小区效果图分层 . tif。

提示与技巧

以上并未对建筑外墙亮度、色彩等进行调整，并不是因为它不重要，相反，建筑是本图的表现重点之一，只不过墙体亮度、色彩本身已符合效果要求，所以才没有调整。另外，假如画面上有背光面的墙体，可考虑使用渐变工具为其适当增加地面反光，使墙体下部比上部亮，效果将更加自然真实。

5.2.6 调整画面前后关系

（1）要让画面体现出正确的前后关系，从绘画角度上讲可以做多方面处理，而其中最主要的，就是要拉开远近色彩的饱和度，近的饱和度高而远的低，同时，近的地方清楚而远的地方模糊。下面就按此进行调整。先按 <Shift> + <Ctrl> + <E>键，合并所有图层。

（2）选择海绵工具，在选项栏“模式”右边选择“去色”，选择较大画笔，如 500，涂抹画面上方，最高处可涂二到三遍，而往下到画面中间一到二遍即可，画面中间以下区域就不要涂了，这样，就形成从上往下饱和度越来越高的效果，从而增强了画面由远到近的空间感，如图 5-95 所示。

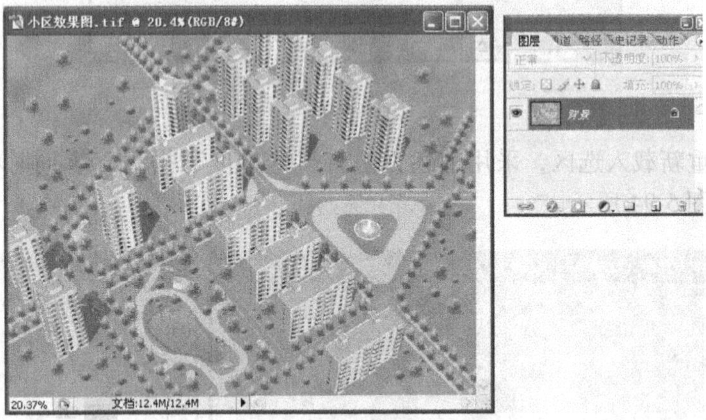

图 5-95

（3）使远处变模糊，从而进一步增强画面的空间感。具体操作：将前景色设定为淡蓝色，颜色值为 ceeff8。选择画笔工具，设画笔“硬度”为 0，“不透明度”为 10%，然后，在画面上方即远处涂抹几下作为雾气效果，如图 5-96 所示，达到了使远处变得模糊的目的。

图 5-96

5.2.7　裁剪及保存图像

(1) 至此，图像调整完毕，接下来，根据构图需要裁剪画面，具体操作：选择裁剪工具，选取图 5-97 所示的范围。

图　5-97

(2) 按 <Enter> 键确认，结果如图 5-98 所示。

图　5-98

（3）为了突出中间的建筑及广场区域，可以用加深工具或通过降低亮度，使周围变得更暗，还有，利用渐变工具使建筑左侧面下亮上暗，这样，画面主体就更加鲜明突出，同时层次也更丰富，如图 5-99 所示。

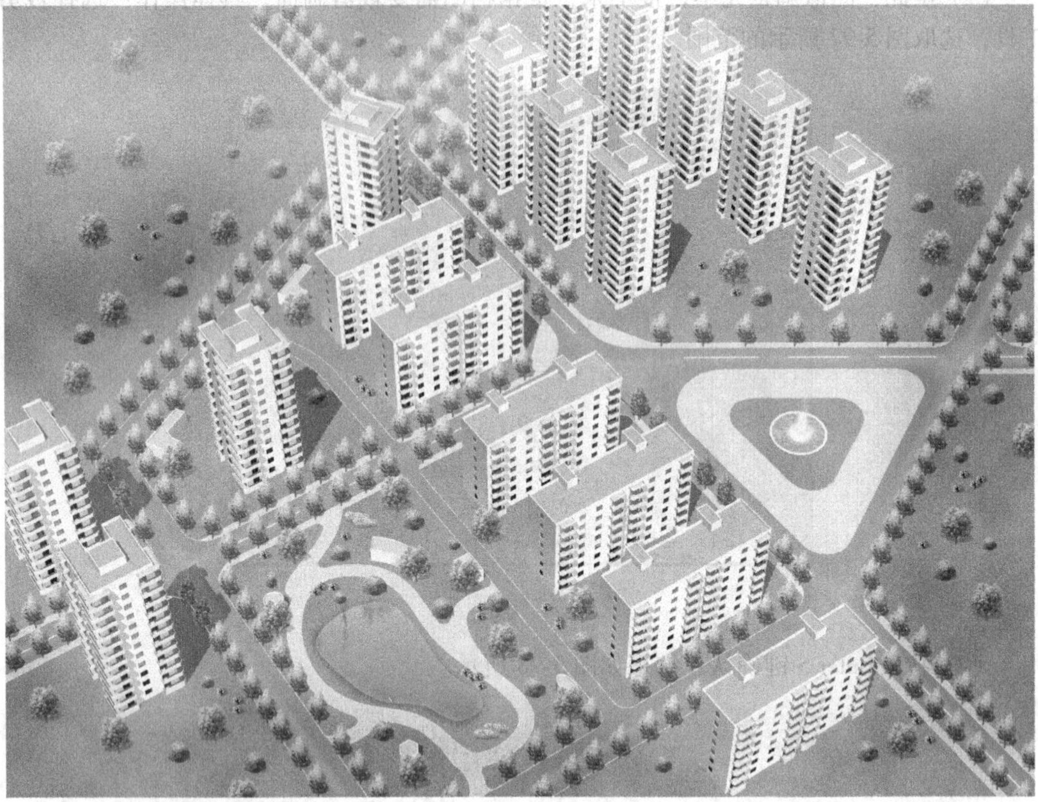

图 5-99

5.3 本章小结

本章以实例制作形式，介绍了 Photoshop 在小区鸟瞰图后期处理中的应用。包括草地、道路、水面、喷泉、阴影等常见物体或效果的制作方法，以及树木、花草等的添加及调整，还有画面的检查修整等，尤其是重点介绍了画面各部分的明暗及色彩调整规律和方法。

第6章

Photoshop城市规划平面效果图绘制

在城市规划、小区规划、园林规划等的成果资料中，一般有修建性详细规划图或者总平面布置图，利用它，在 AutoCAD 等软件中绘制出线框图或直接向规划设计单位索取 AutoCAD 文件，然后，在 Photoshop 中添加色彩、阴影并进行适当处理，就可制作出具有一定立体感和表现力的规划平面效果图。本章通过一个实例介绍具体制作过程和方法。

本章主要内容：

- 绘制规划平面图
- 合成规划平面图
- 常见物体平面的绘制
- 画面各元素明暗及色彩调整
- 图像修整与保存

6.1 绘制规划平面图

如果无法从规划设计单位取得规划平面图的 CAD 文件，那可以依照规划图纸自己在 AutoCAD 中绘制。为了便于在 Photoshop 中使用，最好按类别分层绘制，并分别输出为图像文件。

6.1.1 为 AutoCAD 添加“图像打印机”

（1）一般情况下，我们将在 AutoCAD 中绘制的图形保存为 . dwg 格式，这是一种矢量图形，Photoshop 无法打开也无法处理。Photoshop 能直接打开、处理的是 . tif、. tga、. bmp、. jpg 等格式的位图（也称点阵图、光栅图等），属于图像范畴，而非图形，这一点大家必须清楚。如果用 AutoCAD“文件”菜单的“输出”命令或“工具”菜单下的“显示图像”内的“保存”命令，以及屏幕捕捉等方法，可以获得当前图形的图像文件，从而解决这个问题，但实际效果都不怎么好。最好的方法是，为 AutoCAD 添加一台“图像打印机”。之所以加引号，是因为这是一台看不到也摸不到的虚拟打印机，只要在 AutoCAD 中做适当设置就能拥有它。操作是：在 AutoCAD 中，执行菜单命令“文件→打印机管理器”，出现如图 6-1 所示的窗口。

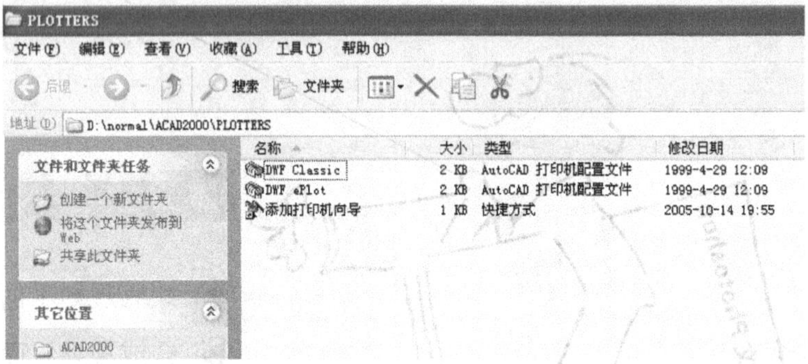

图 6-1

（2）双击“添加打印机向导”项，打开“添加打印机”对话框，如图 6-2 所示。

（3）单击下一步(N) >按钮，出现如图 6-3 所示的对话框，使用默认的“我的电脑”选项。

（4）单击下一步(N) >按钮，出现如图 6-4 所示的对话框。在左边方框中选择“光栅文件格式”，在右边方框中选择“TIFF Version 6（不压缩）”，这样，以后就可以将 AutoCAD 图形转换为 . tif 图像。

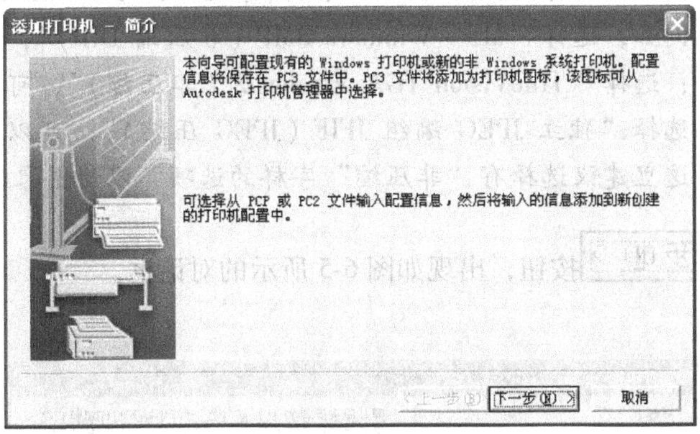
添加打印机 － 简介
本向导可配置现有的 Windows 打印机或新的非 Windows 系统打印机。配置信息将保存在 PC3 文件中。PC3 文件将添加为打印机图标，该图标可从 Autodesk 打印机管理器中选择。
可选择从 PCP 或 PC2 文件输入配置信息，然后将输入的信息添加到新创建的打印机配置中。
< 上一步(B)
下一步(N) >
取消

图 6-2

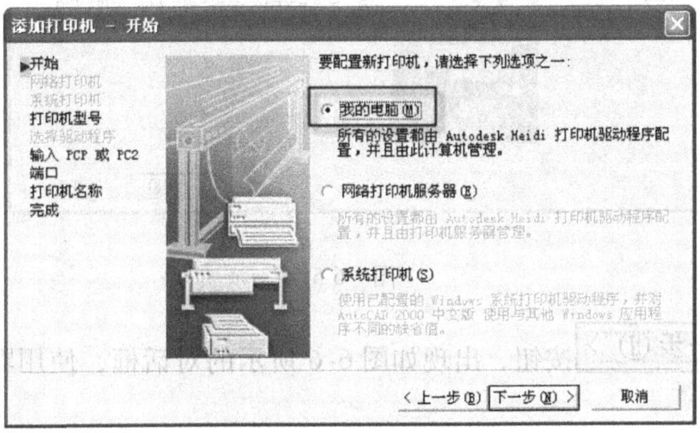
添加打印机 － 开始
开始
网络打印机
系统打印机
打印机型号
选择驱动程序
输入 PCP 或 PC2
端口
打印机名称
完成
要配置新打印机，请选择下列选项之一：
我的电脑(M)
所有的设置都由 Autodesk Heidi 打印机驱动程序配置，并且由此计算机管理。
网络打印机服务器(E)
所有的设置都由 Autodesk Heidi 打印机驱动程序配置，并且由打印机服务器管理。
系统打印机(S)
< 上一步(B)
下一步(N) >
取消

图 6-3

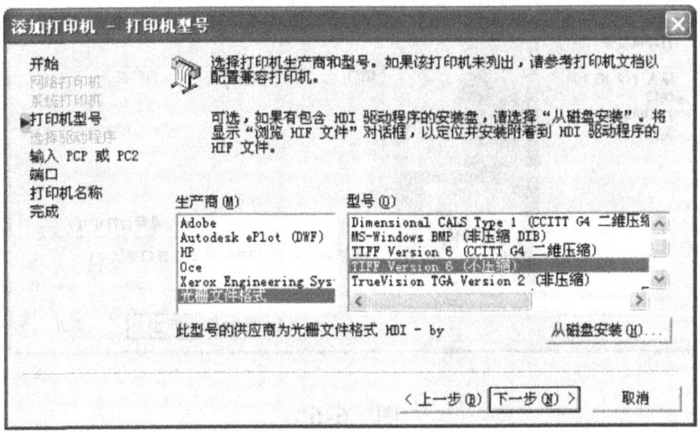
添加打印机 － 打印机型号
开始
网络打印机
系统打印机
打印机型号
选择驱动程序
输入 PCP 或 PC2
端口
打印机名称
完成
选择打印机生产商和型号。如果该打印机未列出，请参考打印机文档以配置兼容打印机。
可选，如果有包含 HDI 驱动程序的安装盘，请选择“从磁盘安装”。将显示“浏览 HIF 文件”对话框，以定位并安装附着到 HDI 驱动程序的 HIF 文件。
生产商(M)
Adobe
Autodesk ePlot (DWF)
HP
Oce
Xerox Engineering Sys
光栅文件格式
型号(O)
Dimensional CALS Type 1 (CCITT G4 二维压缩
MS-Windows BMP (非压缩 DIB)
TIFF Version 6 (CCITT G4 二维压缩)
TIFF Version 6 (不压缩)
TrueVision TGA Version 2 (非压缩)
此型号的供应商为光栅文件格式 HDI - by
从磁盘安装(H)...
< 上一步(B)
下一步(N) >
取消

图 6-4

提示与技巧

假如要打算转换为其他格式的图像文件，可以在右边方框选择相应选项。例如，选择“MS – Windows BMP（非压缩 DIB）”，可以转换为 .bmp 文件；选择“TrueVision TGA Version 2（非压缩）”，可以转换为 .tga 文件；选择“独立 JPEG 编组 JFIF（JPEG 压缩）”，可以转换为 .jpg 文件等。这里建议选择有“非压缩”字样的选项，以使图像质量更有保证。

（5）单击 下一步(N) > 按钮，出现如图 6-5 所示的对话框。

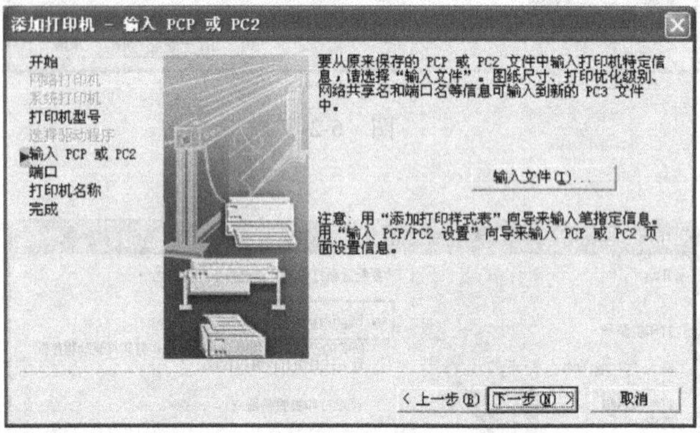

图 6-5

（6）单击 下一步(N) > 按钮，出现如图 6-6 所示的对话框，使用默认的“打印到文件”选项。

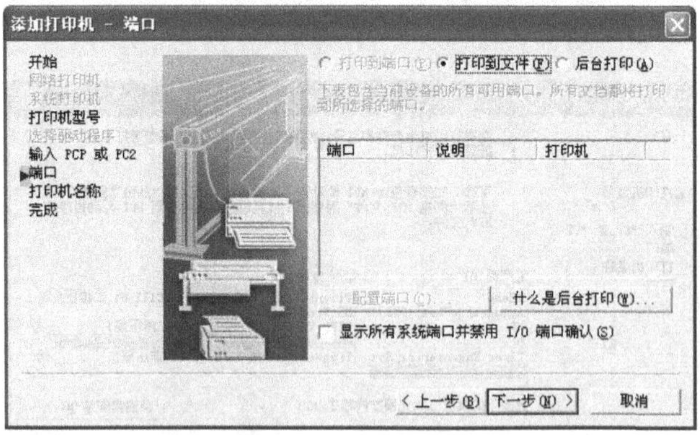

图 6-6

（7）单击 下一步(N) > 按钮，出现如图 6-7 所示的对话框，要求输入所添加的虚拟打印机的名称，也可以使用默认名称。

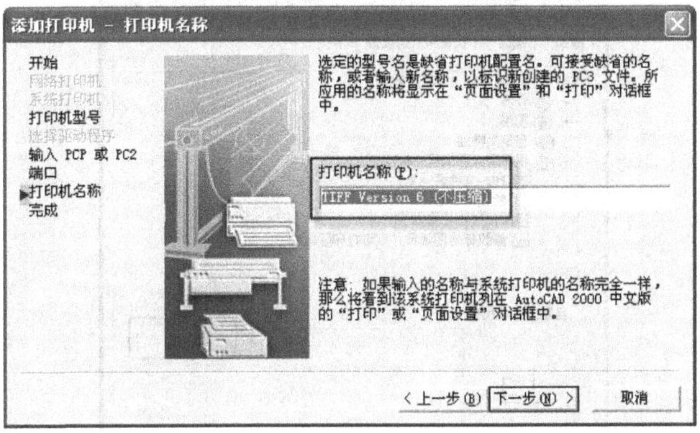

图 6-7

（8）单击 下一步(N) > 按钮，出现如图 6-8 所示的对话框，单击 完成 按钮，添加打印机的工作就完成了。

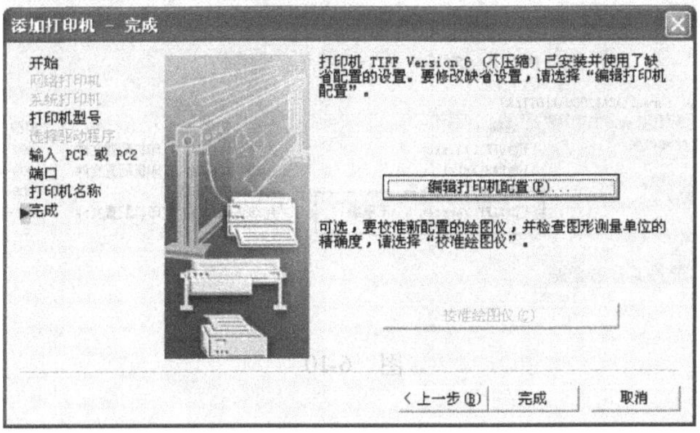

图 6-8

提示与技巧

此时，可打印的幅面为 1600×1280 像素，能满足大多数情况下的需要。如果要输出更大的图像，可以单击如图 6-8 所示的对话框中的 编辑打印机配置(P)... 按钮，打开“打印机配置编辑器”，如图 6-9 所示，选择“自定义图纸尺寸”，并单击 添加(A)... 按钮，新建图纸规格。

（9）现在，再打开“打印机管理器”，可以看到多了一项“TIFF Version 6（不压缩）”，如图 6-10 所示，表明“图像打印机”已经成功添加。

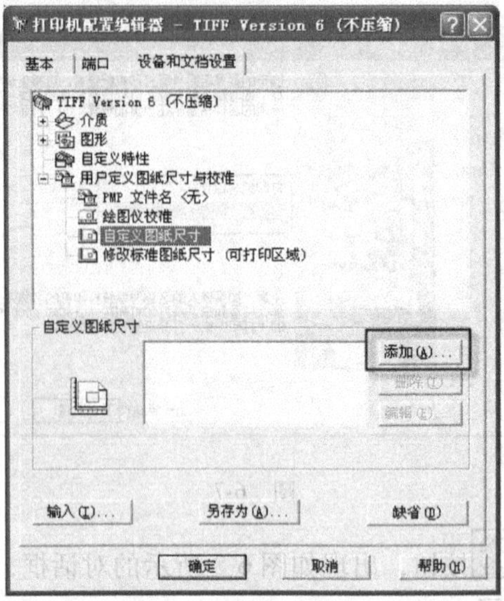

图 6-9

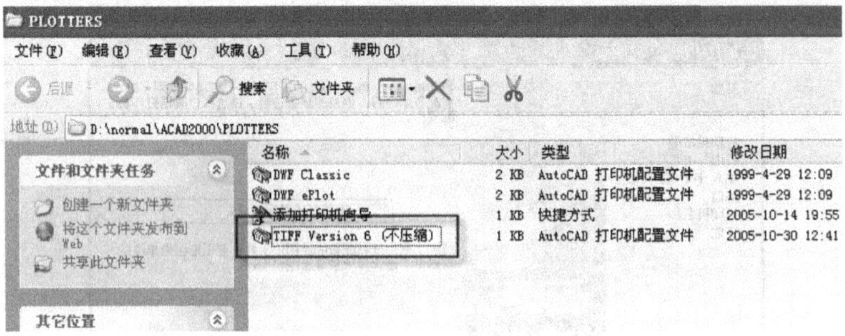

图 6-10

6.1.2 绘制规划平面图的图形

(1) 先键入 <units> 命令，然后按 <Enter> 键，打开“图形单位”对话框，其设置如图 6-11 所示。

(2) 建立如图 6-12 所示的 4 个图层，分别指定不同颜色。另外，为“图层 3”指定双点划线（DIVIDE）线型，线宽为 0.30mm。这 4 个图层将分别用于绘制规划图中的绿地、建筑、道路、分隔线等。

(3) 按 1∶1 比例（即以 AutoCAD 中的 1 个单位表示 1 毫米）在“图层 1”（蓝色）绘制如图 6-13 所示的路网图，文件见本书配套光盘中的 files \ 规划平面图 . dwg，用中文 AutoCAD 2000 绘制，此文件

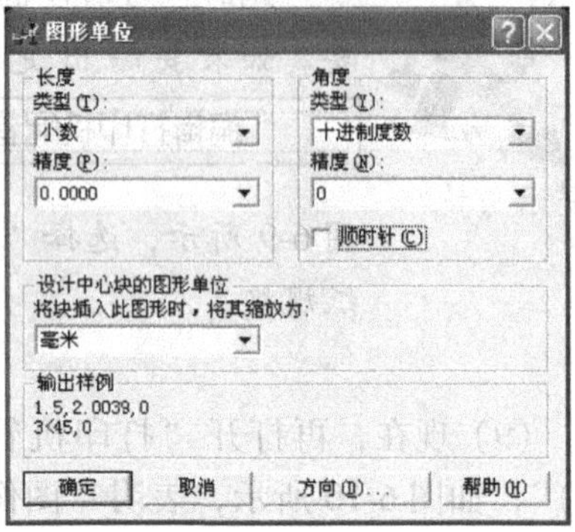

图 6-11

包含了后面要绘制的各个图层。

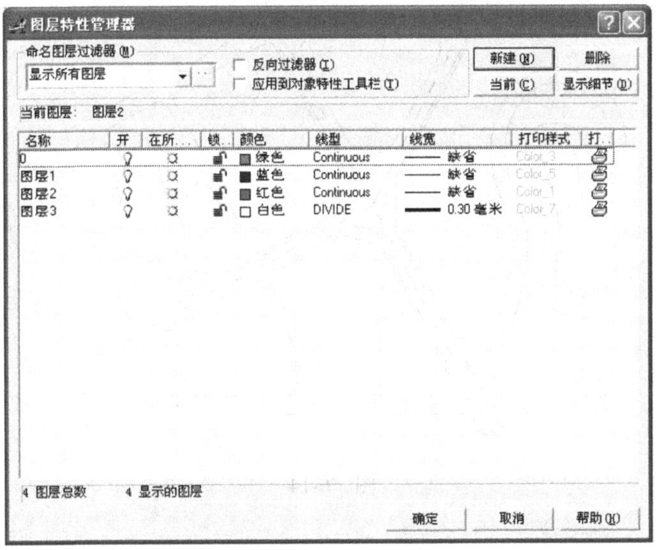

图 6-12

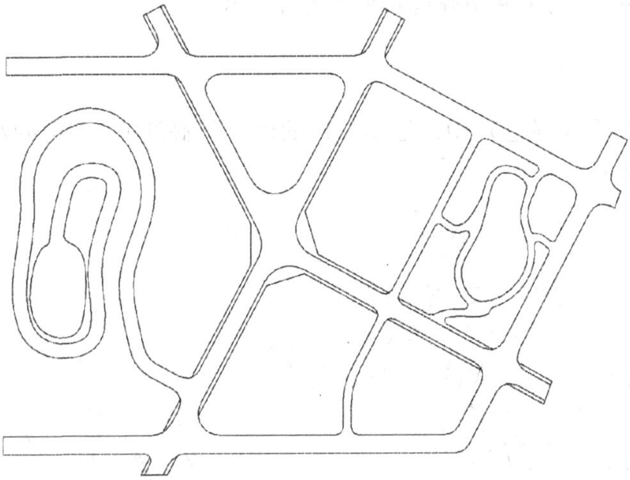

图 6-13

提示与技巧

为了便于后面在 Photoshop 中进行填充操作，所有道路端部均已封闭，这一点与平常用 AutoCAD 绘制规划图有所不同，绘制规划图时道路未画完一般是以开口状态留着的。

（4）在“图层 3”（白色）中绘制主要道路的中心线，如图 6-14 所示。

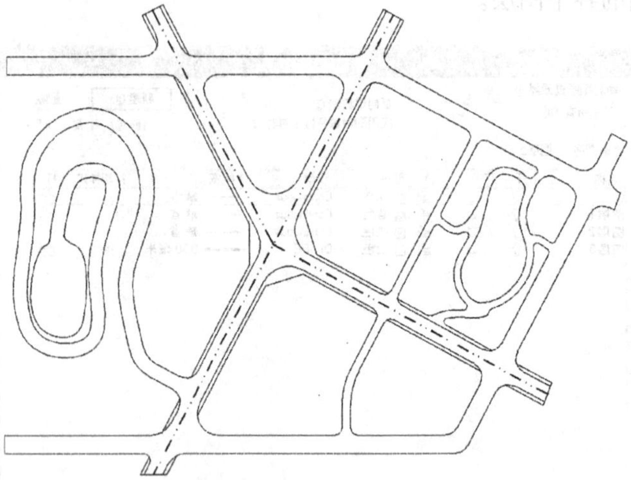

图 6-14

提示与技巧

将道路中心线单独放在一个图层中绘制，目的主要是便于后面在 Photoshop 中利用它制作道路中间的分隔线。

（5）在“图层 0”（绿色）中，绘制左边的山（等高线）、右边的水池及上面的广场绿地，如图 6-15 所示。

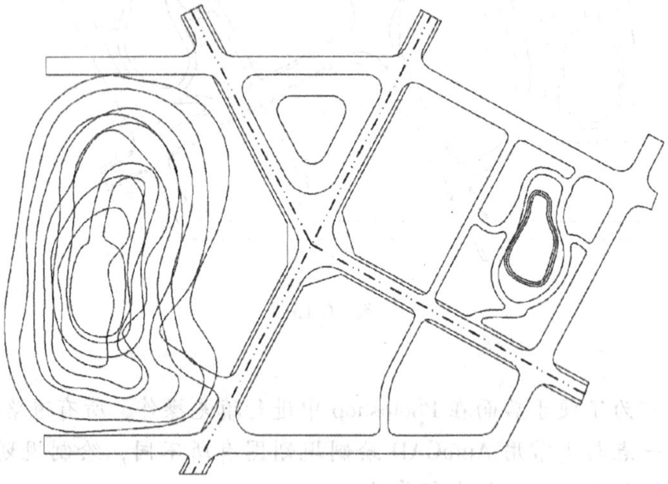

图 6-15

（6）在“图层 2”（红色）中，绘制建筑物和构筑物，如图 6-16 所示。

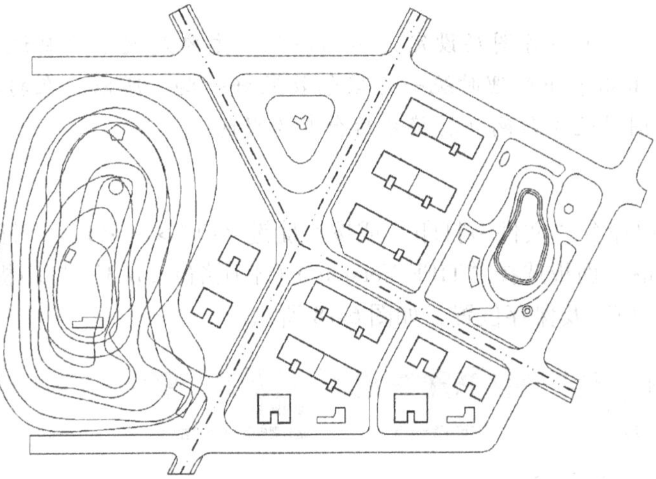

图　6-16

6.1.3　将图形各层转换为图像

(1) 下面将图形的 4 个图层转换为 4 张图像。先转换 0 图层，为此，键入 < Z > 命令，选择 E 选项，让图形最大化显示，关闭除 0 层以外的其他图层，如图 6-17 所示。

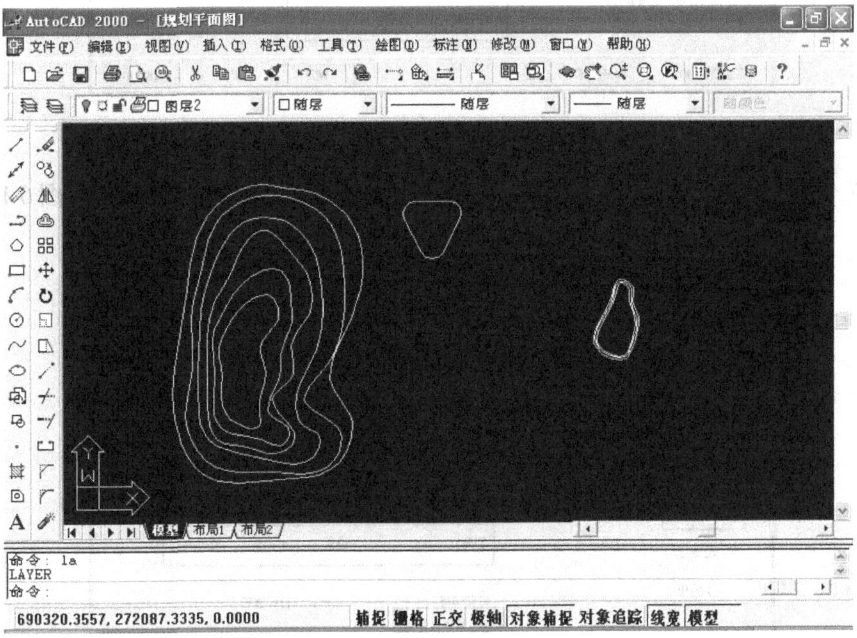

图　6-17

前面将各图层设定为不同颜色，主要是便于绘制过程中区分，而在Photoshop中处理时统一为黑色效果好一些，所以，在转换之前最好先将各图层改为白色（转换之后会变为黑色）。

提示与技巧

（2）执行菜单命令“文件→打印”或按快捷键<Ctrl>+<P>，打开“打印”对话框，在“打印设备”面板选择“TIFF Version 6（不压缩）.pc3”打印机，另外，输入图像文件名“绿地.tif”及保存位置，如图6-18所示。

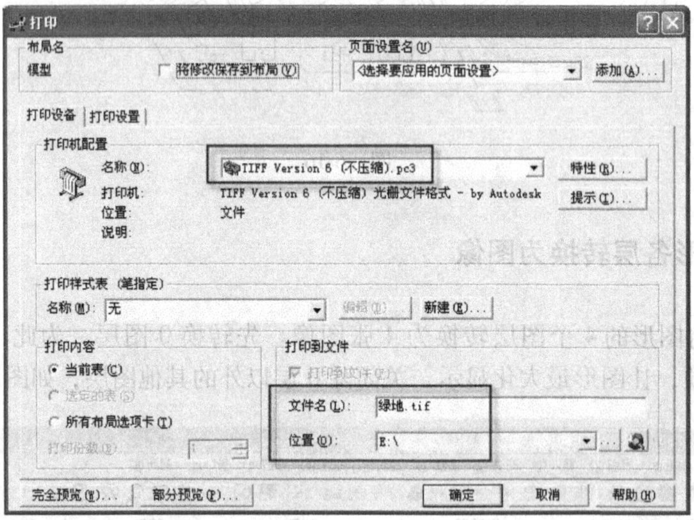

图 6-18

（3）切换到“打印设置”面板图纸尺寸、打印比例、打印区域等，设置如图6-19所示。

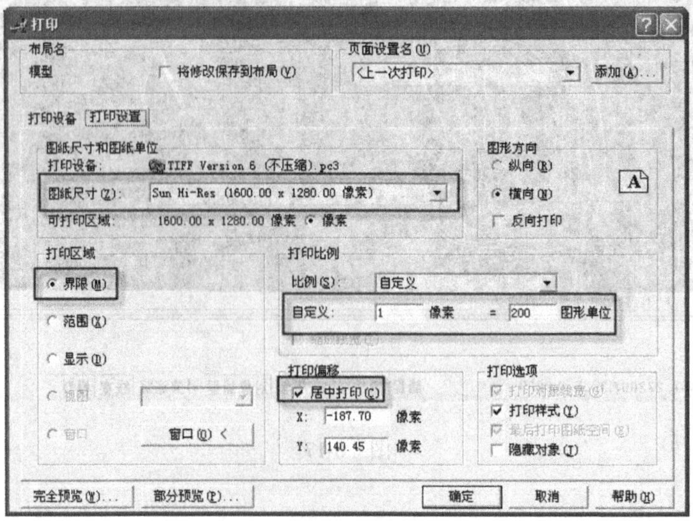

图 6-19

（4）设置完毕，可单击 完全预览(W)... 按钮查看打印范围，然后按 < Esc > 或 < Enter > 键返回“打印”对话框，调整设置或单击 确定 按钮输出图像。绿地图像如图 6-20 所示。

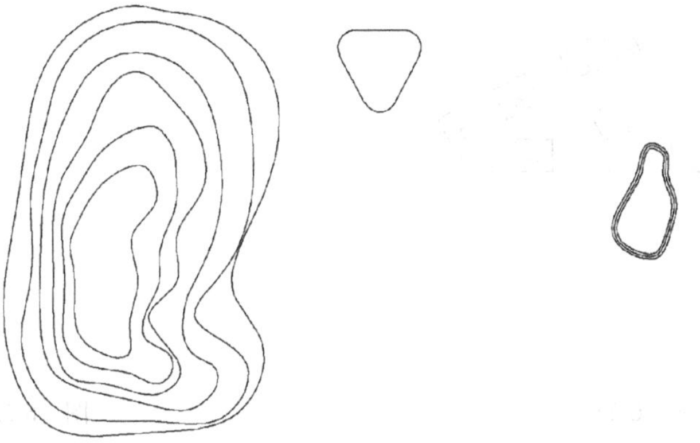

图　6-20

（5）以同样方法，输出道路图像，如图 6-21 所示。

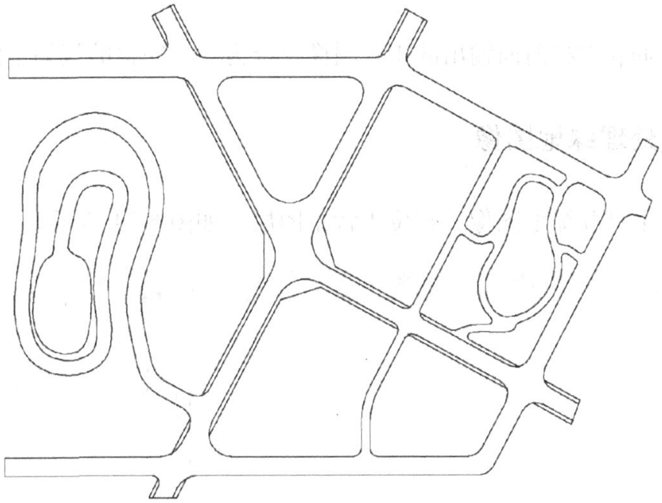

图　6-21

（6）输出建筑图像，如图 6-22 所示。
（7）输出分隔线图像，如图 6-23 所示。

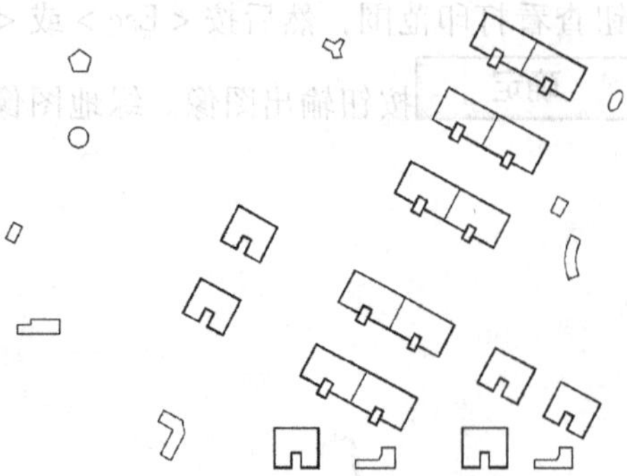

图 6-22

图 6-23

6.2 合成规划平面图

下面在 Photoshop 中将前面输出的 4 张图像叠合为一张完整的规划平面图。

6.2.1 调入并处理绿地图像

在 Photoshop 中打开绿地图像，它位于背景图层，如图 6-24 所示。

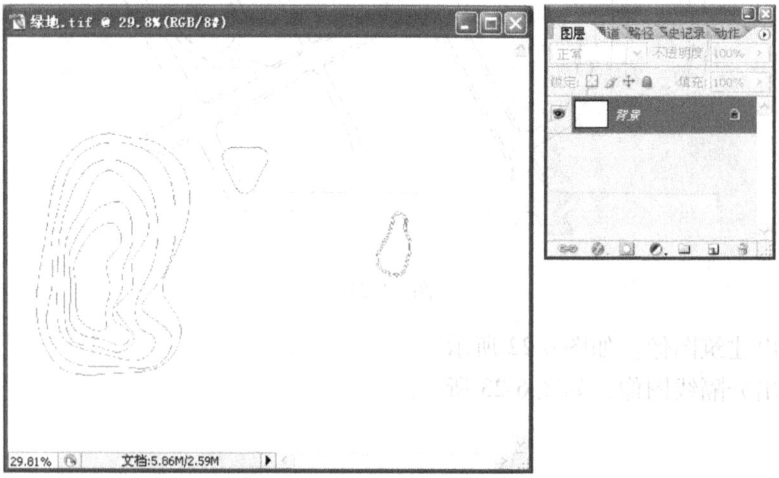

图 6-24

6.2.2 调入并处理道路图像

（1）在 Photoshop 中打开道路图像，按 <Ctrl> + <A> 键全选，按 <Ctrl> + <C> 键复制，关闭道路图像窗口，然后切换到绿地窗口，按 <Ctrl> + <V> 键将道路层粘贴在绿地层上面，成为“图层 1”，如图 6-25 所示。

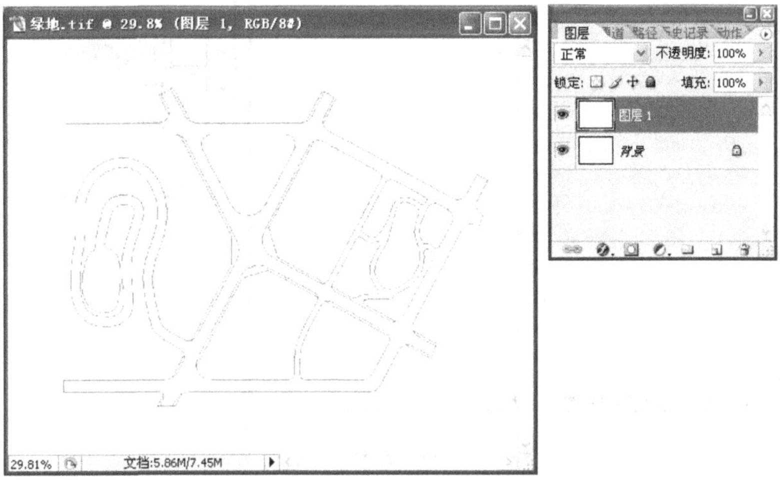

图 6-25

（2）此时，由于道路图层将绿地图层完全盖住了，所以，看不到绿地层中的等高线等内容。于是，进入道路图层即“图层 1”，选择魔棒工具，并去掉“连续”选项，选择白色区域，按 <Del> 键将白色区域去掉，结果透出了绿地层中的内容，如图 6-26 所示。

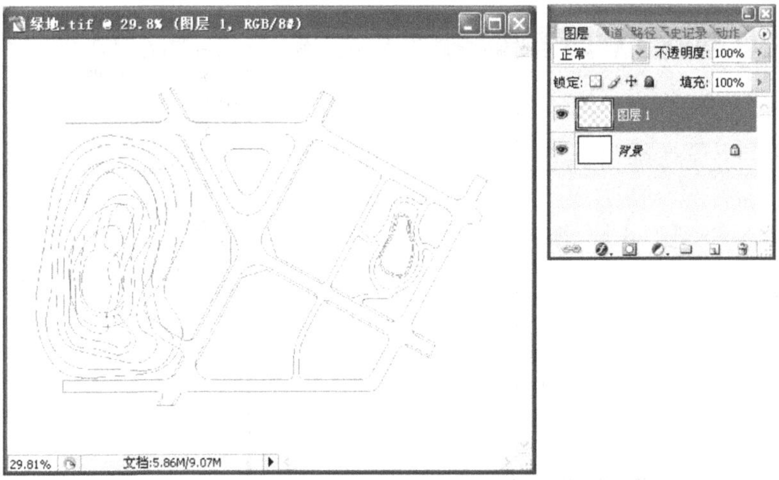

图 6-26

6.2.3 调入并处理建筑图像

打开建筑图像，复制到道路图层上面，形成“图层 2”，然后删除白色区域，结果如图 6-27 所示。

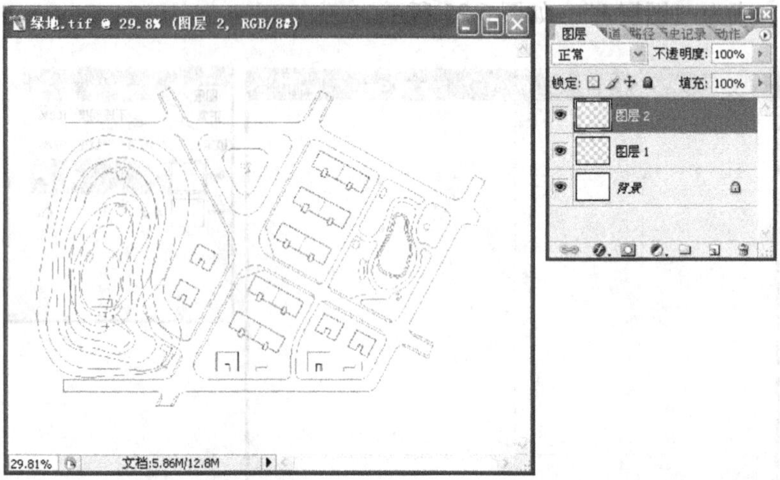

图 6-27

6.2.4 调入并处理分隔线图像

（1）打开分隔线图像，复制到建筑图层上面，形成“图层 3”，然后删除白色区域，结果如图 6-28 所示。

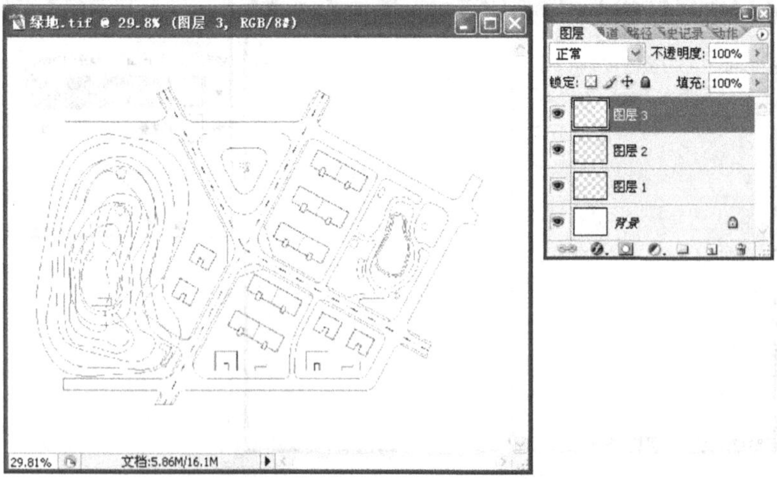

图 6-28

（2）将视图放大一些，效果如图 6-29 所示。

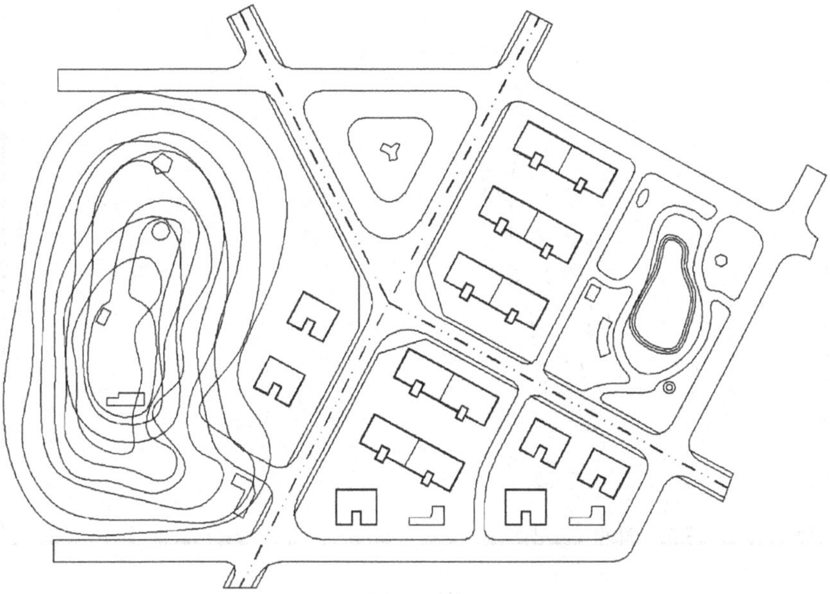

图 6-29

6.3 常见物体平面的绘制

本例中用到人行道、车行道、草地、水面、建筑、树木等规划图常见物体，下面介绍它们的平面及阴影绘制方法。

6.3.1 草地的绘制

（1）建筑规划图使用的比例通常为 1:500 或更小，在这种情况下，是不易看清一棵棵小草的，所以，一般不使用近距离拍摄的草地图片来表现，而用 Photoshop 的“添加杂色”滤镜来制作。在本例中，操作为：关闭除“背景”图层以外的所有图层，然后，进入“背景”图层，用魔棒工具选中黑线及水池，如图 6-30 所示。

（2）按 <Shift> + <Ctrl> + <I> 键反选，选中除黑线和水池以外的区域，如图 6-31 所示。

（3）将前景色设定为灰绿色，十六进制数值为 85b482，如图 6-32 所示。

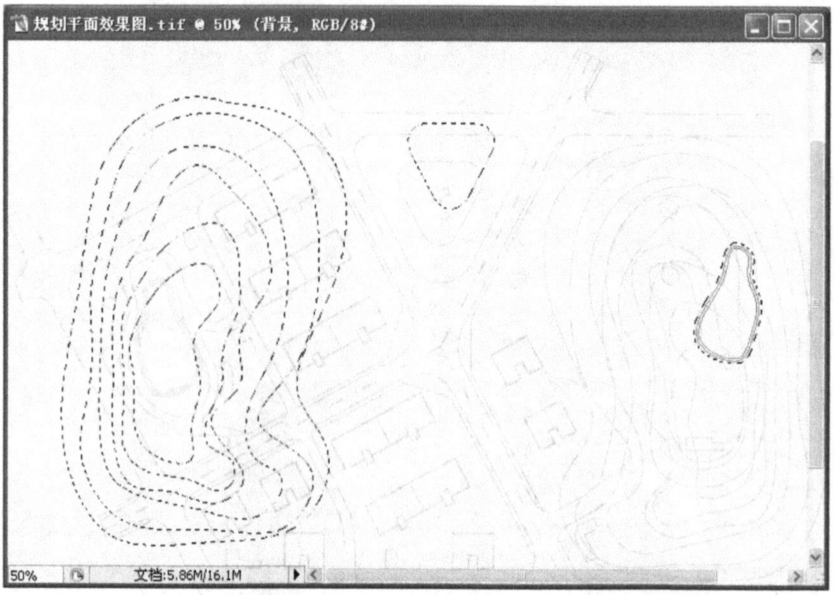
规划平面效果图.tif @ 50% (背景, RGB/8#)
50%
文档:5.86M/16.1M

图 6-30

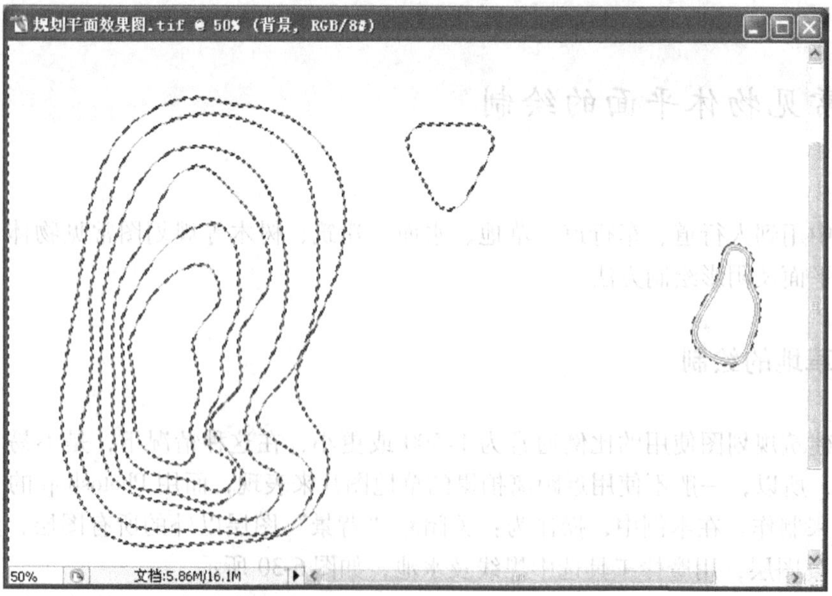
规划平面效果图.tif @ 50% (背景, RGB/8#)
50%
文档:5.86M/16.1M

图 6-31

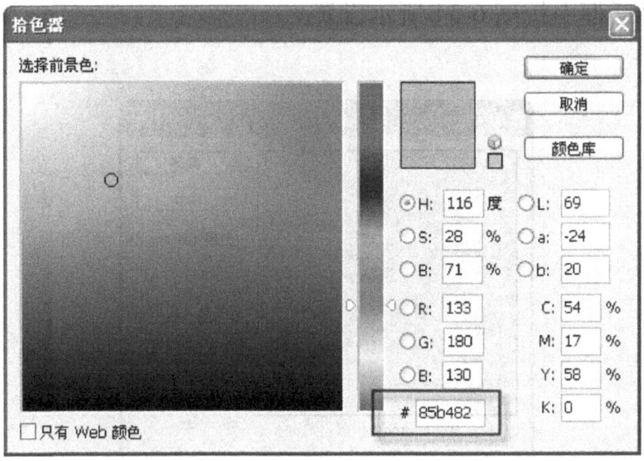

图　6-32

> 注意，在效果图处理和绘制中，一般不根据十六进制数值来调色，而是根据 RGB（红/绿/蓝）值或 HSB（色相/饱和度/明度）值调色。这里只是为了便于讲述，才使用十六进制数值。
>
> 提示与技巧

（4）按 < Alt > + < Delete > 键，用前景色填充选区，结果如图 6-33 所示。

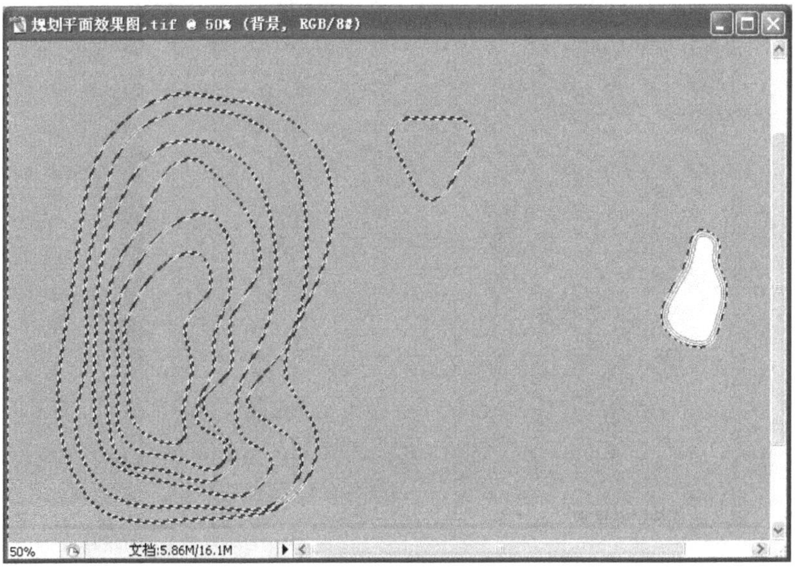

图　6-33

（5）草地出现了，但很不真实，下面来添加一些杂色。执行菜单命令“滤镜→杂色→添加杂色”，在对话框中按图 6-34 所示设置。

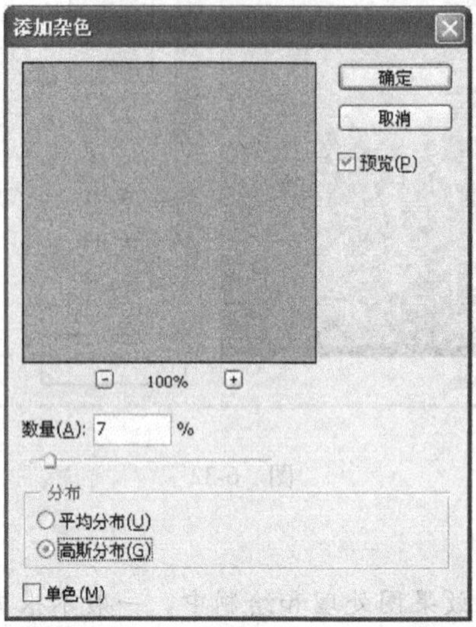

图 6-34

（6）按 <Ctrl> + <D>键取消选择，添加杂色后结果如图 6-35 所示。

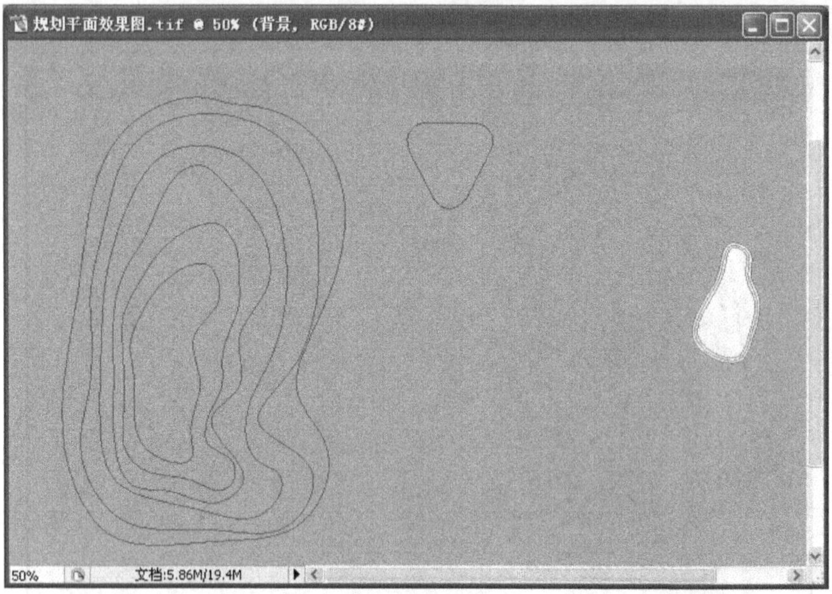

图 6-35

6.3.2　水面的绘制

（1）可以直接用水面或天空图片的填充来进行水面的绘制，但要注意控制纹理大小及模糊程度。具体操作为：用魔棒工具选中水池的水面部分，这里确定从中间黑线开始往内为水面，往外为水池的砌体池壁，如图 6-36 所示。

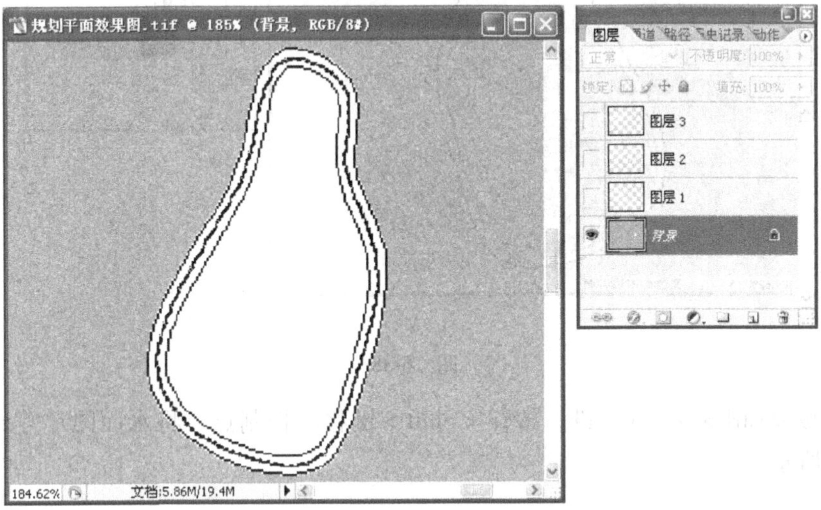

图　6-36

（2）打开如图 6-37 所示的水面图片，见本书配套光盘中的 files \ 水面 5. gif。

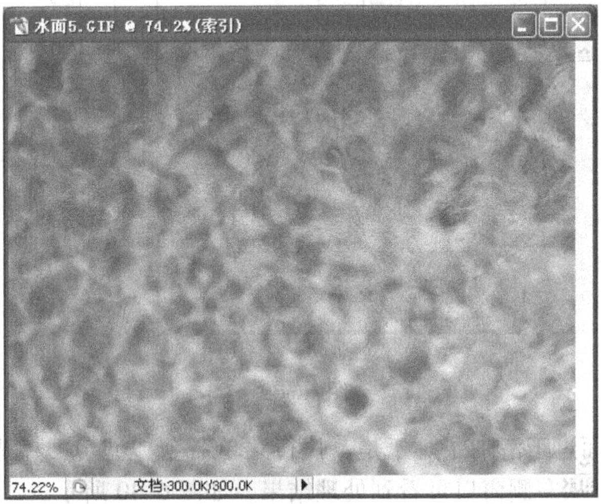

图　6-37

（3）复制它然后关闭，在规划效果图窗口按 <Shift> + <Ctrl> + <V> 键，将水面粘贴到选区中，注意图层面板中自动产生一个新图层“图层 4”，如图 6-38 所示。

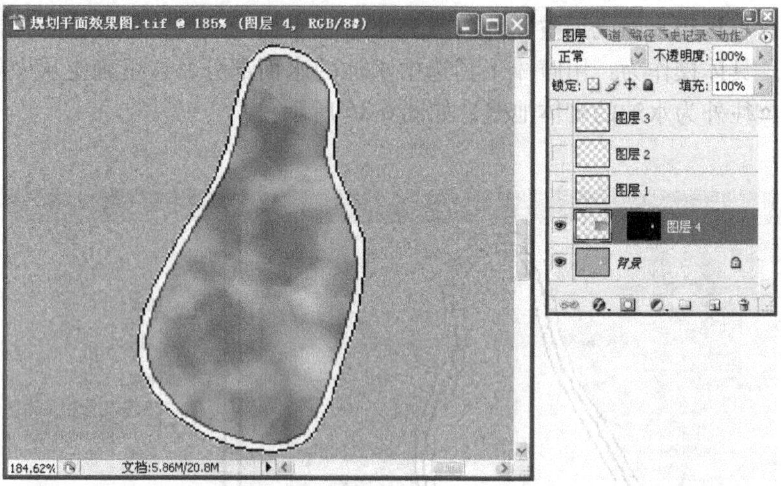

图 6-38

（4）按 <Ctrl> + <T> 键，按住 <Shift> 键移动控制点，将水面图片等比例缩小，如图 6-39 所示。

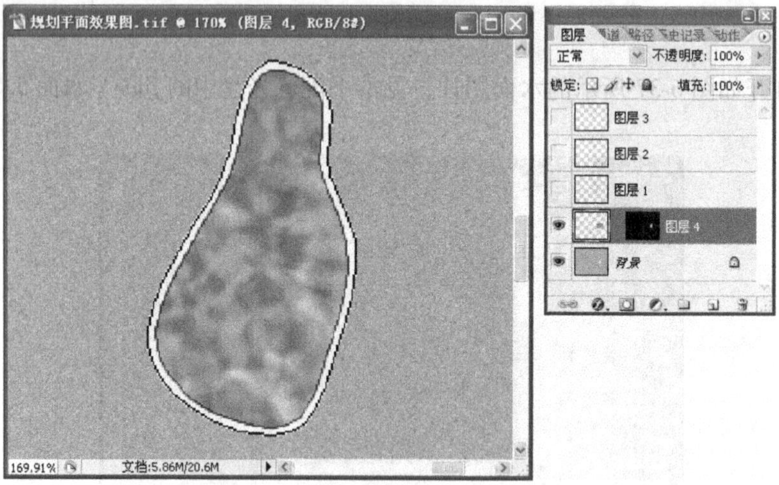

图 6-39

（5）显然，水面过于清晰了。于是，执行菜单命令“滤镜→模糊→高斯模糊”，将半径设定为 4 像素，从左侧窗口可看到处理结果，如图 6-40 所示。

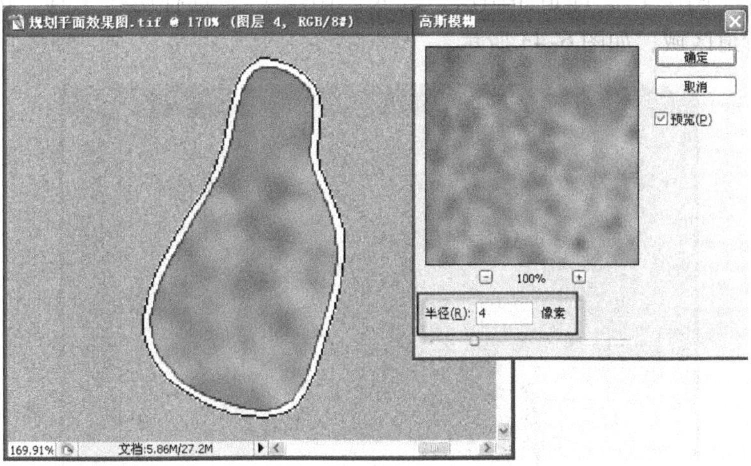

图　6-40

> 提示与技巧
>
> 对于明暗、色彩，后面再集中调整，这里暂且不管它。其他物体也是这样，后面不再重复。

6.3.3　人行道的绘制

（1）人行道可用图案填充的方法绘制，在本例中具体操作为：打开如图 6-41 所示的人行道花砖图片，见本书配套光盘中的 files \ TILE03. jpg。

（2）执行菜单命令“编辑→定义图案”，随意输入一个图案名称，如图 6-42 所示，然后单击 确定 按钮，定义图案的工作就完成了。

图　6-41

图　6-42

（3）打开“图层 1”，即道路图层，进入“图层 1”，选择魔棒工具，按住 <Shift> 键，选择人行道区域，如图 6-43 所示。

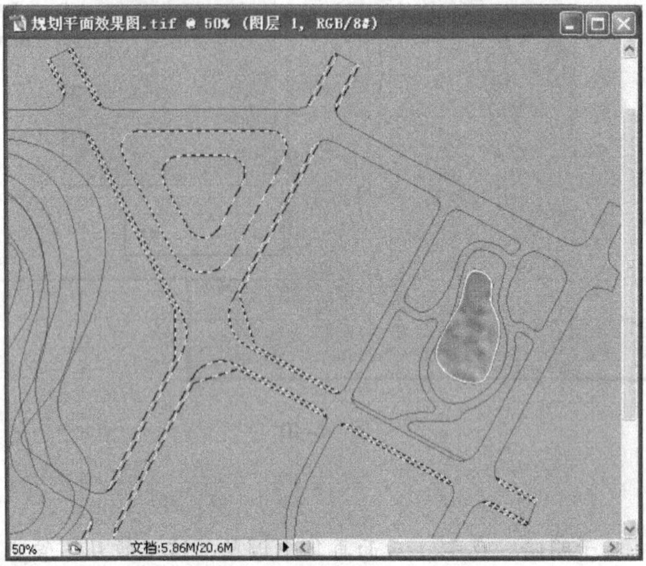

图 6-43

（4）观察图中可知，水池左下侧的人行道还没有被选中，如果继续用魔棒去点，会连同车行道也选进来。遇到这种情况，可以进入快速蒙版模式继续选择，即单击按钮，切换到快速蒙版模式，如图 6-44 所示。

图 6-44

（5）此时，图中所有红色覆盖区域就是未选区域，相反，无红色覆盖的区域就是选区。要选的人行道此时表现为红色，表明没有在选区内，只要想办法将它上面的红色去掉，就可以让它进入选区，办法就是用橡皮擦工具去擦，结果如图 6-45 所示。

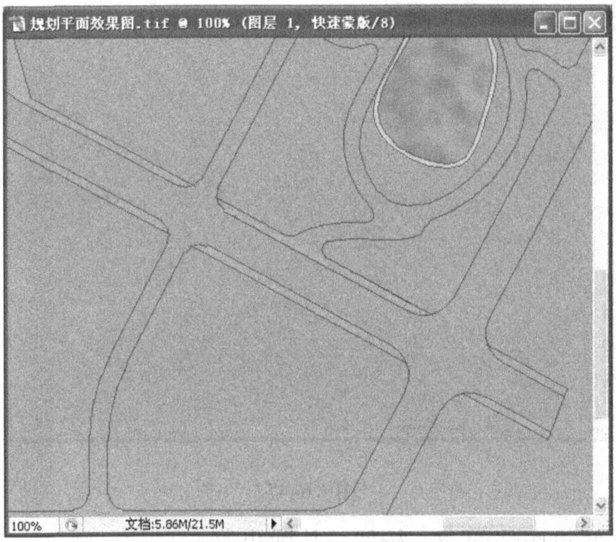

图 6-45

（6）另外，这里将水池周围的小路也归于人行道，因此也应选中，操作方法也是用橡皮擦擦去红色，如图 6-46 所示。当然，可以用更简便的方法选中小路，这里主要是让大家熟悉这种方法。

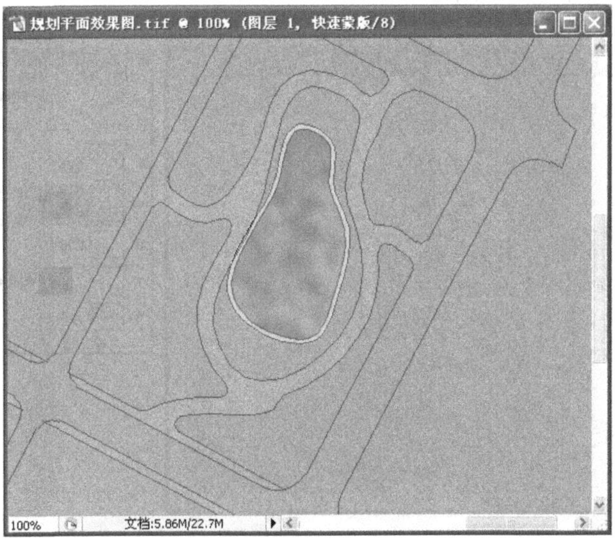

图 6-46

（7）单击按钮，回到普通编辑模式，查看以虚线表示出来的选区，如图 6-47 所示。

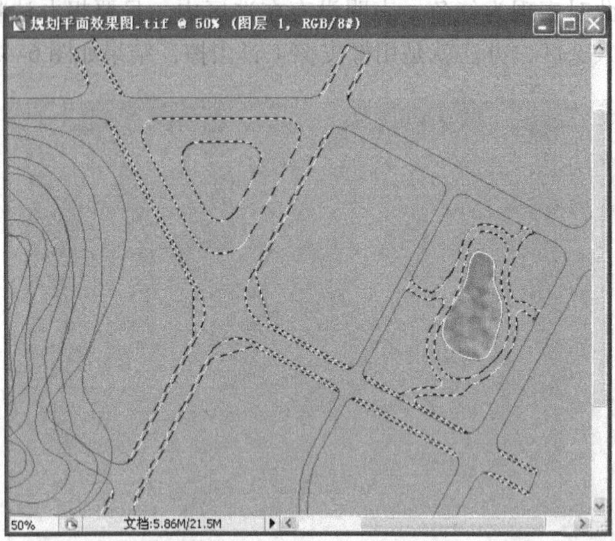

图 6-47

（8）单击图层面板底部的 按钮，从弹出菜单上选择“图案”命令，出现“图案填充”对话框，左边为刚才定义的花砖图案，如果不是，可以单击图案选择，然后，将“缩放”值调整为1%，如图6-48所示。

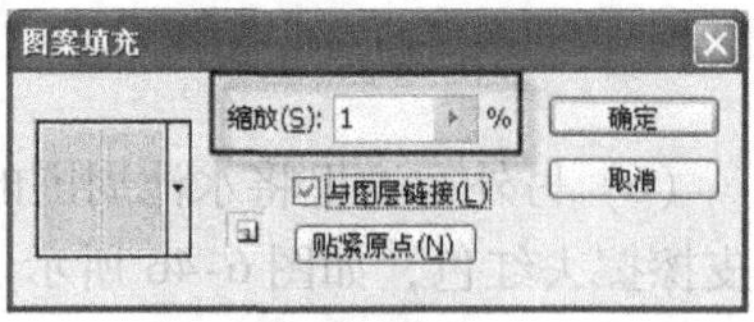

图 6-48

（9）填充结果如图6-49所示。

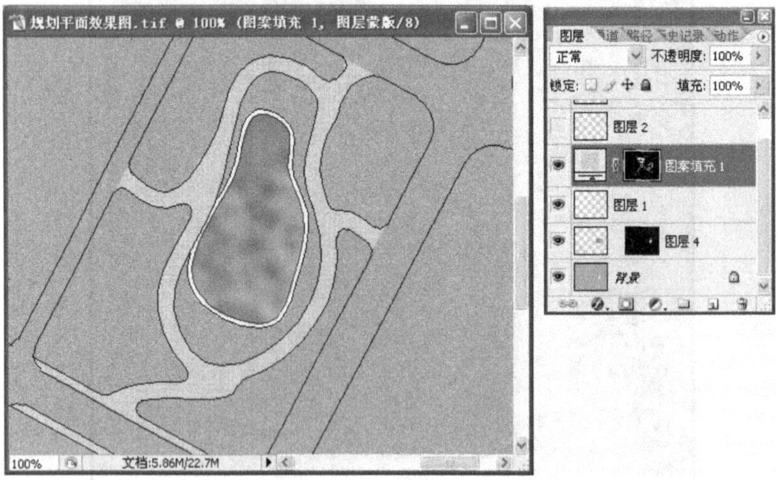

图 6-49

提示与技巧

注意，此时图层面板中会自动产生一个新图层，即“图案填充 1”图层，里面包含了一个图层蒙版，如图 6-50 中箭头所指即是，它代表了当前的人行道选区。只要需要，随时按住 < Ctrl > 键，单击图层蒙版就可以载入人行道选区。

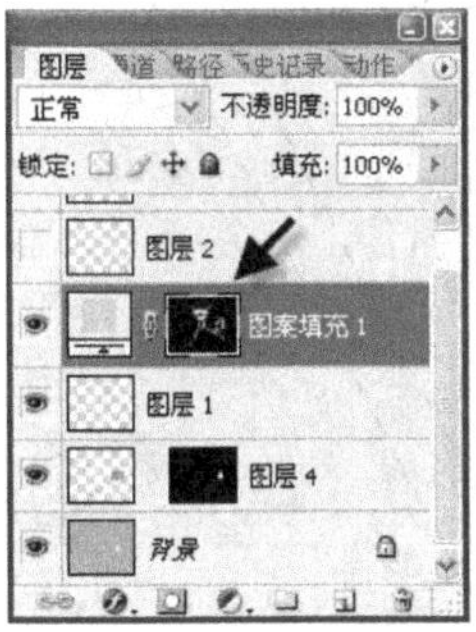

图　6-50

6.3.4　车行道的绘制

（1）可使用蓝灰色填充，以模拟一般的水泥路面效果，关键是要注意选区的选择技巧。选择“图层 1”，利用魔棒工具选择车行道，注意此时的实际结果是连人行道也选中了，如图 6-51 所示。

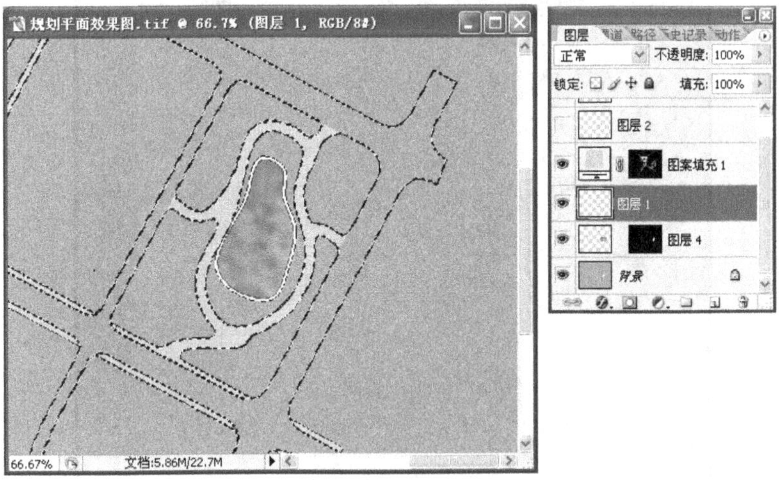

图　6-51

（2）应该将人行道排除在选区外才符合要求，这时，可以用到前面的图层蒙版了。要减除某选区应按 < Alt > 键，而要通过图层面板载入选区应按 < Ctrl > 键，于是，按住

<Alt> + <Ctrl>键，单击“图案填充 1”图层中的图层蒙版，人行道被减去，如图 6-52 所示。

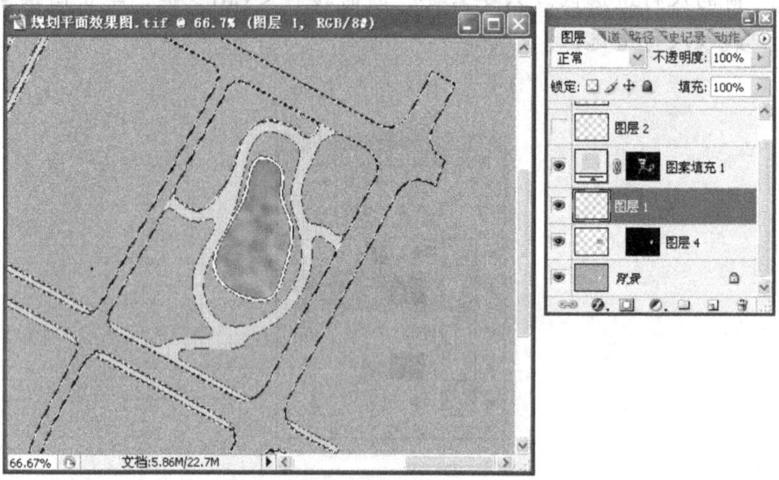

图 6-52

（3）按理说现在的选区就应该是车行道了，实际是不是这样呢？以虚线的方式不便查看，可以单击按钮，切换到快速蒙版模式，注意，没有被红色覆盖的区域就是选区，如图 6-53 所示。显然，此时有 3 块草地也在选区内，出现这样的情况，是由于前面将图形转换为图像时，局部线条产生了断裂，现在应将这 3 块区域从车行道选区去掉。

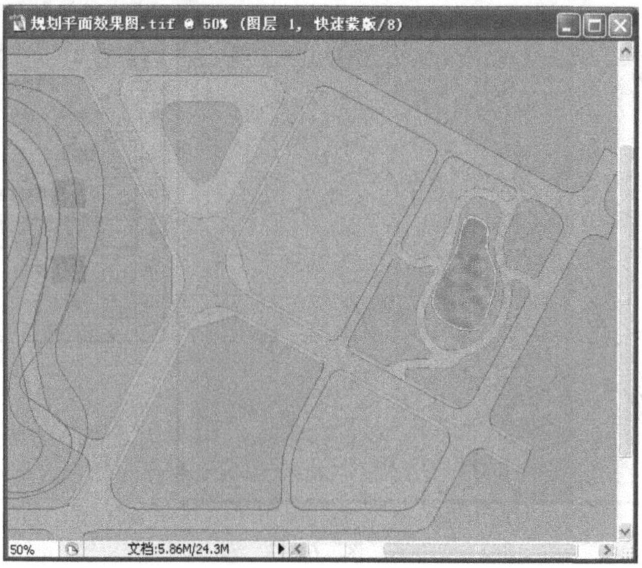

图 6-53

(4) 既然有红色覆盖就表示是非选区，那么只要为这 3 块区域盖上一层红色问题即可解决。操作是：选择画笔工具，在 3 块区域上涂抹，结果如图 6-54 所示。

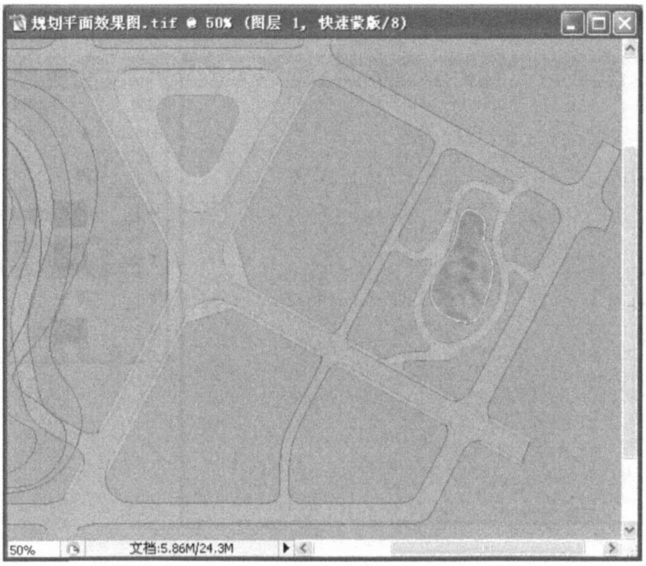

图 6-54

(5) 现在单击按钮，回到普通编辑模式，查看以虚线表示的选区，如图 6-55 所示，这就是真正需要的车行道选区。

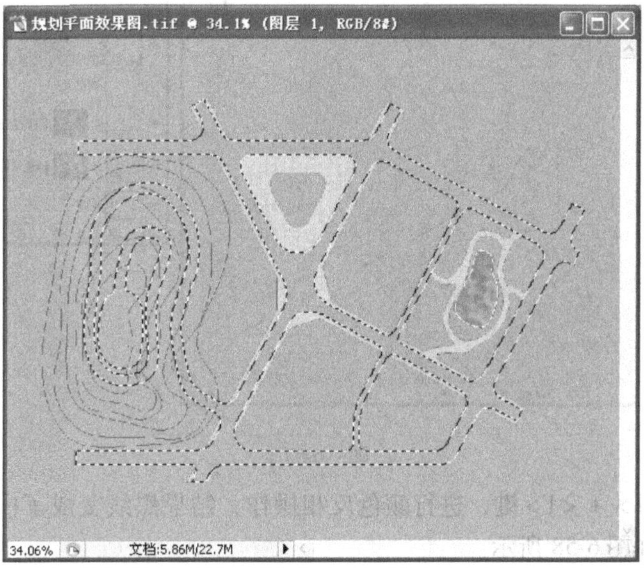

图 6-55

（6）单击图层面板中的按钮，选择“纯色”命令，将颜色设定为蓝灰色，颜色值为 a5b0bc，然后填充，结果如图 6-56 所示。这里，也跟前面进行图案填充时一样，自动产生了一个带图层蒙版的“颜色填充 1”图层，其蒙版表示的是车行道选区。

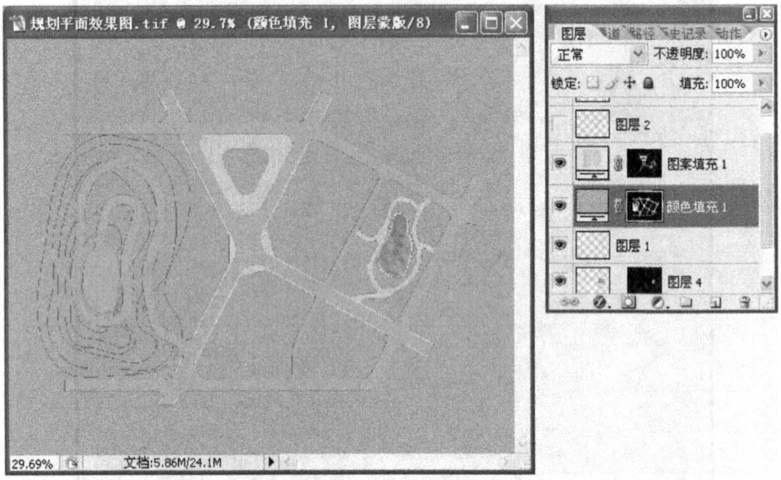

图 6-56

（7）要使车行道效果更真实，应制作出中间的白色分隔线。于是，打开“图层 3”即分隔线图层，进入“图层 3”，选择橡皮擦工具，擦去点画线上的点，如图 6-57 所示。

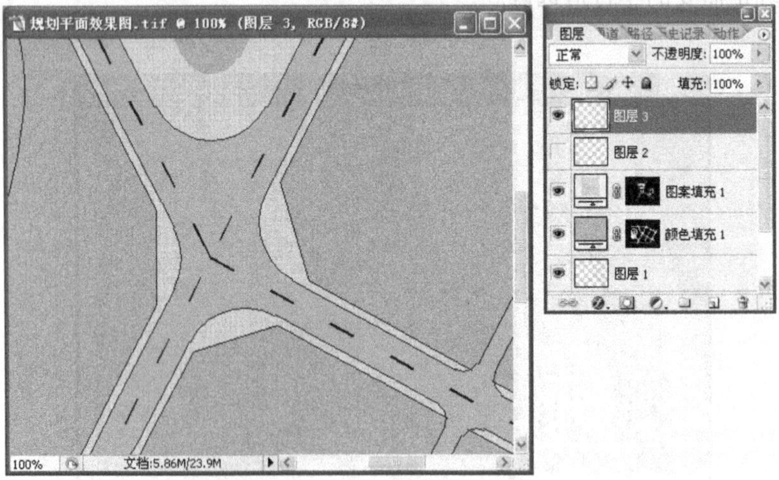

图 6-57

（8）按 <Ctrl> + <I>键，进行颜色反相操作，结果黑线变成了白色，形成了道路分隔线的效果，如图 6-58 所示。

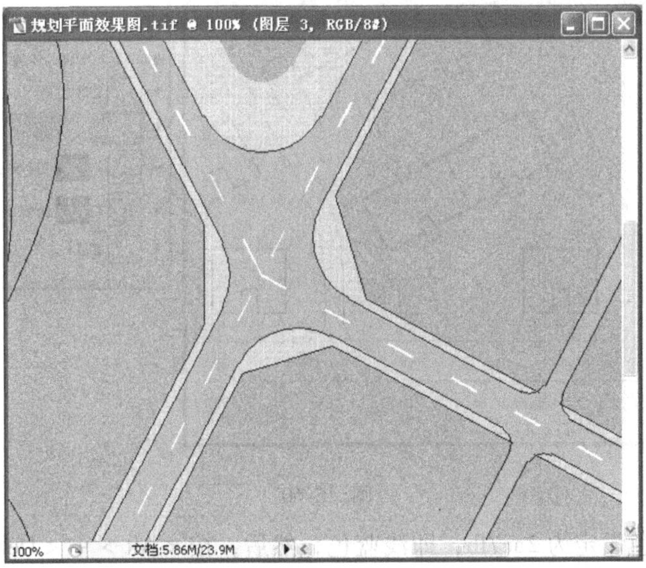

图　6-58

6.3.5　建筑及阴影的绘制

（1）绘制建筑可用纯色填充方法，要注意其阴影的绘制方法。下面通过实例说明。首先，打开建筑图层，即“图层 2”，如图 6-59 所示。

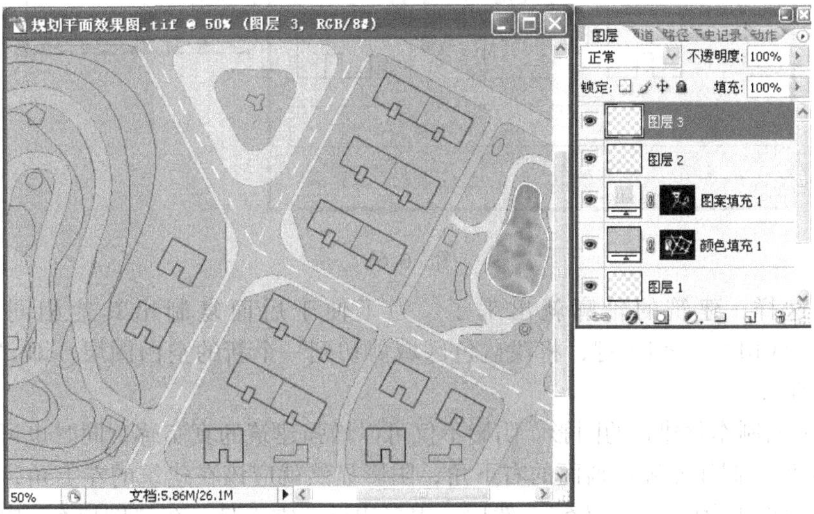

图　6-59

（2）进入“图层 2”，用魔棒工具选中一座建筑的屋面，如图 6-60 所示。

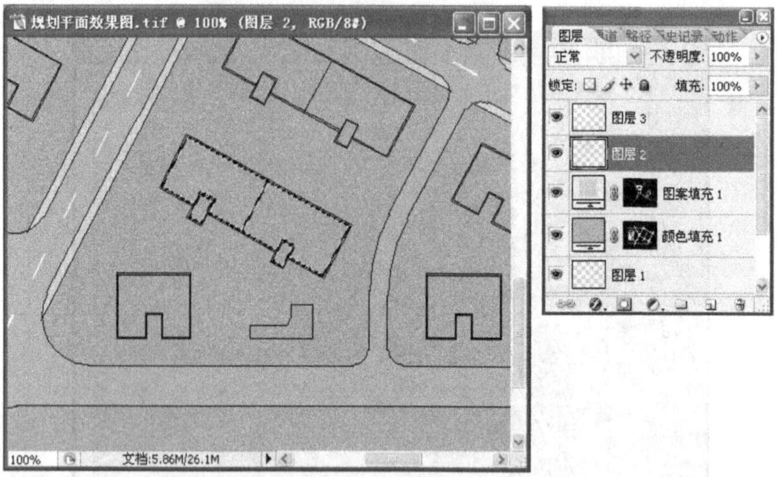

图 6-60

(3) 将前景色设定为2ac7fb，即浅蓝色，然后，按<Alt> + <Delete>键填充，结果如图6-61 所示。

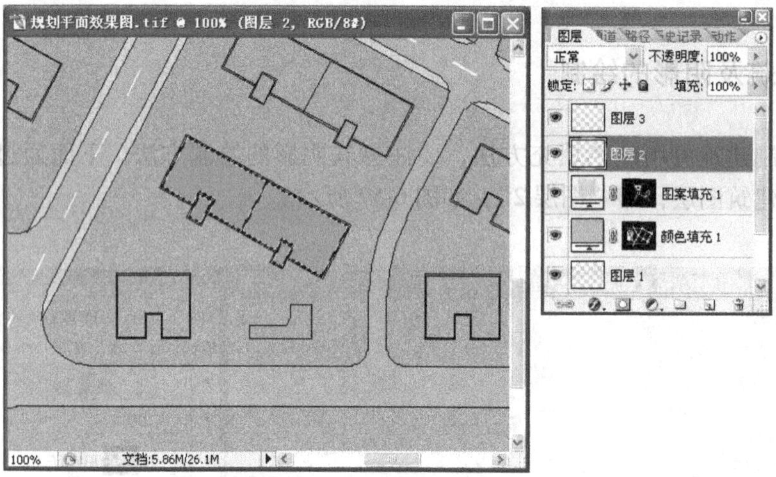

图 6-61

(4) 这样，建筑的轮廓就出来了。为了便于后面复制出其他相同建筑，按<Shift> + <Ctrl> + <J>键，将浅蓝色区域剪切到一个新的空白图层，即“图层 5”，如图6-62 所示。

(5) 下面制作此建筑的阴影。阴影不仅可以增强建筑的真实感，同时也可间接反映出建筑的高度。假如光源在画面的右下角，阴影显然就应该在建筑的左上角，制作方法为：新建一个空白图层“图层 6”，然后，用多边形套索工具，在“图层 6”中建筑左上角绘制出阴影范围，如图6-63 所示。

(6) 将前景色设定为纯黑色，然后，按<Alt> + <Delete>键填充，并将“图层 6”的“不透明度”设定为30%，按<Ctrl> + <D>取消选区，结果如图6-64 所示。

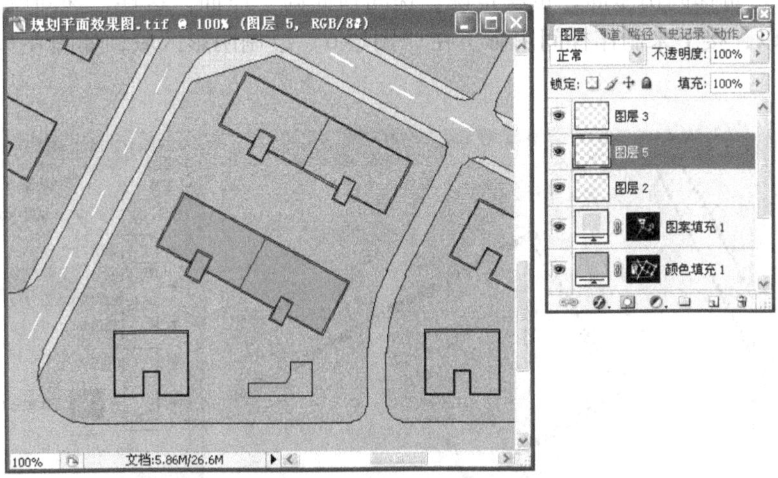

图 6-62

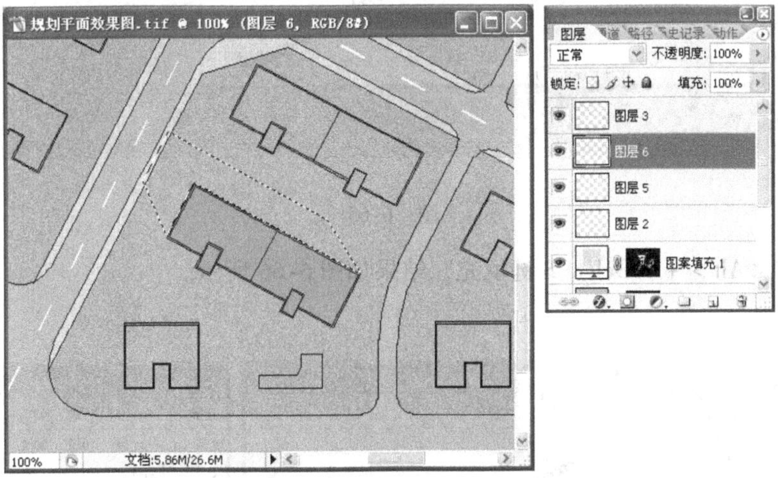

图 6-63

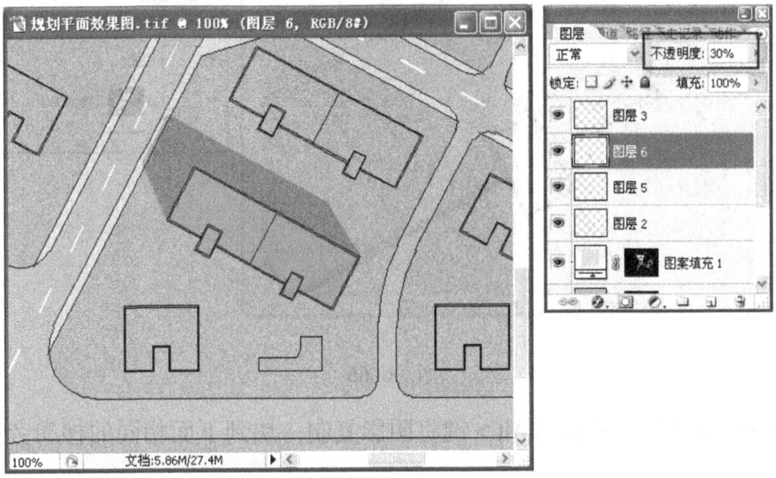

图 6-64

（7）此建筑梯间出屋面，也就是说，梯间顶面高于屋面，这样，梯间就会在屋面投下阴影，所以，接下来制作梯间阴影。在“图层 6”绘制阴影区域，如图 6-65 所示。

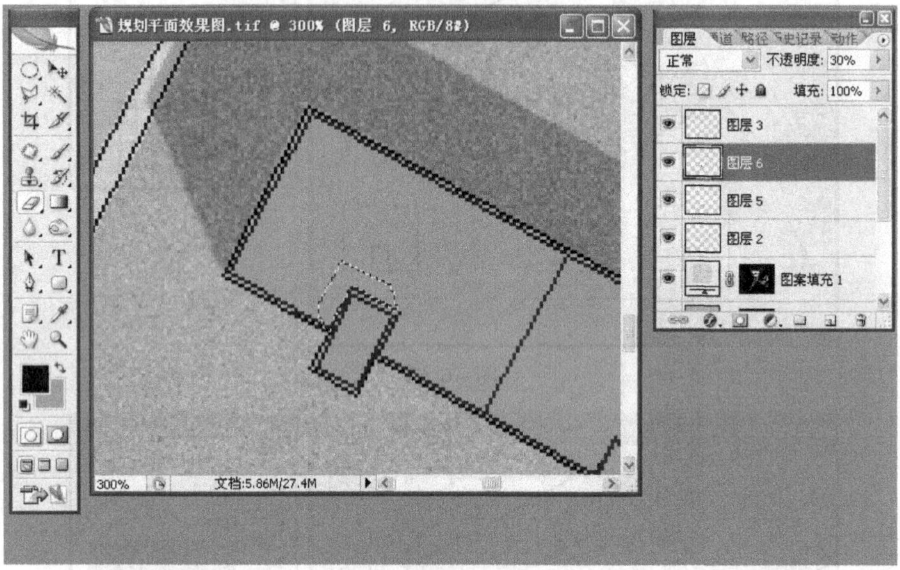

图 6-65

（8）按 <Alt> + <Delete> 键填充，结果如图 6-66 所示。

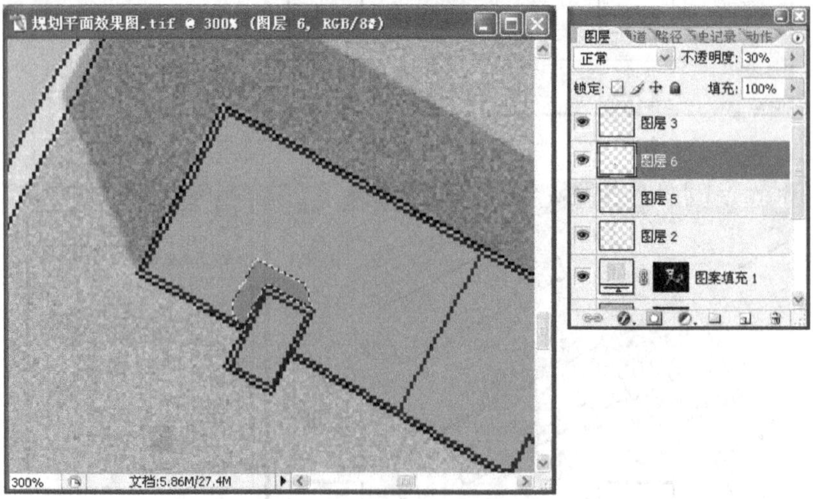

图 6-66

（9）选择移动工具，按住 <Alt> 键将阴影复制一块到下面相同的梯间旁边，结果如图 6-67 所示。

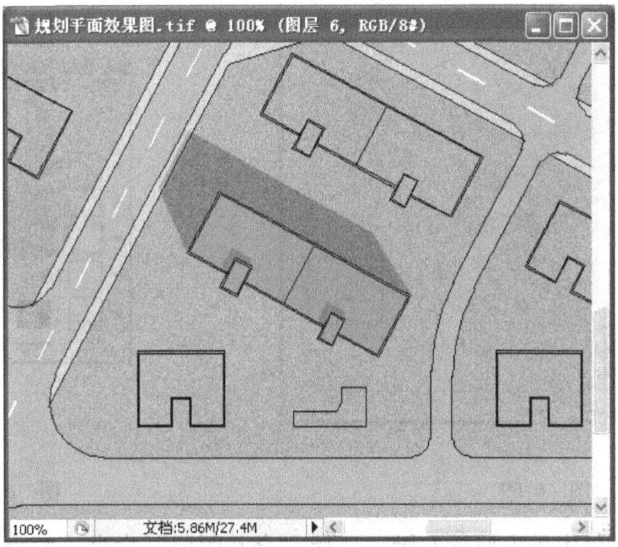

图 6-67

（10）女儿墙也高于屋面，所以也要在屋面产生阴影。因此，继续绘制如图 6-68 所示的女儿墙阴影区域，如图 6-68 所示。

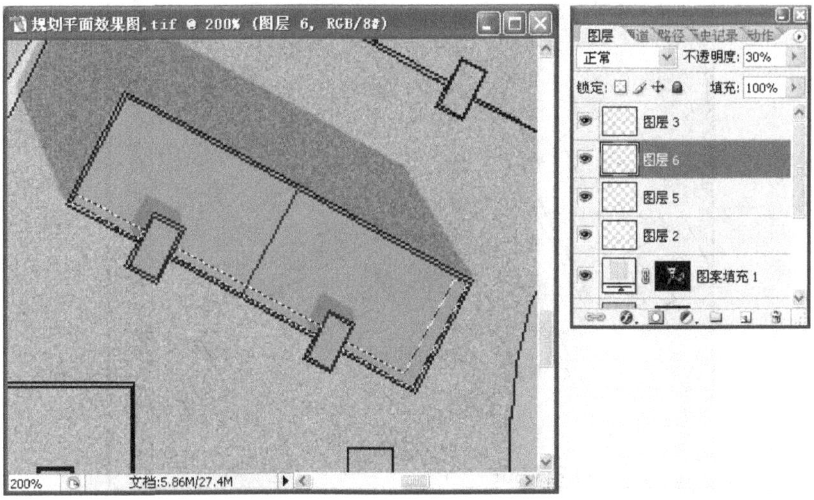

图 6-68

（11）以黑色填充，结果如图 6-69 所示。这样，此建筑的阴影就制作完毕。

（12）为了便于拖动复制，可将建筑和其阴影图层合并为一个图层。于是，在图层面板中，按住 <Ctrl> 键，同时选中“图层 5”和“图层 6”，如图 6-70 所示。

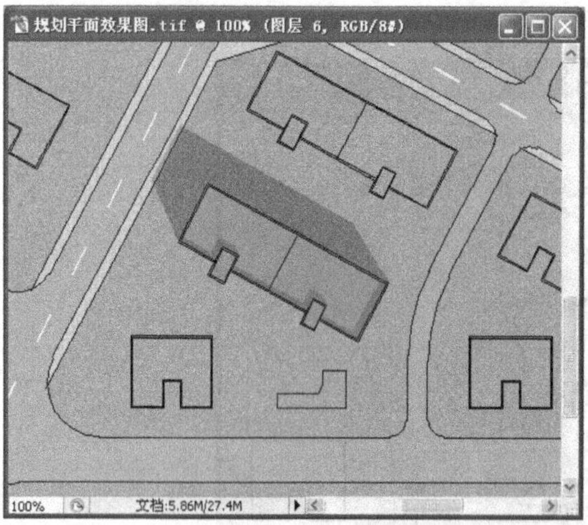

图 6-69

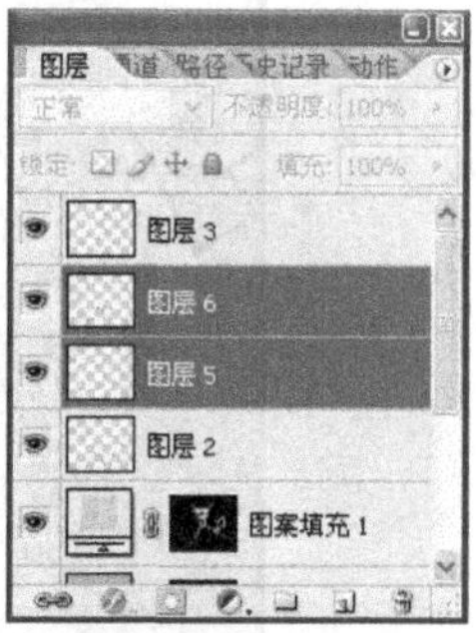

图 6-70

（13）在图层面板中单击鼠标右键，选择“合并图层”命令，两个图层合并为一个图层，即“图层 6”。

（14）选择移动工具，按住 < Alt > 键，将建筑及阴影复制到其他相同建筑位置，结果如图 6-71 所示。

图 6-71

（15）以同样方法绘制其他建筑及阴影，注意，矮建筑的阴影离建筑较近。另外，这里商业建筑用红色表示，颜色值为 fa7171。所有建筑（包括三角广场雕塑）的阴影绘制完毕后效果如图 6-72 所示。

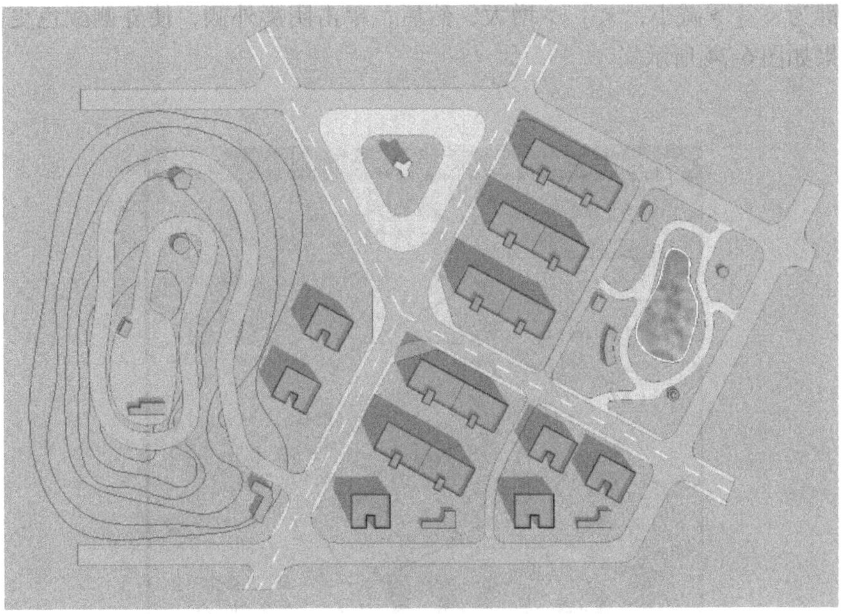

图　6-72

（16）为了使效果更加逼真，可以制作出较高建筑及雕塑阴影的衰减效果，至于低层建筑，因衰减不明显，可以不管它。要制作这种效果，可以使用渐变工具，也可以使用减淡工具，这里使用后者。选择移动工具，按住＜Ctrl＞键，单击某建筑阴影，进入此阴影所在图层，用魔棒工具选中阴影选区，如图 6-73 所示。

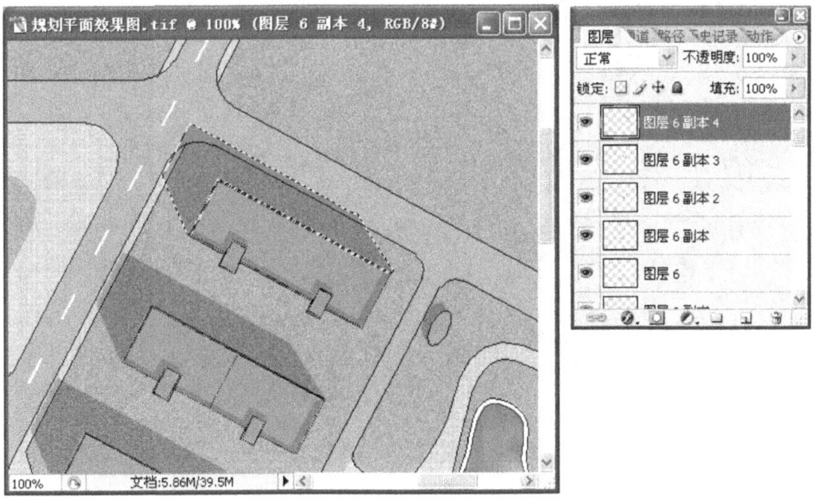

图　6-73

（17）选择减淡工具，在选项栏中“范围”右边选择“阴影”，将画笔调整到适当大小，快捷键为<［>减小，<］>增大，然后，单击阴影外侧，使外侧颜色更浅，取消选择后结果如图 6-74 所示。

图 6-74

（18）用同样方法处理其他较高建筑及雕塑的阴影，结果如图 6-75 所示。至此，建筑及阴影制作完毕。

图 6-75

6.3.6　树木及阴影的绘制

（1）在平面图中表现树木有多种方法，比如，可以像前面绘制建筑一样，先在 Auto-CAD 等软件中画好线框图，然后，在 Photoshop 中填充。另外，也可以直接在 Photoshop 中画树。这里介绍后一种方法。按 <Ctrl> + <N>新建文件，在对话框中按图 6-76 所示设置。

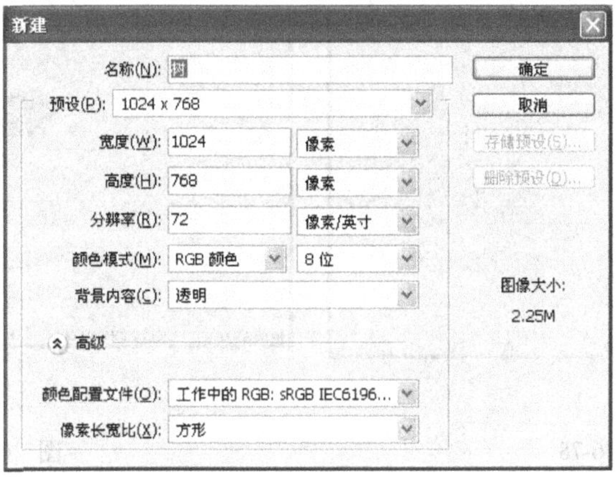

图　6-76

（2）单击

按钮，出现有灰白相间方格背景的编辑窗口，表明此图为透明背景。此时如果看不到图层面板，可按<F7>键调出它，并移到右侧，然后按<Ctrl> + <0>键，使编辑区按屏幕大小显示，以便后面绘制对象，如图 6-77 所示。

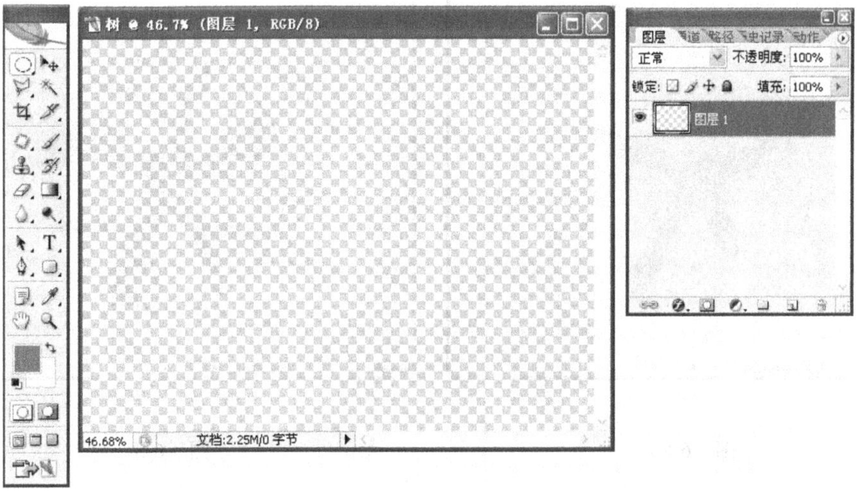

图　6-77

（3）选择椭圆选框工具，按住 <Shift> 键，在窗口绘制一个圆，作为树冠的平面轮廓线，如图 6-78 所示。

（4）选择画笔工具，硬度设定为 100%，前景色设定为树干的颜色，即深棕色，颜色值为 81735a，然后调整画笔直径为 70，在选区内绘制图 6-79 所示的树干。

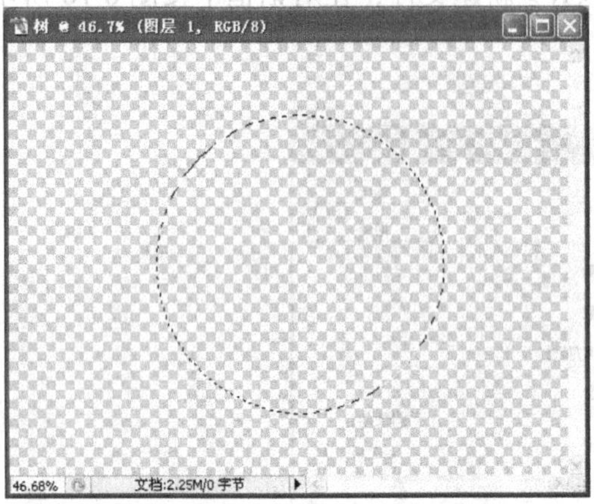

图 6-78

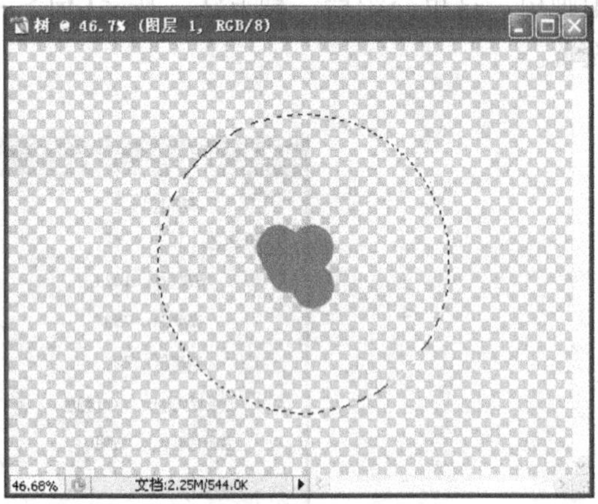

图 6-79

（5）调整画笔直径为 50，在选区内以圆心为起点画较粗部分树枝，如图 6-80 所示。

（6）调整画笔直径为 30，在选区内以较粗树枝上一点为起点画较细树枝，注意主要趋向圆周，如图 6-81 所示。

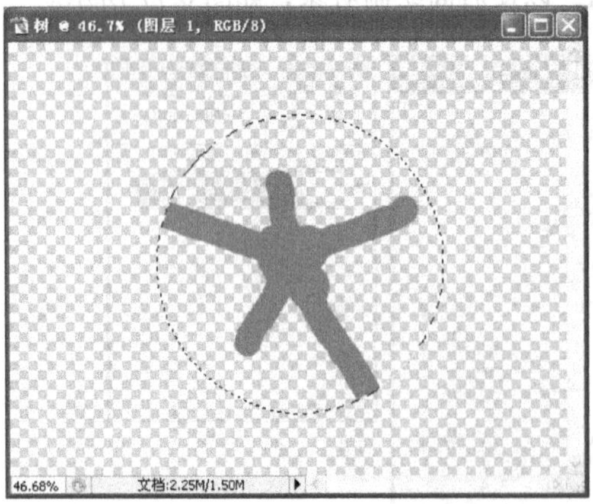

图 6-80

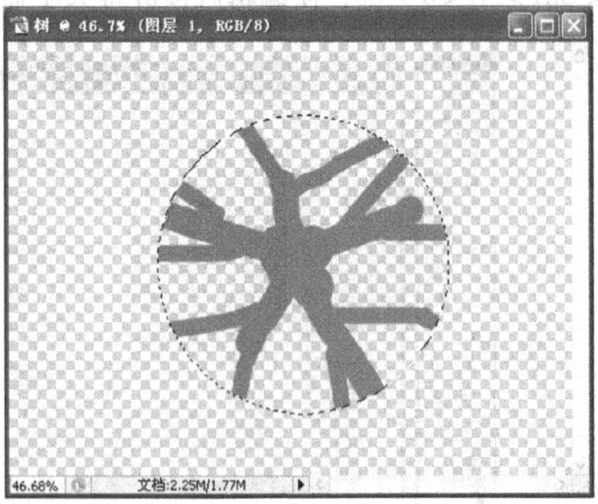

图 6-81

（7）调整画笔直径为 10，在选区内以较细树枝上一点为起点画更细的树枝，同样在方向上也是主要趋向圆周，如图 6-82 所示。

（8）用橡皮擦擦去树干和树枝上的圆头，结果如图 6-83 所示。

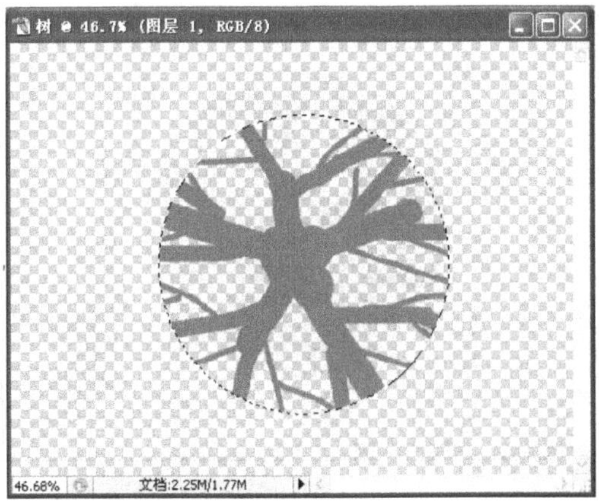

图 6-82

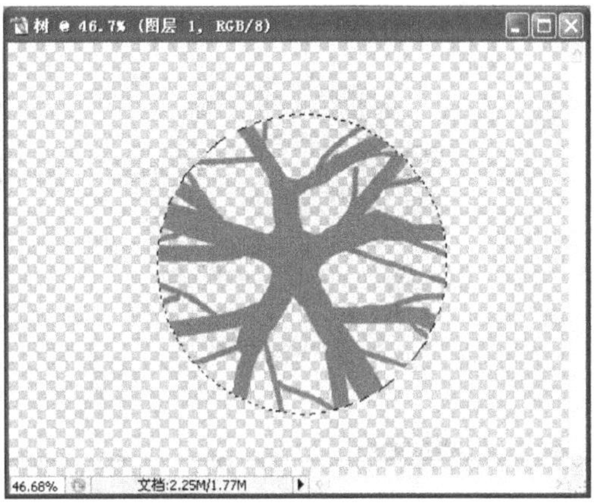

图 6-83

（9）树干和树枝绘制完毕，下面绘制树叶。为了表现出树冠的深浅及空间层次，将树叶分为深、浅、亮 3 部分，首先画深色部分。选择画笔工具，并选择树叶作为画笔形状，如图 6-84 所示。

（10）设前景色为深绿色，颜色值为 4d7051，然后在选区拖动鼠标绘制树叶，注意不要把树枝全盖住了，如图 6-85 所示。

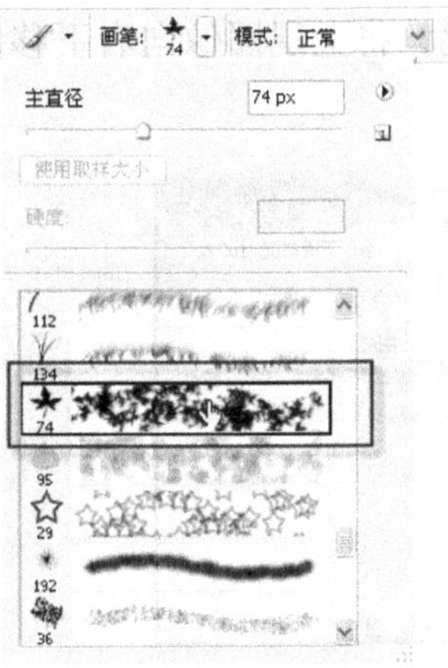

图 6-84

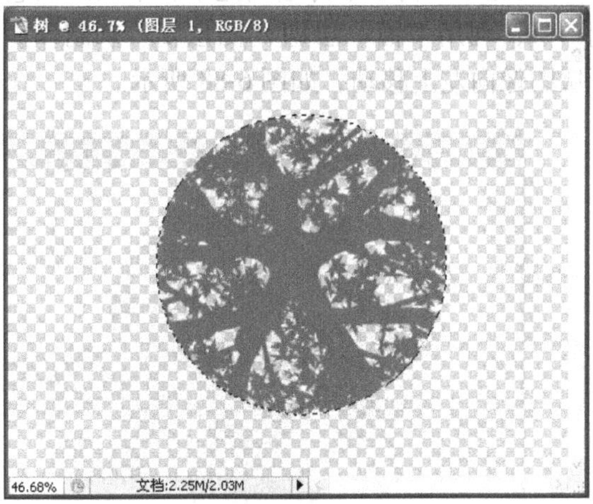

图 6-85

（11）画浅色树叶。为此，提高前景色的亮度和饱和度，颜色值调整为 4e9955，再绘制一些树叶，如图 6-86 所示。这里假定光源在右下方，所以浅色树叶主要画在选区右下方。

（12）画最亮部分树叶。再提高前景色亮度和饱和度，颜色值为 47c953。这部分树叶主要画在选区中间及右下方，如图 6-87 所示。

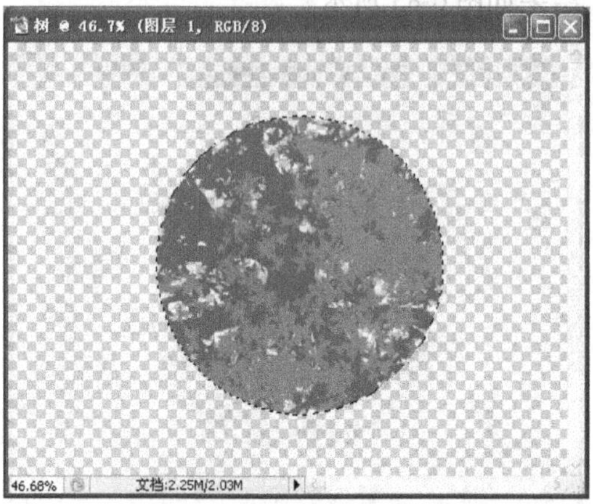

图 6-86

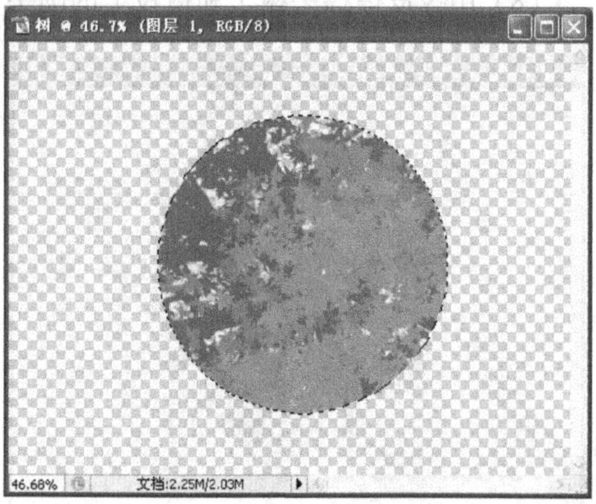

图 6-87

提示与技巧

一般树木的树冠可当作球体或锥体来看，要表现其中较高的树叶，可以提高亮度，同时，由于在平面上较高的部分，也是离观者较近的部分，根据色彩透视原理，应同时提高颜色饱和度。

（13）到这里，树木本身绘制完毕，下面绘制它的阴影。按 <Ctrl> + <J> 键，将图层复制一层，利用下面一层即“图层 1”来制作阴影。为此，将上层图像向右下移动，而将下层图像向左上移动，如图 6-88 所示。

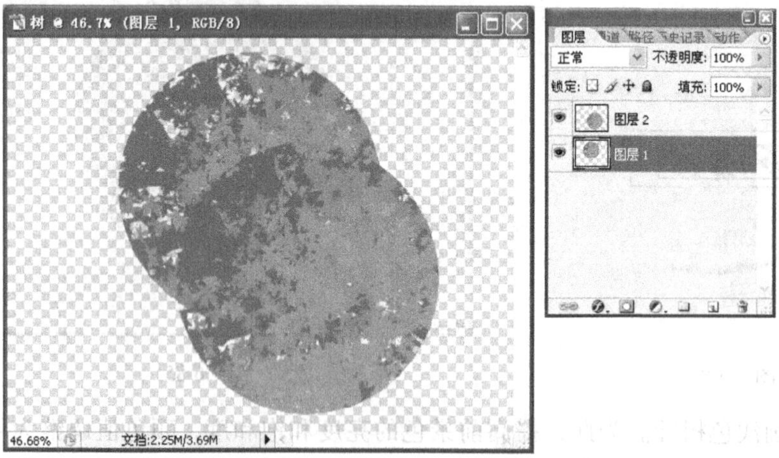

图 6-88

（14）在图层面板中，按住 <Ctrl> 键单击“图层 1”，选中树冠。然后，按 <D> 键将前景色恢复为黑色，按 <Alt> + <Delete> 键填充选区，并将“图层 1”“不透明度”设定为 50%，如图 6-89 所示。

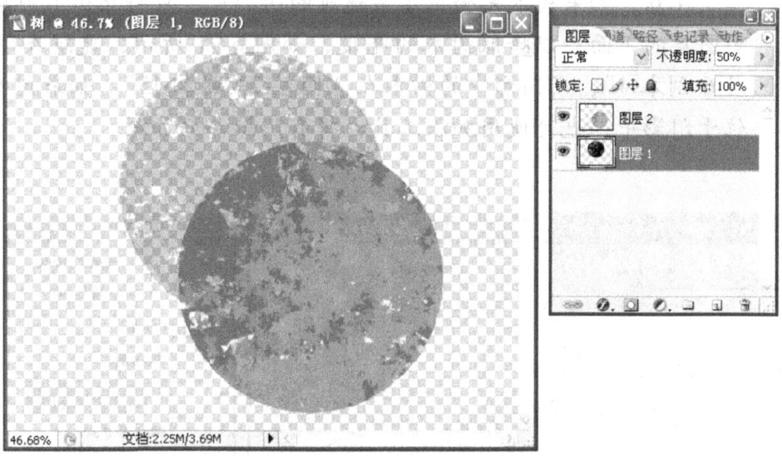

图　6-89

（15）按 <Shift> + <Ctrl> + <E> 键，合并图层，然后，按 <Ctrl> + <S> 键，将图像保存为文件“树 . tif”，见本书配套光盘中的 files \ 树 . tif。

（16）将树插入规划平面图中，按 <Shift> + <Ctrl> + <］> 键置为最顶层，然后按 <Ctrl> + <T> 键缩小，布置在道路两边，树的大小基本一致，间距可有所变化，以免过于规则、单调，如图 6-90 所示。

图　6-90

提示与技巧

注意，如果树木完全位于某建筑的阴影中，可将此树木图层调整到阴影图层的下面，以降低树木的亮度，如图 6-91 所示，建筑及阴影在“图层 6 副本 4”，而阴影中的树木在“图层 23 副本 45”。如果树木只是部分位于阴影中，也可使用加深工具，将有阴影部分加深。

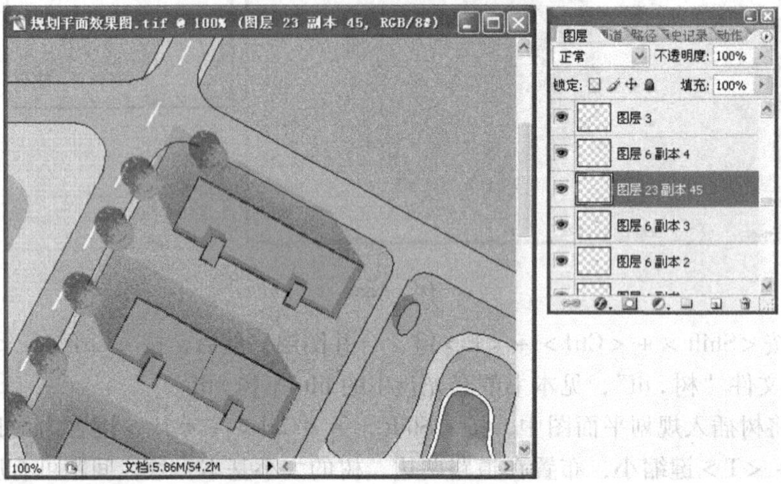

图 6-91

（17）另外，在草地上也可适当点缀布置一些树，而且树的大小要有变化，如图 6-92 所示。

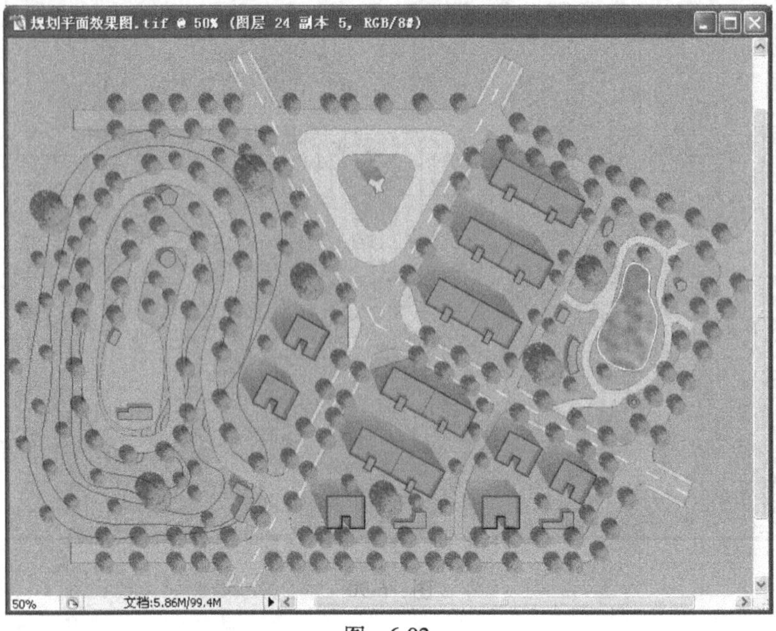

图 6-92

> **提示与技巧**
>
> 注意，当需要较大的树木图像时，不要用这样的方法：复制已插入的较小树木，然后利用变换操作放大。因为这样得到的树木图像质量将明显下降。正确的方法是：重新切换到树图像窗口，然后复制、粘贴到平面图中，再调整到需要的大小。

6.4 画面各元素明暗及色彩调整

到这里，构成规划平面效果图的各元素已经就位，不过，明暗及色彩还需做专门调整，以增强空间感和层次感。

6.4.1 调整草地明暗及色彩

(1) 这里的草地实际上是整个画面的背景，它面积较大，遍布整个画面，所以，饱和度不能太高，否则，前后层次拉不开，会有“粘”在一起的感觉。目前图中草地饱和度偏高，于是，选择草地所在的背景图层，按 <Ctrl> + <U>键，将饱和度降低 40，结果如图 6-93 所示。

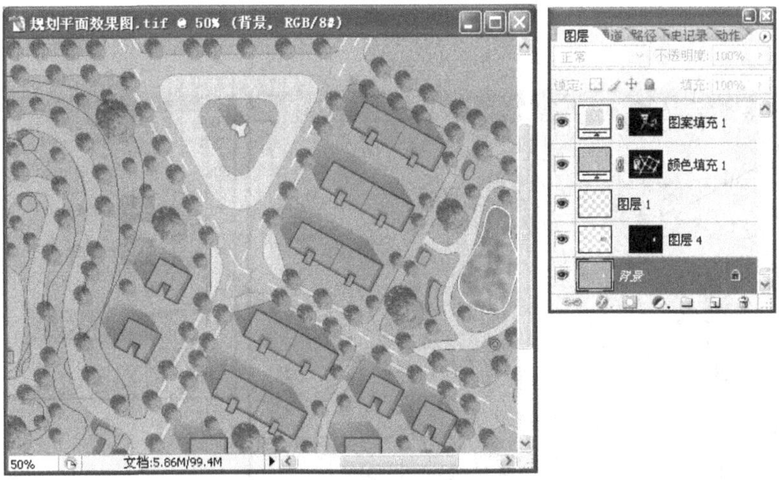

图 6-93

(2) 至于草地的亮度，前面设定符合要求，就不用调整了。

6.4.2 调整水面明暗及色彩

（1）降低饱和度。选择“图层4”，按 <Ctrl> + <U> 键，将饱和度降低20，结果如图 6-94 所示。

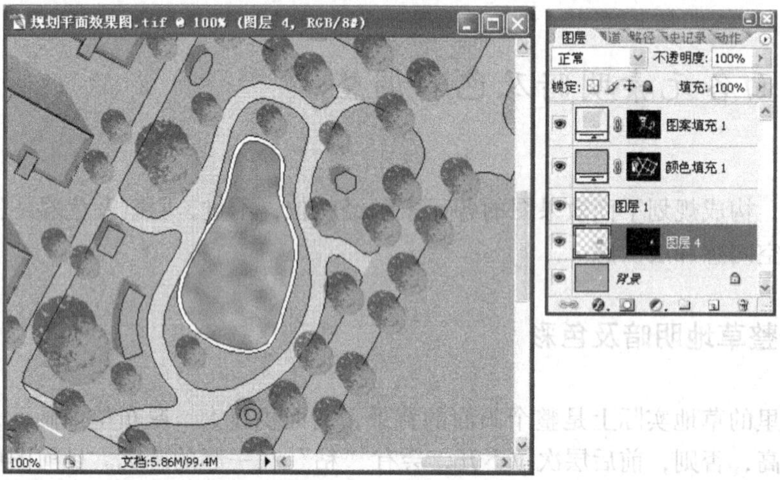

图 6-94

（2）执行菜单命令“图像→调整→亮度/对比度”，将亮度提高20，结果如图 6-95 所示。

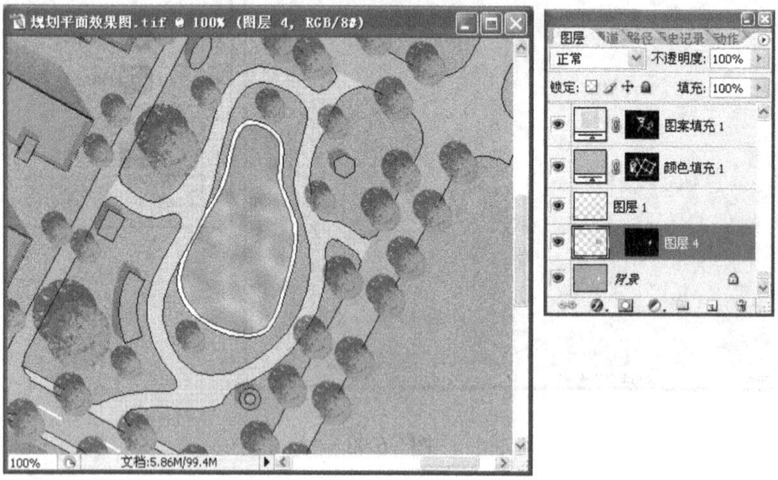

图 6-95

6.4.3　调整建筑明暗及色彩

（1）这里的建筑主要分为红、蓝两种屋顶，红屋顶的主要是低层建筑，离观者较远，颜色饱和度宜低一些，而目前图中的偏高，于是，先将所有红顶建筑合并为一个图层，命名为“red2”图层。

（2）然后，选中此图层，按 < Ctrl > + < U > 键，将饱和度降低 50，结果如图 6-96 所示。

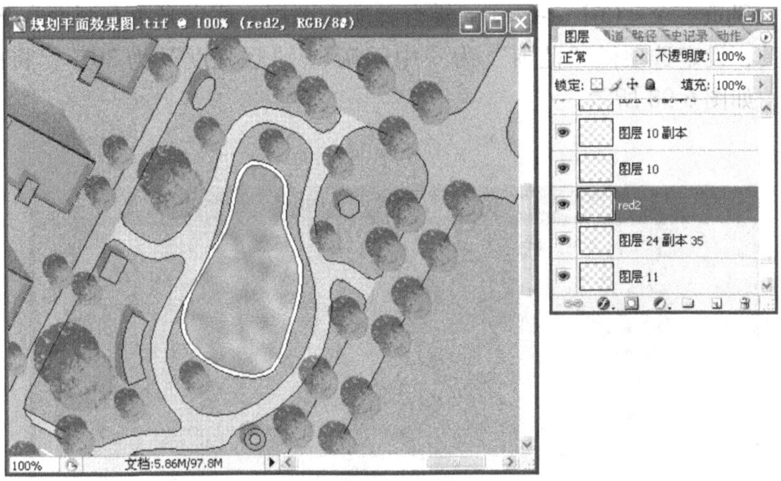

图　6-96

（3）执行菜单命令“图像→调整→亮度/对比度”，将亮度提高 20，结果如图 6-97 所示。

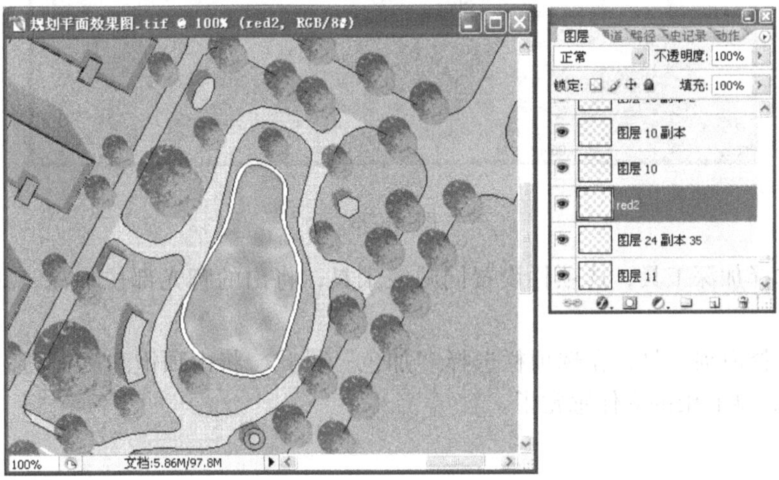

图　6-97

（4）蓝顶建筑，多为高层，离观者较近，色彩饱和度高一些是可以的，所以就不调整了。

6.4.4 调整山的明暗及色彩

（1）本图左侧有一座小山，就是画面左边等高线围定的范围。目前没有立体感，看起来就像是平地。可以按照手绘的思路，从明暗及色彩两方面着手，使它表现出一些立体感。在调整之前，先将现有成果保存并备份，万一调整失败可找回现有成果。

（2）按 <Shift> + <Ctrl> + <E> 键合并所有图层。假定光源在画面右下角，于是，选择减淡工具，设定选项栏“范围”为“中间调”，“曝光度”为 30%，将山右下角受光部位提亮，如图 6-98 所示。

图 6-98

（3）选择加深工具，选项栏设置同减淡工具，将山的背光部位加深，如图 6-99 所示。

（4）选择海绵工具，在选项栏选择“加色”模式，将山顶饱和度提高，如图 6-100 所示。这样，就有山的立体感觉了。

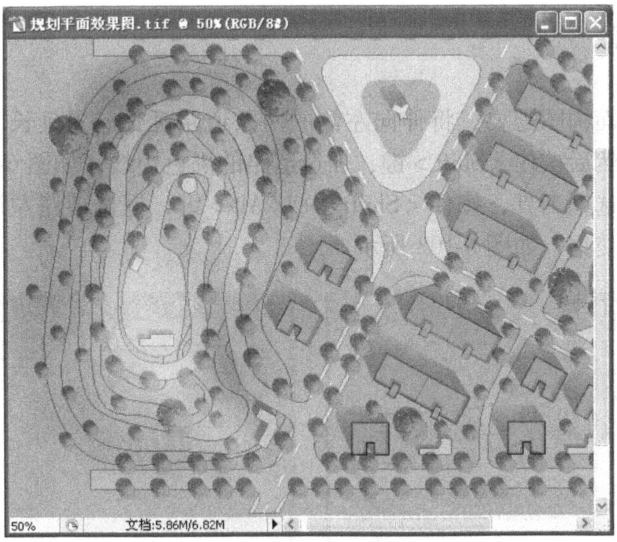

图 6-99

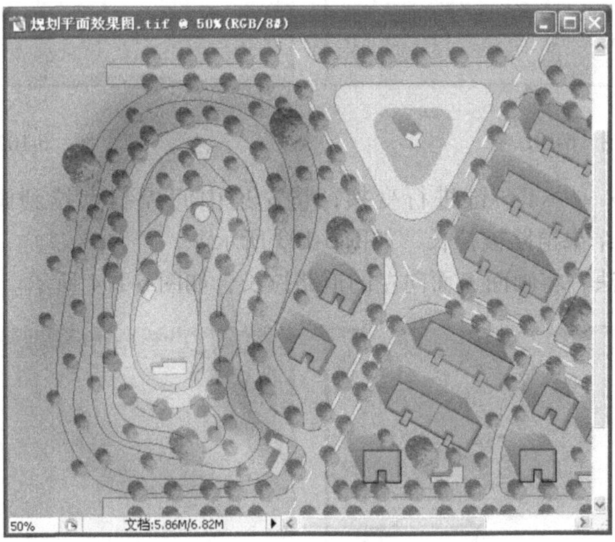

图 6-100

6.5 图像修整与保存

根据画面的整体效果，对局部进行修饰、补充，并裁剪图像进行保存。

6.5.1 修整图像

（1）先根据画面构图需要，将伸向左侧的两条道路延长。先延长下面一条。选择魔棒工具选中路面，然后按住<Shift>键，加选道路的黑色边线，如图 6-101 所示。

（2）选择矩形选框工具，按住<Shift>+<Alt>键，框选道路左端，结果得到矩形选区与原有选区的交集，如图 6-102 所示。

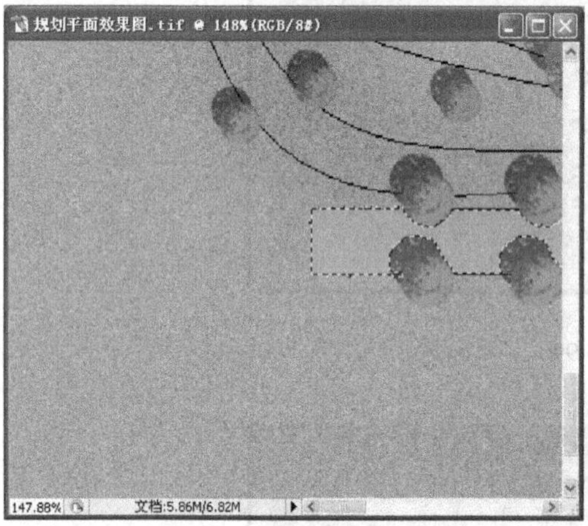

图 6-101

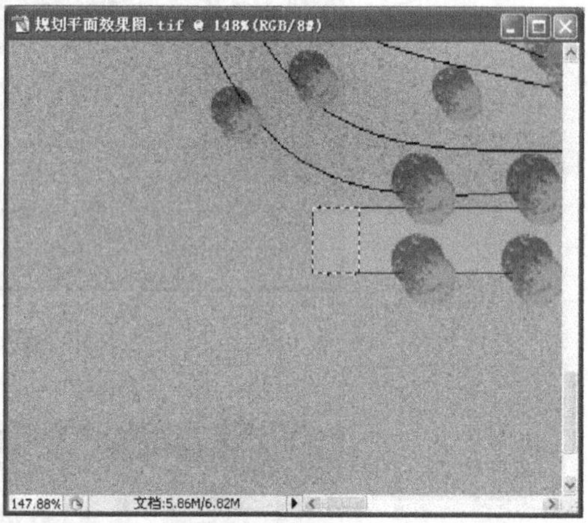

图 6-102

（3）按<Ctrl>+<T>键进行变换，将左边中间控制点拉到画面左侧尽头，按<Enter>键确认，结果道路被拉长，如图 6-103 所示。

（4）用同样方法，将画面上面向左的道路拉长，如图 6-104 所示。

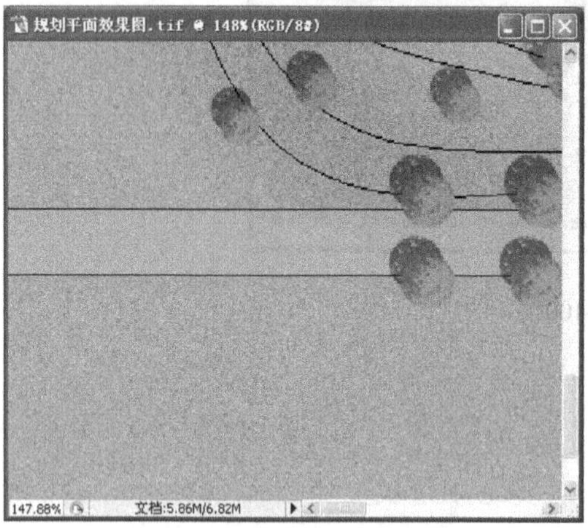

图 6-103

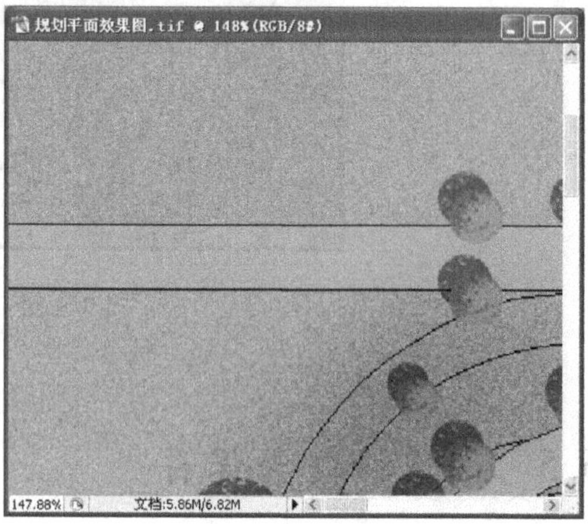

图 6-104

6.5.2 裁剪及保存

（1）至此，效果图绘制完毕，按 <Ctrl> + <0> 键观察全图效果，如图 6-105 所示。

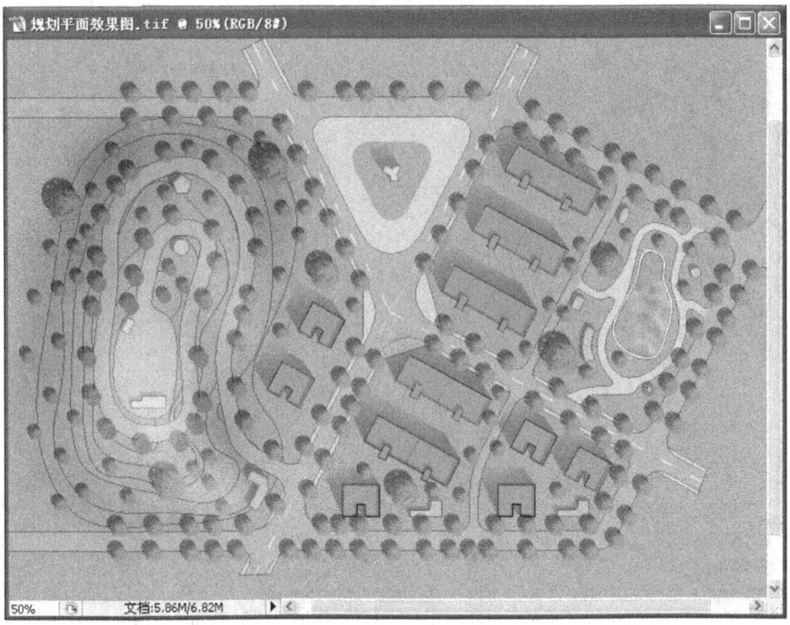

图 6-105

（2）选择裁剪工具，依照图 6-106 所示区域裁剪图像。

图 6-106

(3) 按 <Enter> 键结束裁剪。由于裁剪前未对图像进行损伤性编辑，所以，裁剪后还可继续编辑，比如，再沿道路添加一些树木，将小山背光面再加深一些，最终效果图如图 6-107 所示。

图 6-107

(4) 按 <Shift> + <Ctrl> + <S> 键，将图像另存为“规划平面效果图 . tif”，见本书配套光盘中的 files \ 规划平面效果图 . tif。

6.6 本章小结

本章通过一个城市小区规划平面效果图的制作，介绍了用 Photoshop 绘制此类效果图的步骤和方法，主要包括规划平面线框图的绘制、输出、合成，以及草地、水面、人行道、车行道、建筑、树木等常见物体平面及阴影的绘制。另外，还介绍了草地、水面、建筑等的明暗及色彩调整，介绍了模拟手绘方法表现具有一定立体感的山的方法等内容。

第7章

Photoshop建筑平面效果图绘制

建筑平面效果图，与规划平面效果图在绘制原理上相同，都是由平面图得到立体效果图。但是建筑平面效果图主要反映室内，而规划平面效果图主要反映室外及环境，前者范围小要求适当表现细节，而后者范围大主要追求整体效果，所以，在表现方法及绘制操作上还是有不少区别。根据需要，建筑平面效果图可以反映一个楼层的全貌，也可以反映局部，或者反映住宅的一个户型，即通常所说的“户型图”。本章通过一个实例介绍这种效果图的绘制过程及方法。

本章主要内容：

- 绘制建筑平面图
- 在Photoshop中绘制墙体
- 常见地面的绘制方法
- 常见房间家具的绘制与布置

7.1 绘制建筑平面图

这一步可借助 AutoCAD 来完成，具体分为绘制和输出两个步骤。

7.1.1 在 AutoCAD 中绘制平面图

在 AutoCAD 中，按 1∶1 比例（即 1 像素代表 1 毫米）绘制图 7-1 所示建筑平面图，文件见本书配套光盘中的 files \ 建筑平面图 . dwg，这里用 AutoCAD 2000 绘制。如果使用建筑设计单位提供的 CAD 文件，应在 AutoCAD 中关闭尺寸、文字等无用图层。

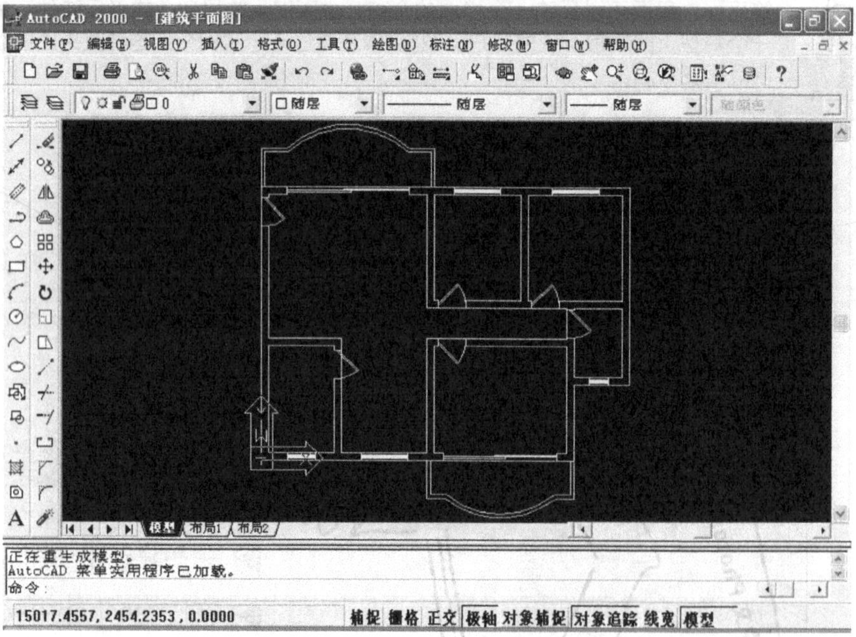

图 7-1

7.1.2 矢量图输出为点阵图

利用 AutoCAD 的打印功能，将平面图输出为可供 Photoshop 使用的点阵图像“建筑平面 . tif”，如图 7-2 所示。

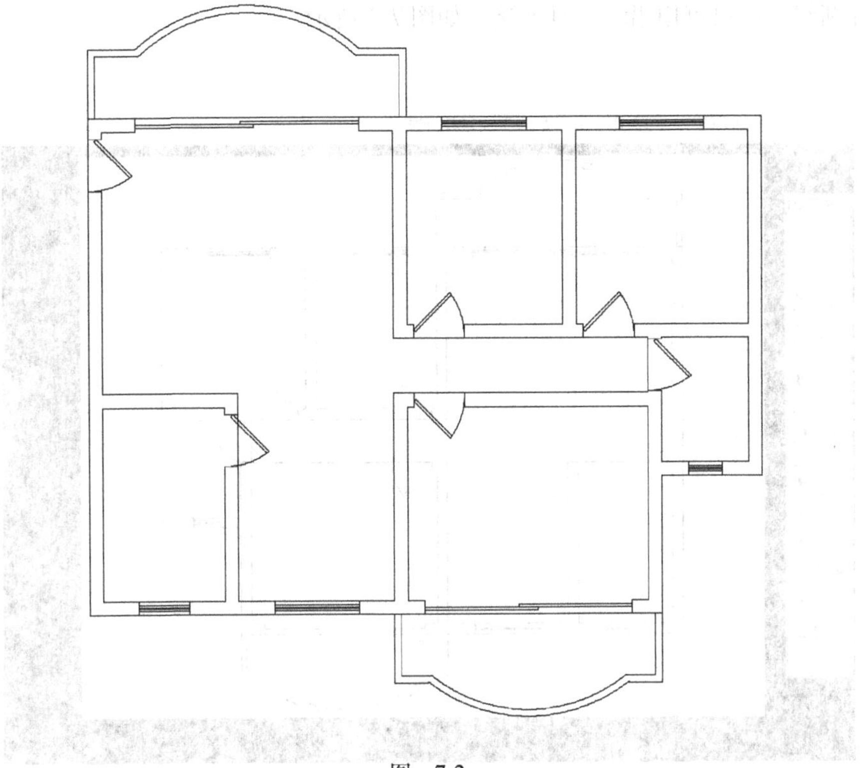

图 7-2

提示与技巧

为了便于后面绘制地板等对象时估算尺寸，输出图像时的比例最好选特殊值，比如1:1、1:10等。这里，建筑平面大概在12000×12000像素左右，而“打印”对话框中“图纸尺寸”最大只有1600×1280（单击打印机名称右边的 特性(R)... 按钮也可自定义更大尺寸，但输出慢），所以“打印比例”选1:10较为适当。这样，输出的建筑图像尺寸就为真实尺寸的1/10即1200×1200像素左右。

7.2 在 Photoshop 中绘制墙体

从这里开始，后面的操作便主要在Photoshop中进行，首先是用填充方法绘制墙体。

7.2.1 调入点阵图

启动Photoshop，打开“建筑平面.tif”，按<Ctrl> + <Alt> + <0>键，按照实际像

素显示图像，按 <H> 键选择抓手工具，拖动并观察图像，检查是否有需要修改的地方，假如存在断线、缺口可用铅笔工具连接，如图 7-3 所示。

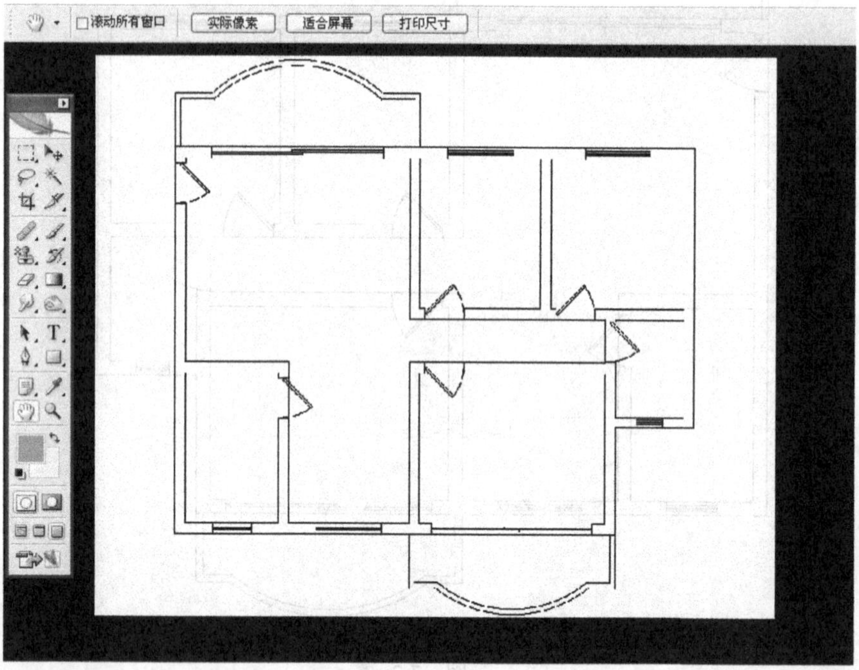

图 7-3

提示与技巧

为了获得较大的编辑区域，这里通过按 <F> 键调整了显示模式，前面对此已有介绍，这里就不再重复了。

7.2.2 填充绘制墙体

（1）选择魔棒工具，设定“容差”为 10，选中“连续”选项，按住 <Shift> 键，选中各段墙体，如图 7-4 所示。

（2）按 <D> 键，将前景色恢复为黑色，再按 <Alt> + <Delete> 键以黑色填充选区，结果墙体以黑色显示，按 <Ctrl> + <D> 键取消选择，如图 7-5 所示。

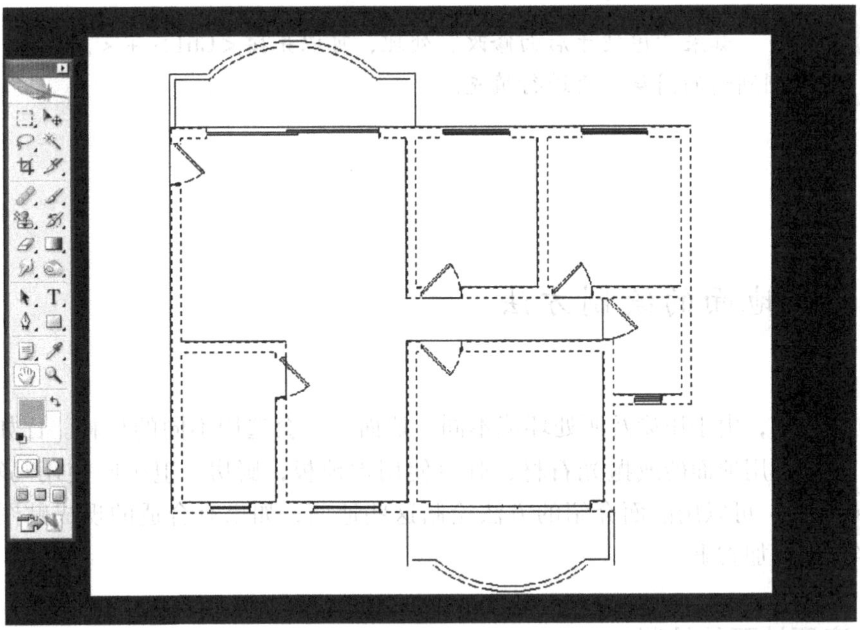

图　7-4

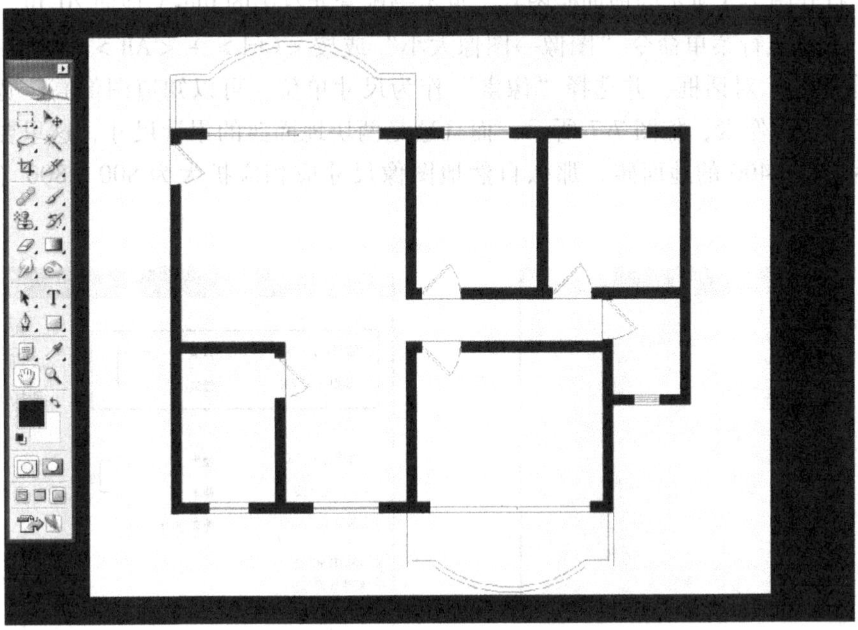

图　7-5

提示与技巧

如果考虑便于后面修改、处理，可以先按 <Ctrl> + <J> 键将选区复制到新的图层，再进行填充。

7.3 常见地面的绘制方法

不同的房间，由于用途及所处环境不同，地面通常会选用不同的材料。比如在住宅建筑中，客厅使用地面砖或抛光石材，卧室使用木地板，厨房、卫生间使用马赛克等。在 Photoshop 中，可以用前面介绍的方法绘制这些地面，如果有合适的现成贴图可以使用，那当然就更加省事。

7.3.1 客厅地面的绘制

（1）打开图 7-6 所示的地面砖图片，见本书配套光盘中的 files \ 地面 20. tif。

（2）通过执行菜单命令“图像→图像大小”或按 <Ctrl> + <Alt> + <I> 键，打开“图像大小”对话框，并选择“像素”作为尺寸单位，可以知道图像高、宽分别为 354 像素和 359 像素，如图 7-7 所示，而且这是两块地面砖的累计尺寸，这里要制作单块尺寸为 400 × 400 的地面砖，那么自然地图像尺寸应相应扩大为 800 × 800（四块地面砖）。

图 7-6

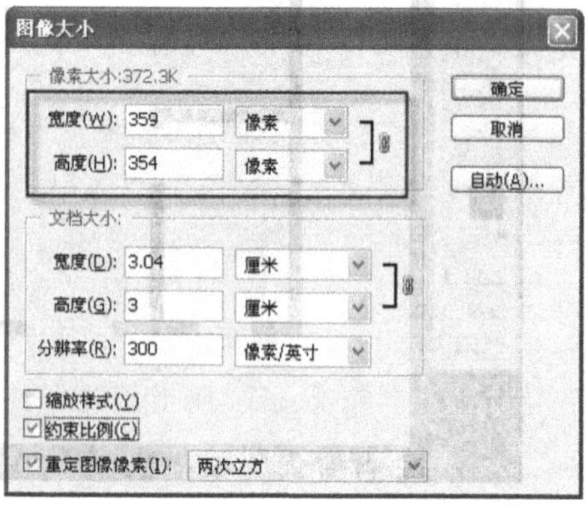

图 7-7

（3）注意，这个 800 × 800 是地面砖的真实尺寸，如果将它直接放到缩小了 1/10 的建筑平面图中，显然是不合适的，应该将它也缩小 1/10，所以，去掉对话框中“约束比例”选项，将 80 分别输入到 359 和 354 所在位置，如图 7-8 所示。

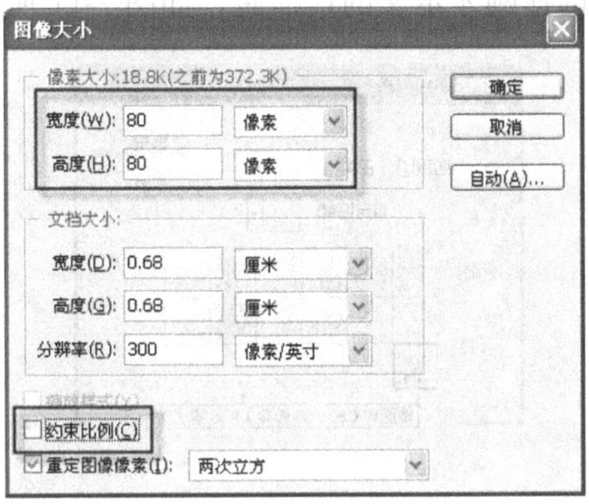

图 7-8

（4）将此图像定义为填充图案，以便后面使用。执行菜单命令“编辑→定义图案”，打开“图案名称”对话框，输入“地面砖”，如图 7-9 所示。

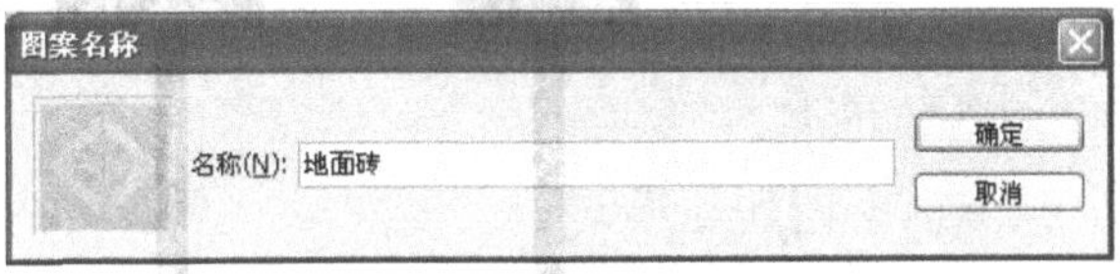

图 7-9

（5）切换到建筑平面图窗口，选择魔棒工具，按住 < Shift > 键，选择图 7-10 所示的客厅及餐厅地面（包括过道）。

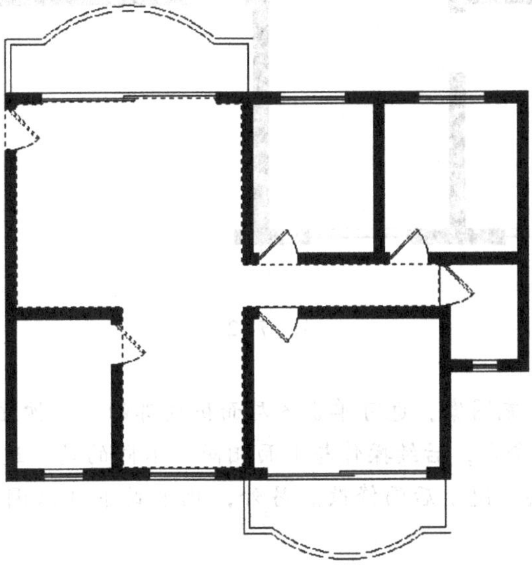

图 7-10

（6）执行菜单命令“编辑→填充”或按＜Shift＞＋＜F5＞键，打开“填充”对话框，在“自定图案”右边选择刚才定义的地面砖，如图 7-11 所示。

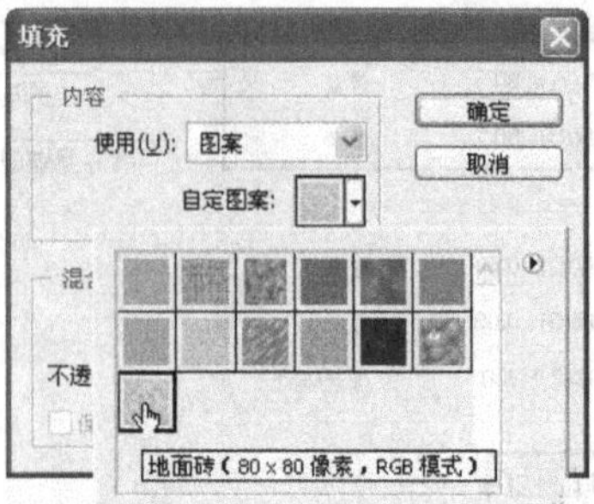

图 7-11

（7）完成填充后，取消选择，效果如图 7-12 所示。走道净宽约 1000，由此可大致估算出地面砖尺寸正确。

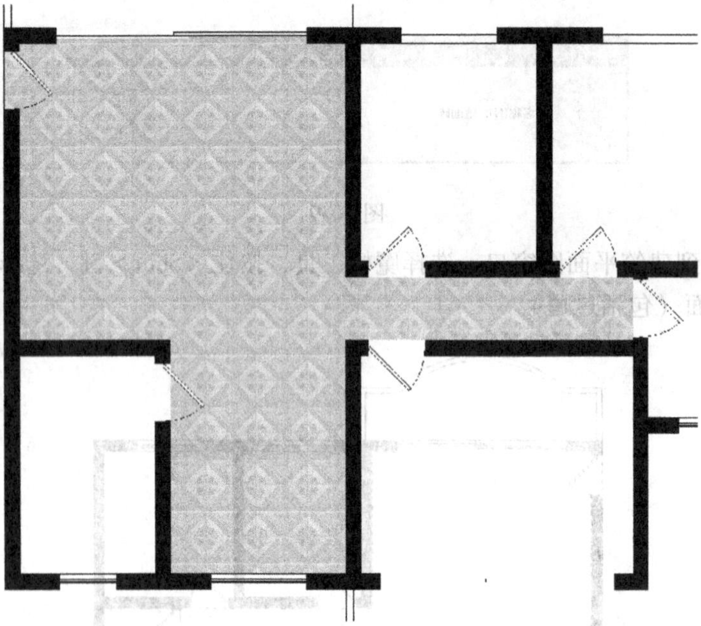

图 7-12

提示与技巧

要填充图案，也可单击图层面板底部的按钮，从弹出菜单上选择“图案”命令，后续操作与上面相同，不同的是，这样将建立一个单独的填充图层，便于后面修改。另外，此方式下可以调整填充图案的大小比例。

7.3.2 卧室地面的绘制

(1) 打开一张拼木地板图片，见本书配套光盘中的 files\ 拼木 . jpg，将其亮度提高 65、对比度提高 26，结果如图 7-13 所示。

(2) 执行菜单命令“图像→旋转画布→90 度（顺时针）”，将图像旋转 90°。

(3) 这里打算用建立填充图层的方法进行填充，所以暂不管图像的尺寸。执行菜单命令“编辑→定义图案”，将此图像定义为“拼木”填充图案。

(4) 切换到建筑平面图窗口，选择魔棒工具，按住 <Shift> 键，选择图 7-14 所示卧室地面。

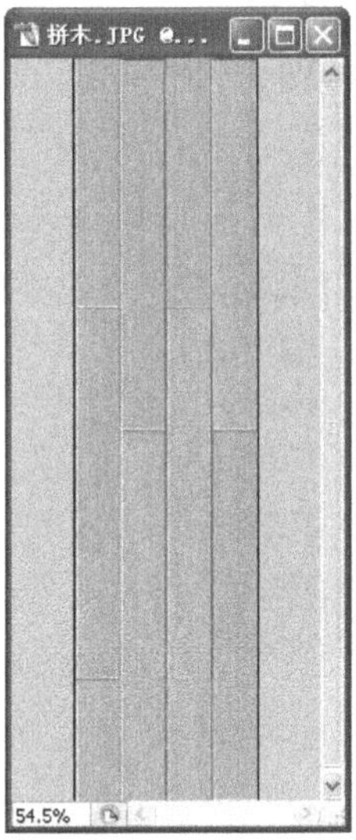

图 7-13

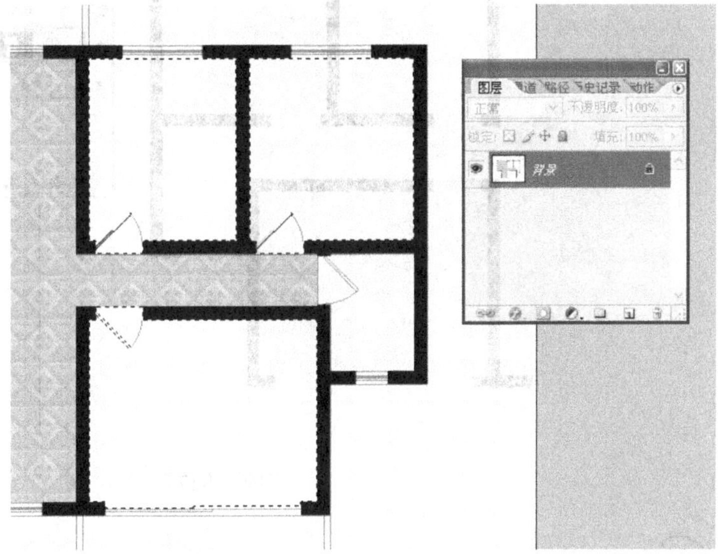

图 7-14

(5) 单击图层面板底部的按钮，从弹出菜单上选择“图案”命令，打开“图案填充”对话框，选择刚才定义的“拼木”图案，同时留意其尺寸为 800 × 200，如图 7-15 所示。

(6) 从宽度上看，200 毫米包括 4 块木板，平均每块宽度为 50 毫米，与实际中拼木尺寸大致吻合，可不调整。不过，这里房间平面尺寸缩小了 1/10，相应地，填充图案也应缩小 1/10，故“缩放”值应为 10%，如图 7-16 所示。

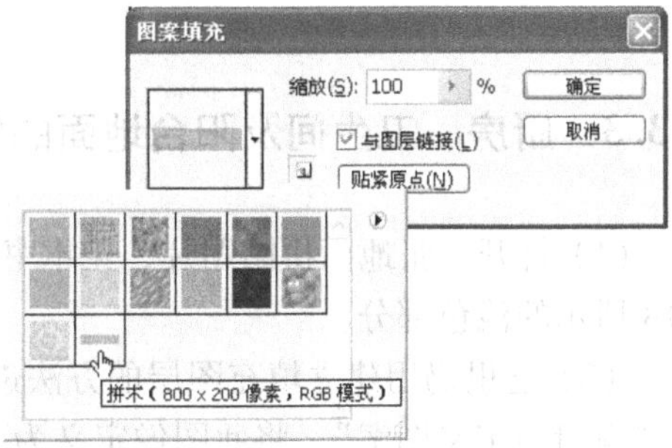

图 7-15

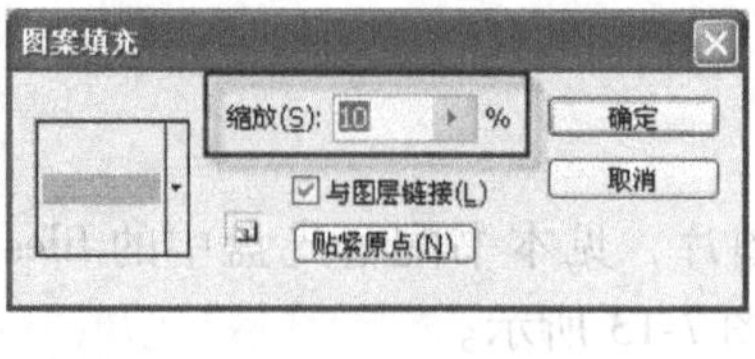

图　7-16

（7）填充结果如图 7-17 所示。

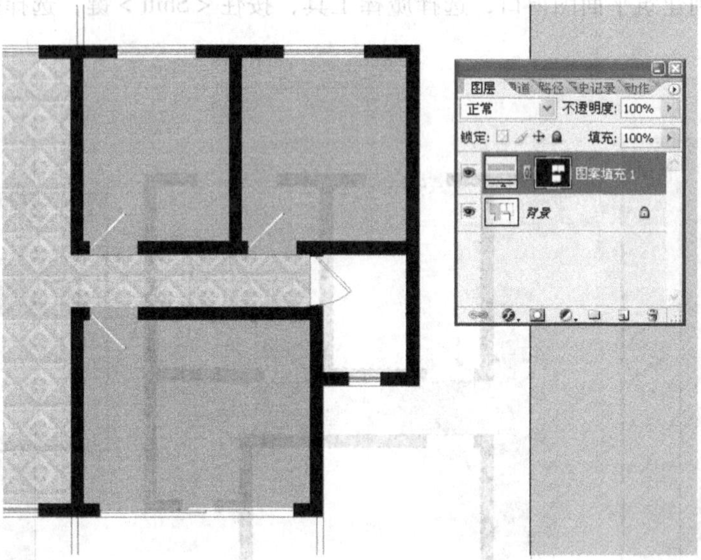

图　7-17

提示与技巧

在图层面板中，可以看到此时出现了一个新的“图案填充 1”图层，如果双击左侧的图层缩览图，“图案填充”对话框会重新弹出，从而可以改变填充比例，甚至填充图案等。

7.3.3　厨房、卫生间及阳台地面的绘制

（1）打开一张地面拼贴图片，见本书配套光盘中的 files \ 墙面 4. tga，裁剪、保留图 7-18 所示的浅色部分。

（2）这里仍用建立填充图层的方法进行填充，所以暂不管图像的尺寸。执行菜单命令“编辑→定义图案”，将此图像定义为“其他地面”填充图案。

（3）切换到建筑平面图窗口，选择“背景”图层，选择魔棒工具，按住 <Shift> 键，

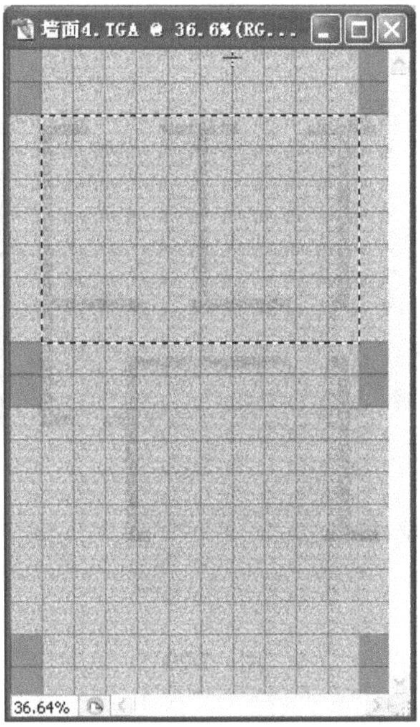

图 7-18

选择图 7-19 所示的厨房、卫生间及阳台地面。

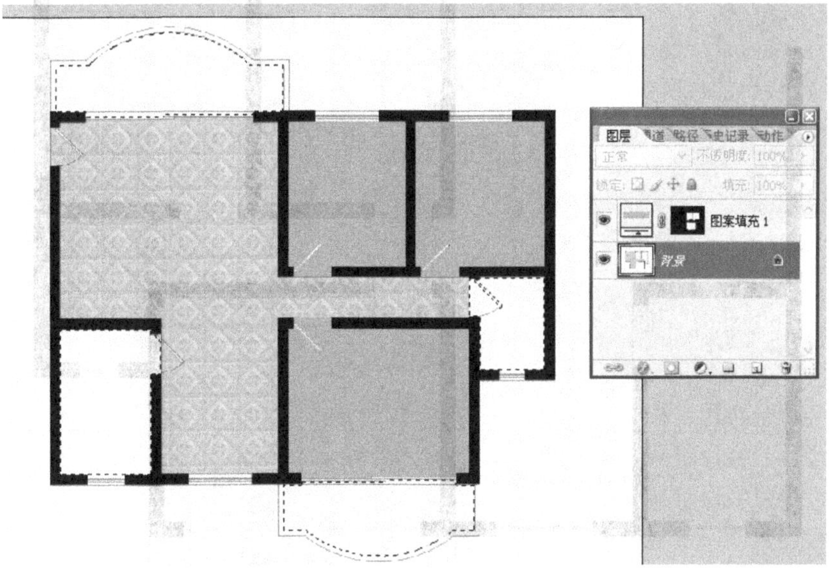

图 7-19

（4）单击图层面板中的 按钮，选择“图案”命令，选择刚才定义的“其他地面”图案，将“缩放”值设定为 10%，原因与上面相同，填充结果如图 7-20 所示。

（5）地面整体效果如图 7-21 所示。

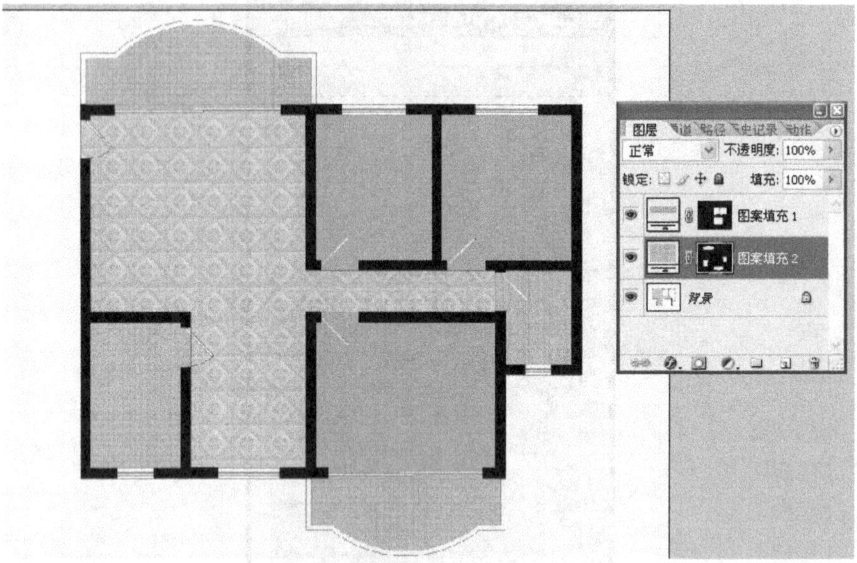

图 7-20

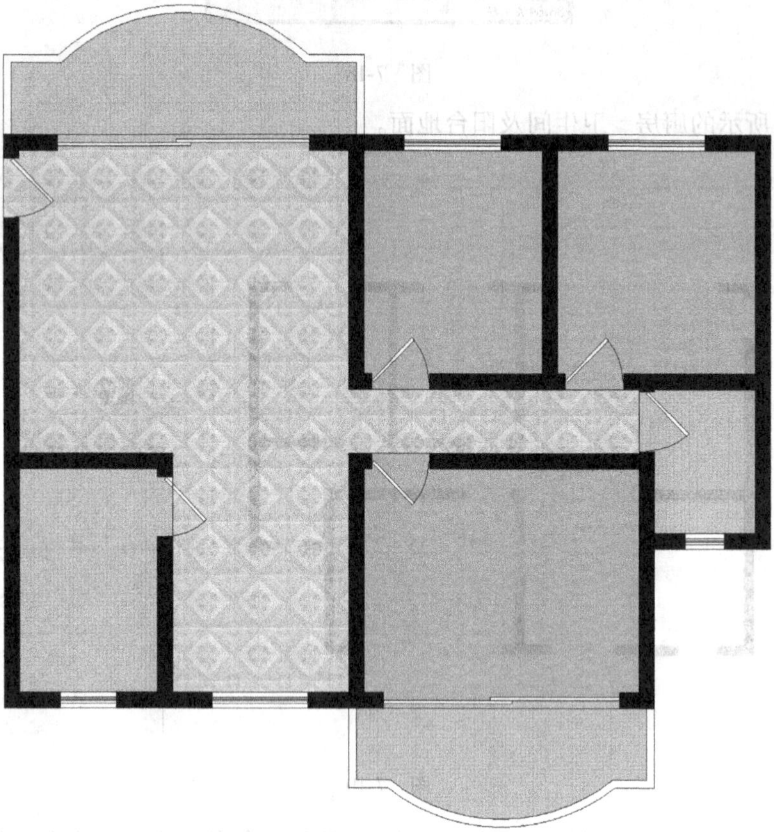

图 7-21

7.4 常见房间家具的绘制与布置

不同功能的房间，布置的家具也不同。在 Photoshop 中，布置家具时，要注意风格与室内装饰（主要是地面）统一，色调与地面协调并适当对比。至于家具的阴影，可不制作，如果要制作，就要注意各家具阴影效果的统一。下面以常见的客厅、卧室、厨房、卫生间为例，介绍它们的家具绘制与布置。

7.4.1 客厅家具的绘制与布置

客厅是接待来客、家人团聚的地方，通常有沙发、茶几、电视柜等家具。

(1) 在 Photoshop 中打开图 7-22 所示的沙发图片，见本书配套光盘中的 files \ 沙发 . tif。这张图片实际上同时还包含了茶几和地毯。

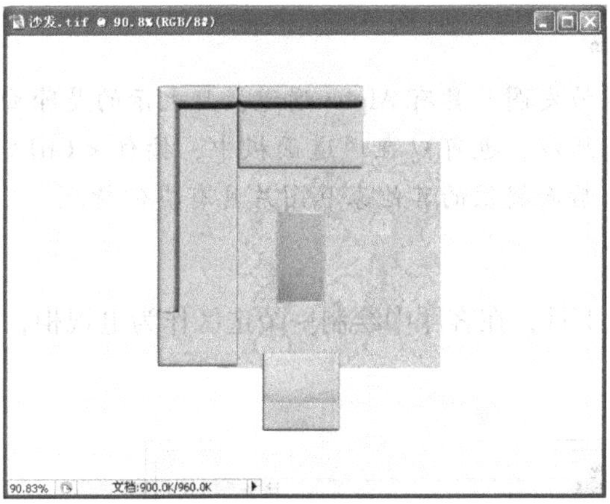

图 7-22

提示与技巧

客厅，包括其他房间中的家具、摆设等，可采用收集到的现成图片，也可用 Photoshop 制作，还可由 3ds max 渲染获得。但一个原则是，不要有过多细节或大面积鲜艳色彩，因为建筑平面效果图表现的主要是建筑内部空间布局，除极个别家具、摆设可重点表现外，一般不宜太突出。

(2) 用魔棒工具、反选操作选中家具，然后拖到平面图中，并适当缩小、垂直翻转，布置于客厅左下角，适当提高家具亮度，如图 7-23 所示。

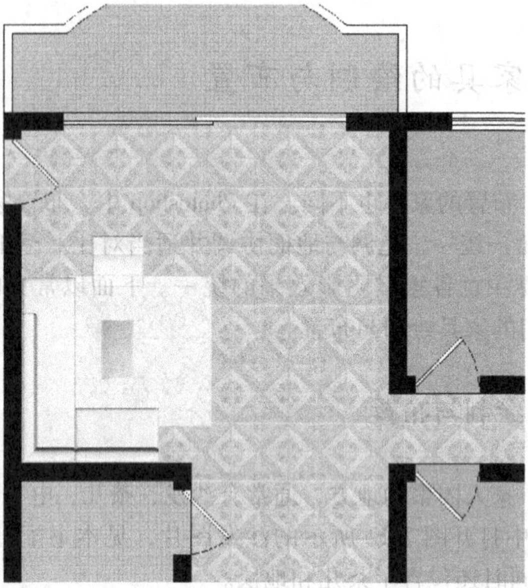

图 7-23

提示与技巧

这张沙发图片具有 Alpha 通道，且表示的是除白色背景以外即家具所在区域，所以，也可以在通道面板中，按住 <Ctrl> 键单击 Alpha 通道选中家具。后面提供的其他家具图片具有类似特点。

（3）选择矩形选框工具，在客厅中绘制一个选区作为电视柜，如图 7-24 所示。

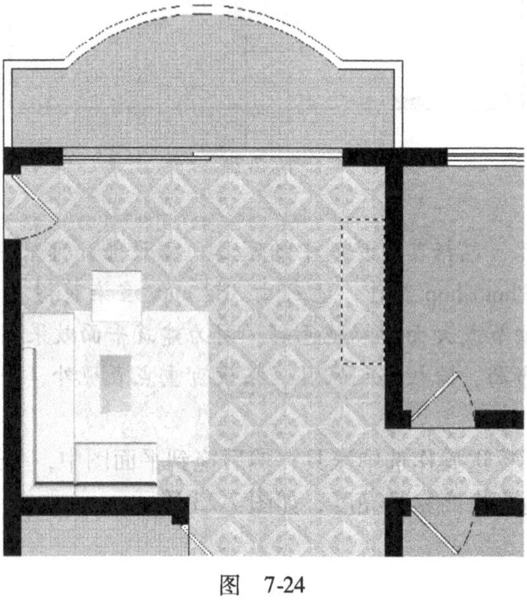

图 7-24

(4) 打开一张木纹图片，见本书配套光盘中的 files \ 枫木 - 08. jpg，全选后复制到选区中（按 <Shift> + <Ctrl> + <V> 键），这时会自动产生一个新的图层即“图层 2”，如图 7-25 所示。

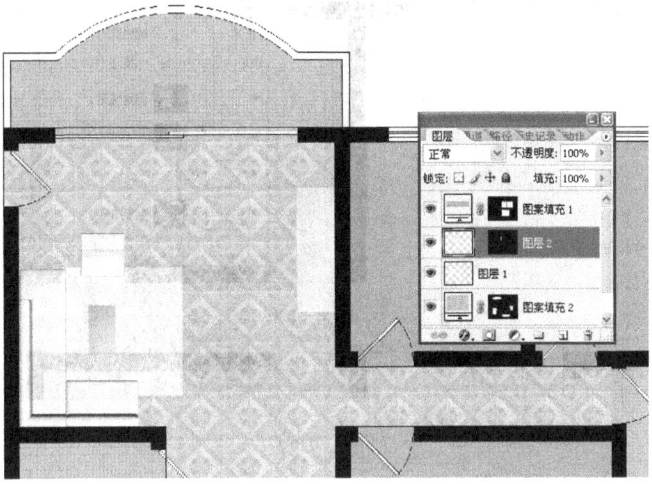

图　7-25

(5) 为了使电视柜产生厚度感，单击图层面板底部的 按钮，选择“斜面和浮雕”命令，为图层添加“斜面和浮雕”样式，具体设置如图 7-26 所示。

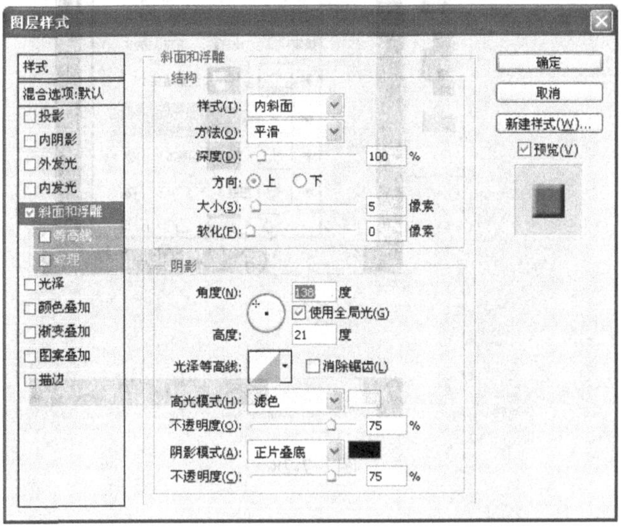

图　7-26

(6) 结果如图 7-27 所示，可见电视柜产生了厚度效果。

(7) 用同样方法绘制电视机和音箱，只不过绘制电视机选区时用多边形套索工具，而不是矩形套索工具，结果如图 7-28 所示。

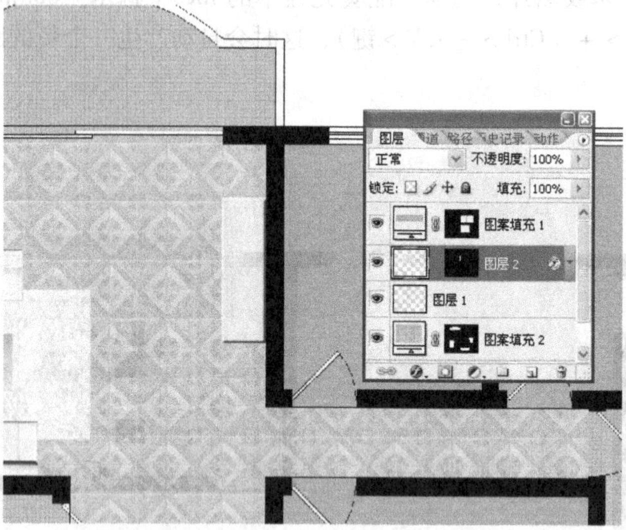

图 7-27

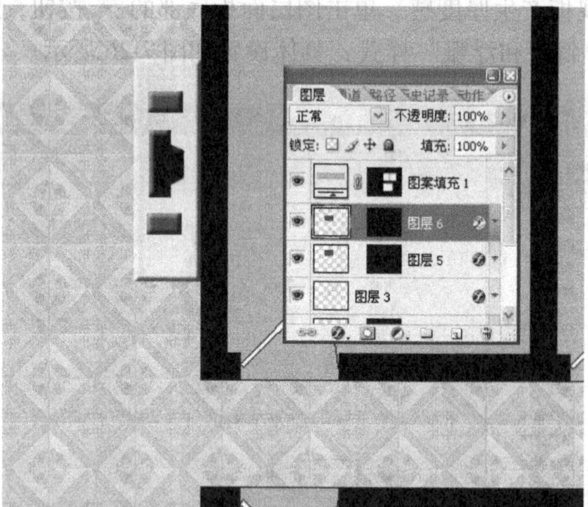

图 7-28

7.4.2 餐厅家具的绘制与布置

餐厅，顾名思义，是进餐的地方，所以常见家具就是餐桌和椅子。

(1) 在 Photoshop 中打开图 7-29 所示的餐桌和椅子的图片，见本书配套光盘中的 files \ 餐桌 . tif。

(2) 选中桌椅拖到平面图中，调整大小，布置于餐厅中，如图 7-30 所示。

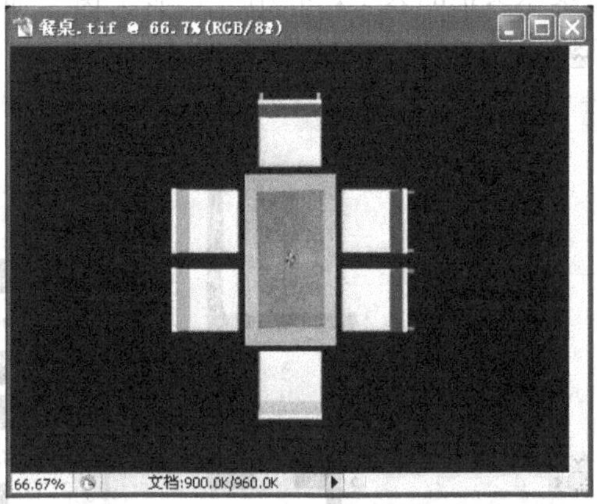

图 7-29

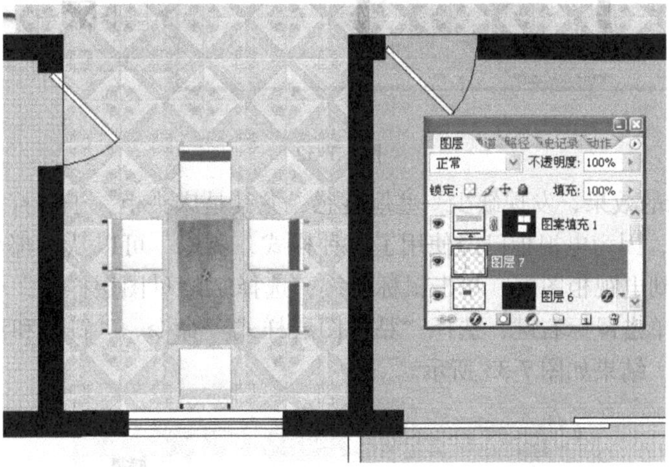

图 7-30

7.4.3 卧室家具的绘制与布置

卧室，是休息睡眠之所，主要家具为床、衣柜等。此外，根据主卧室、次卧室和儿童卧室的不同，在家具布置上也略有区别。这里，同时有这三种卧室，下面分别来布置它们。

(1) 先布置主卧室，即平面图右下角的房间。在 Photoshop 中打开图 7-31 所示的双人床（含床头柜）图片，见本书配套光盘中的 files \ 双人床 . tif。

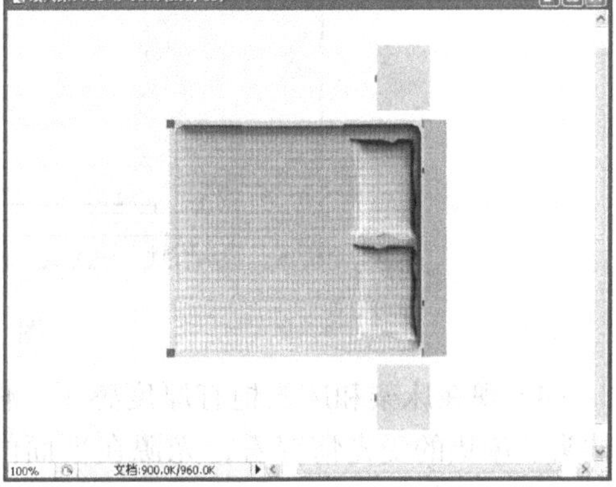

图 7-31

(2) 选中床，然后拖入平面图中，按 <Shift> + <Ctrl> + <]>键，将其所在图层移到最顶层，调整床及床头柜的大小，利用“色彩平衡”命令调整其颜色，使其木纹黄色与客厅中电视柜大体一致，如图 7-32 所示。

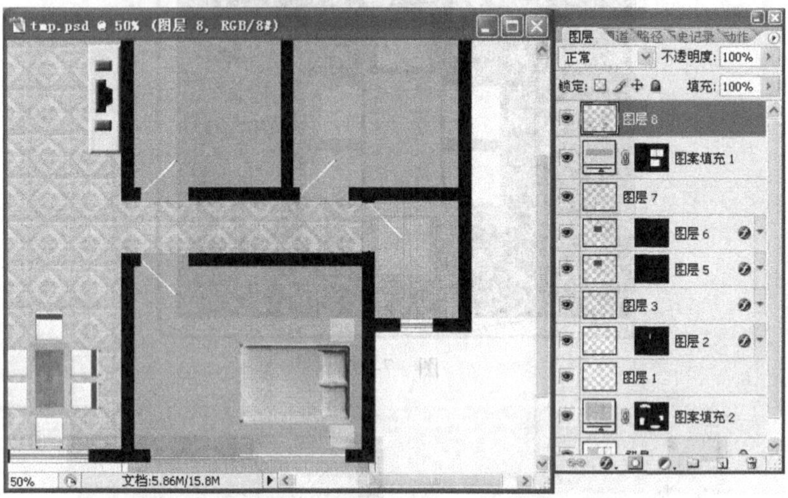

图 7-32

（3）观察床的效果，发现缺少一些厚度感，尤其是床头柜，于是打算添加“斜面和浮雕”图层样式，因为电视柜已经使用了这种样式，所以，可以从它那里复制过来。在图层面板中，找到电视柜图层，单击鼠标右键，选择“拷贝图层样式”命令，然后，在双人床所在图层单击鼠标右键，选择“粘贴图层样式”命令，“斜面和浮雕”图层样式就被复制过来了，结果如图 7-33 所示。

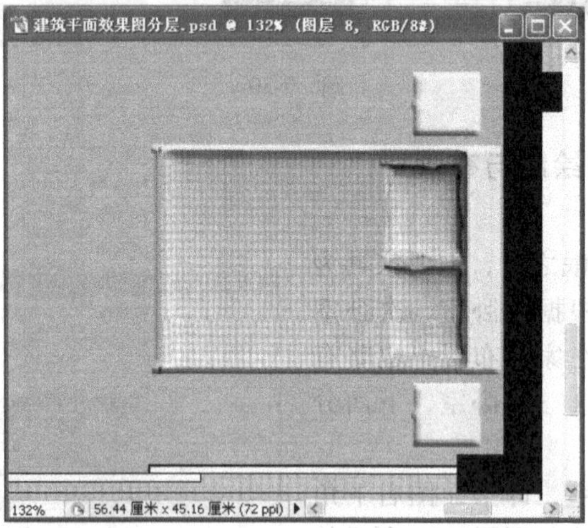

图 7-33

（4）现在床架和床头柜有厚度感了，但受光方向与床上的枕头、床垫明显不一致。从枕头、床垫的受光情况看，光源在平面的左下角，而从床架和床头柜的受光情况看，光源又在平面的右上角。于是，调整“斜面和浮雕”图层样式中光源的位置。在图层面板中双击双人床所在图层，打开“图层样式”对话框，在左边单击选择“斜面和浮雕”，将“阴影”下面圆盘上光源的位置移到左下角，如图 7-34 所示。从右边小窗口及 Photoshop 编辑区能看到调整带来的变化。

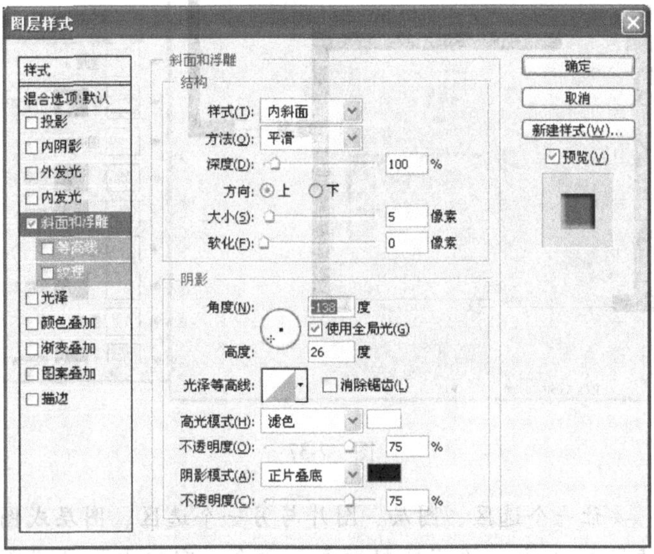

图　7-34

（5）调整后结果如图 7-35 所示，这样，主卧室内各家具的受光效果就一致了。

（6）布置衣柜。在 Photoshop 中打开图 7-36 所示的衣柜图片，见本书配套光盘中的 files \ 衣柜 . tif。

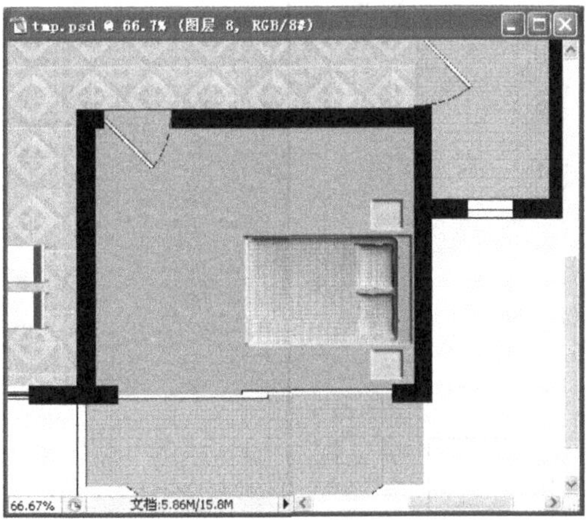

图　7-35

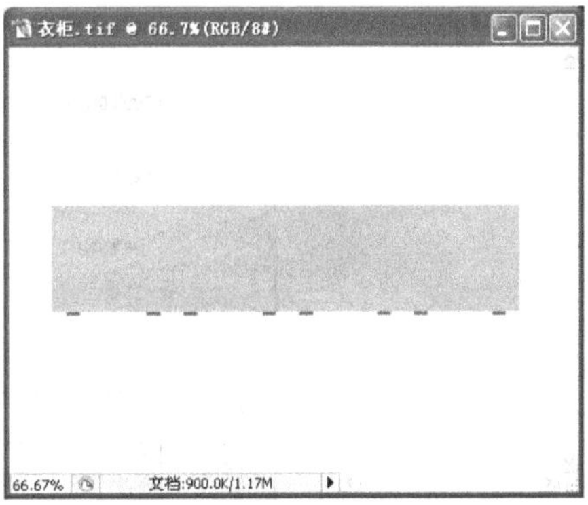

图　7-36

（7）选中衣柜，拖到主卧室中，将其所在图层移到最顶层，调整大小，利用“色彩平衡”命令将颜色调到与电视柜大体一致，如图 7-37 所示。

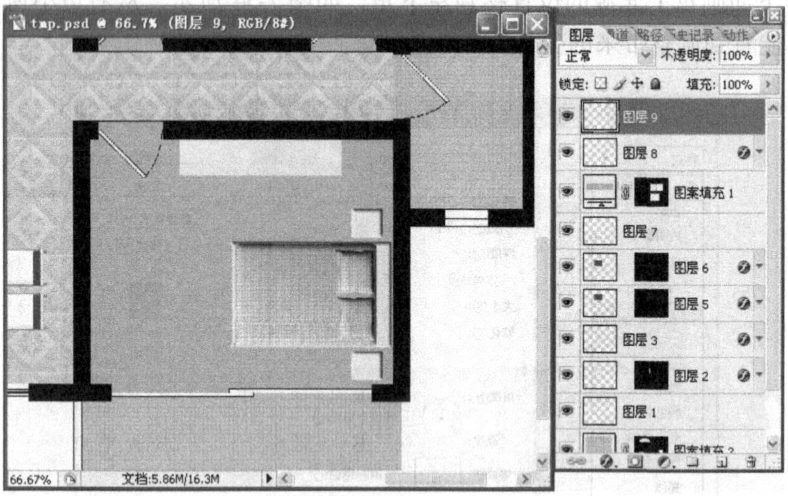

图 7-37

提示与技巧

要让一个选区、图层、图片与另一个选区、图层或图片的颜色一致，可使用 Photoshop 的“匹配颜色”命令，它位于菜单“图像→调整”内。先选择要调整的图像，然后执行“匹配颜色”命令，会弹出图 7-38 所示的对话框，关键是在“源”旁边选择以谁为调整标准，如果选择的是 .psd 分层文件，那么还可以进一步在下面选择图层。

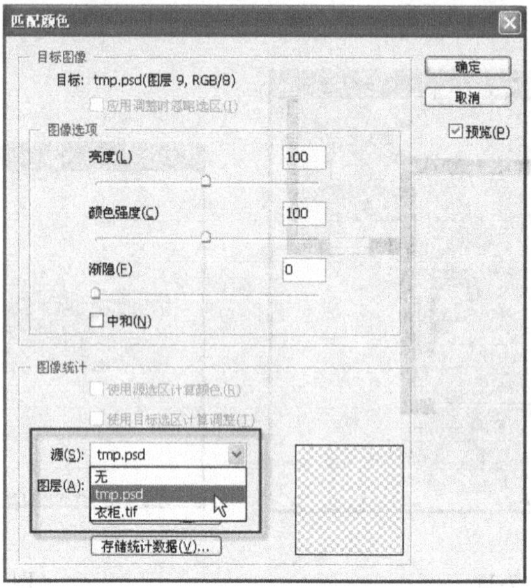

图 7-38

（8）将双人床所在图层的“斜面和浮雕”样式复制到衣柜所在图层，结果如图 7-39 所示。

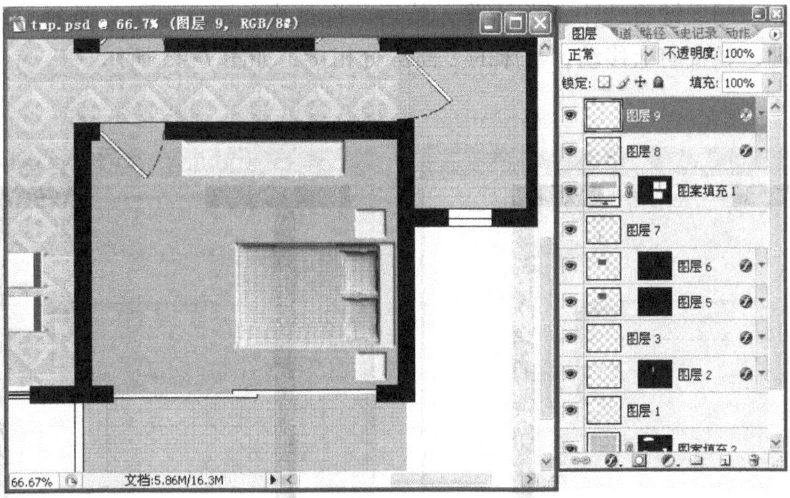

图 7-39

（9）将客厅中电视柜和电视机复制到主卧室中，并调整大小，结果如图 7-40 所示。

（10）布置次卧室，将放置两张单人床（带床头柜）。为了统一色调，这里的单人床利用双人床来制作。选择移动工具，按住 <Ctrl> 键，单击双人床，进入双人床所在图层，按 <Ctrl> + <J> 键，将图层复制一层，然后将床拖到右上角次卧室中，如图 7-41 所示。

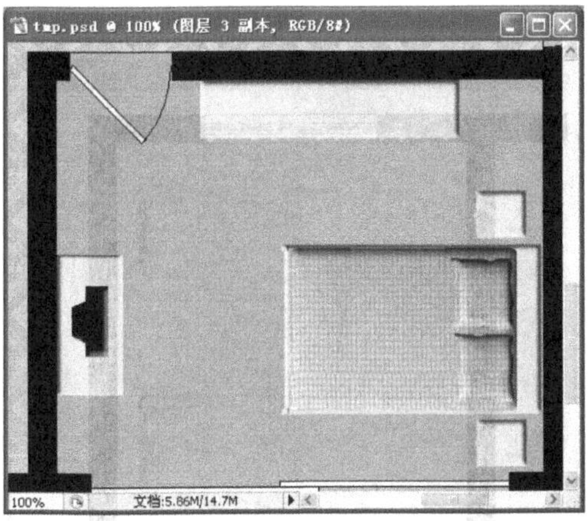

图 7-40

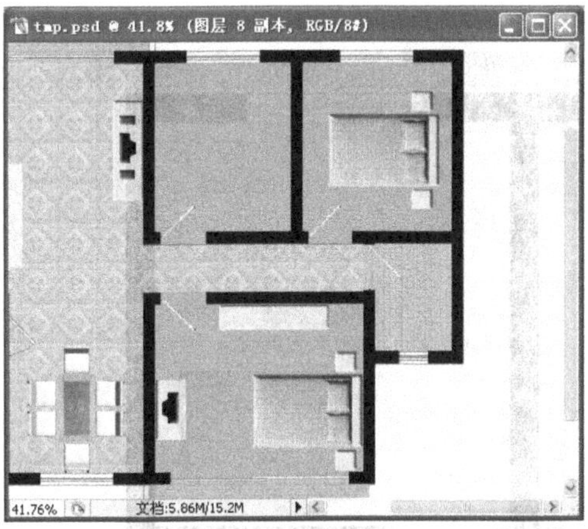

图 7-41

（11）在图层面板中单击鼠标右键，选择“清除图层样式”命令，将“斜面和浮雕”

样式暂时清除。

（12）利用矩形选框工具选择下面一个床头柜，按 <Del> 键将其清除。然后，从两个枕头各自的中间位置开始框选图 7-42 所示的区域。

（13）按 <Del> 键将选中部分清除，然后，框选床的下面部分，选择移动工具，按住 <Shift> 键，竖直向上移动，与床的上面部分相接，如图 7-43 所示。

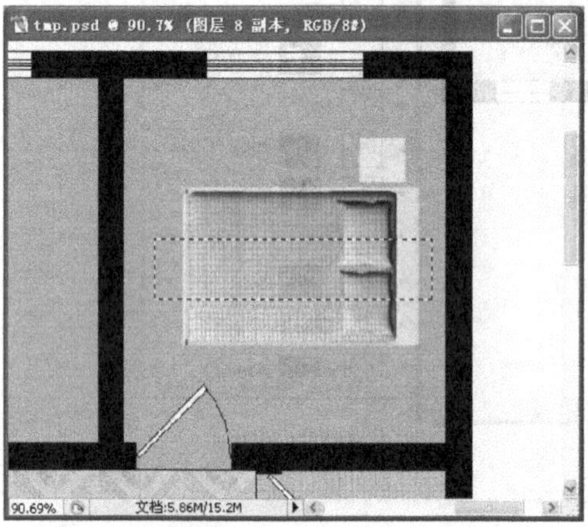

图 7-42

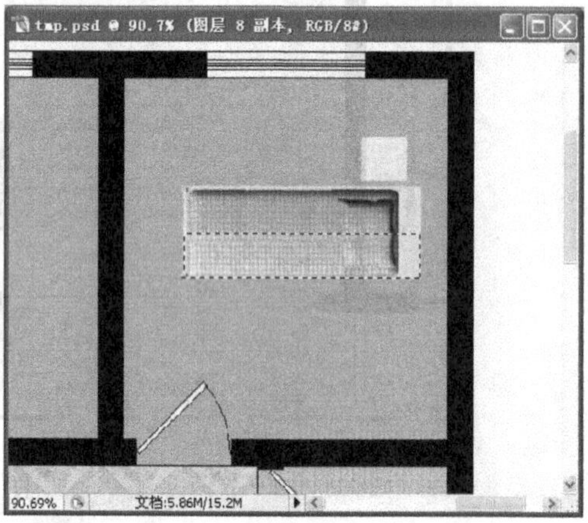

图 7-43

（14）按 <Ctrl> + <D> 键，取消选择，将床的宽度调整大一点、长度调得短一点，然后，向下移动到图 7-44 所示的位置。

（15）选择移动工具，按住 <Alt> + <Shift> 键，将床竖直向上拖动，结果复制出一张相同的床，选中复制出的床头柜，拖到两床之间的位置，如图 7-45 所示。

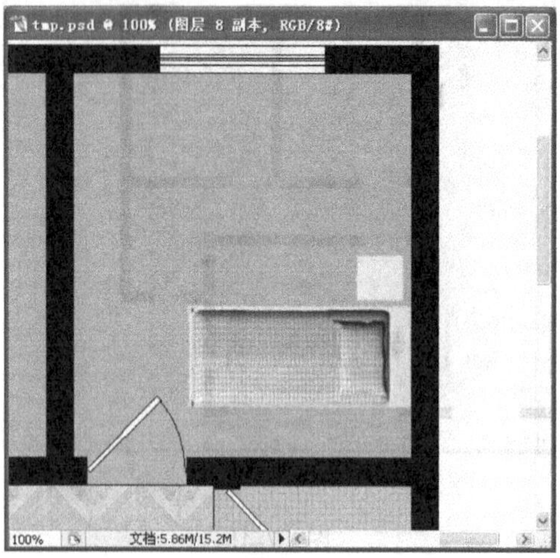

图 7-44

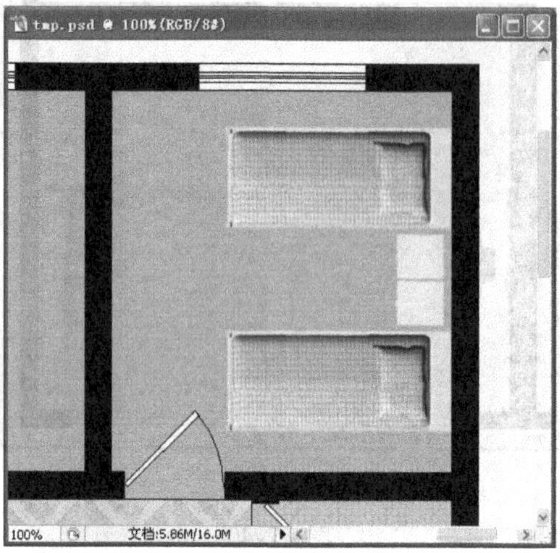

图 7-45

（16）将双人床图层的样式复制到单人床图层，以添加厚度效果，结果如图 7-46 所示。

（17）布置儿童卧室。先将次卧室中的单人床复制一张到儿童卧室，并绘制一个矩形选区作为电脑桌，如图 7-47 所示。

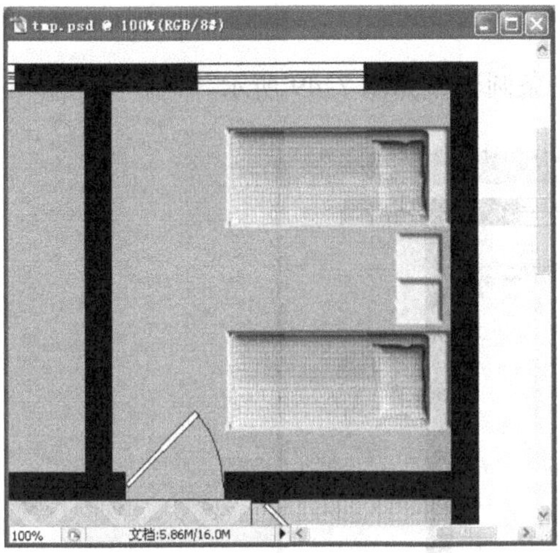

图 7-46

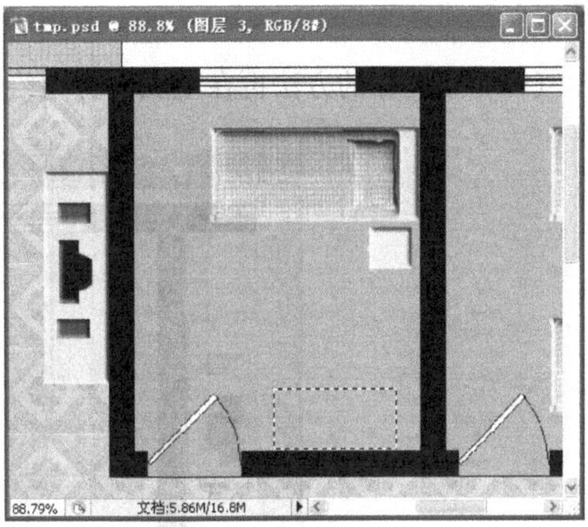

图 7-47

（18）将与电视柜相同的木纹图片复制到选区中，并将单人床图层的样式复制到本图层，结果如图 7-48 所示。

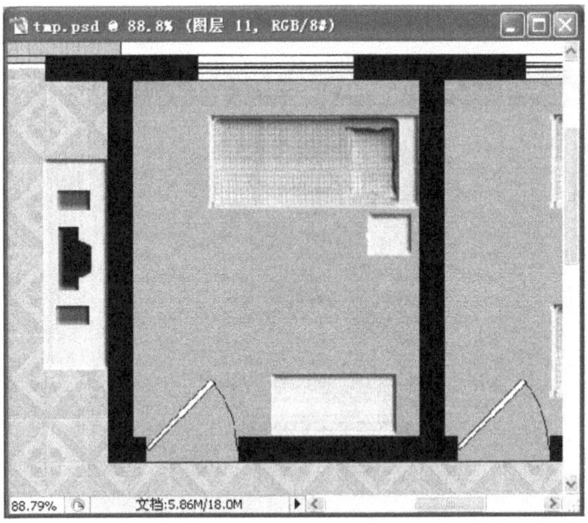

图 7-48

提示与技巧

如果贴入木纹图片后什么也看不到，说明电脑桌被它上面的图层盖住了，可以连续按 <Ctrl> + <]> 键，直到能看到为止，此操作是将电脑桌所在图层一层一层往上提升，如果要一下提到顶，那就再加按一个 <Shift> 键。

（19）用同样的方法再在电脑桌旁边绘制一条圆凳，如图 7-49 所示。

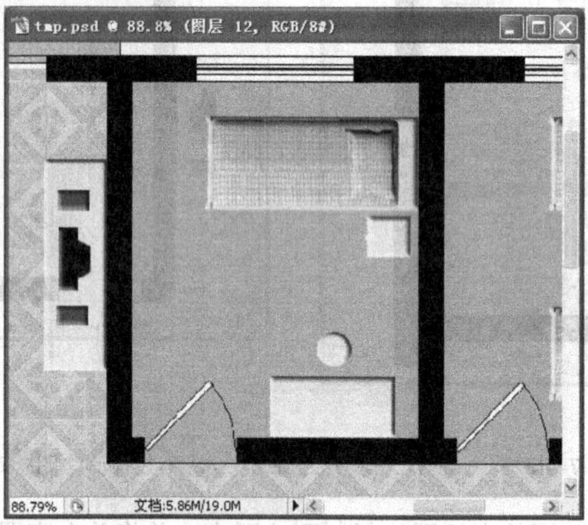

图 7-49

（20）下面在电脑桌上放上一台电脑。打开图 7-50 所示的电脑图片，见本书配套光盘中的 files \ 电脑 . tif。

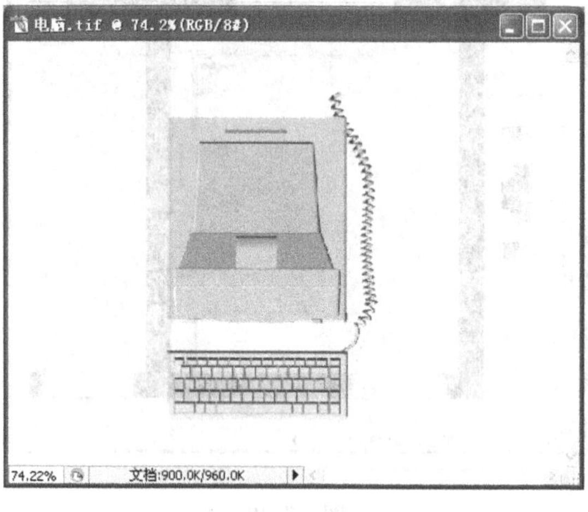

图 7-50

（21）选中电脑，拖到电脑桌上，调整大小、旋转角度，结果如图 7-51 所示。

（22）至此，卧室布置完毕，结果如图 7-52 所示。

tmp.psd @ 90.9% (图层 13, RGB/8#)
90.91%
文档:5.86M/19.6M

图　7-51

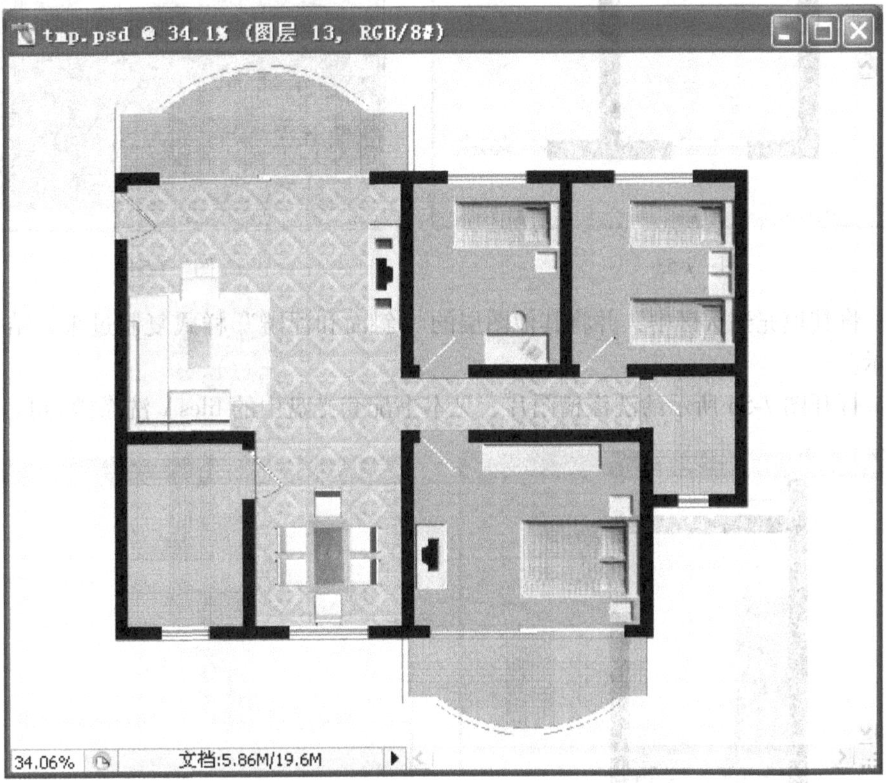
tmp.psd @ 34.1% (图层 13, RGB/8#)
34.06%
文档:5.86M/19.6M

图　7-52

7.4.4 厨房设施的绘制与布置

厨房设施的布置主要围绕“洗、切、烧”这个工序进行，所以常见设施有洗涤槽、案板和炉灶，下面进行具体布置。

（1）利用多边形套索工具绘制图 7-53 所示的“L”形区域作为案板。

（2）打开图 7-54 所示的黑色大理石图片，见本书配套光盘中的 files \ 大理石 . jpg，将其定义为填充图案。

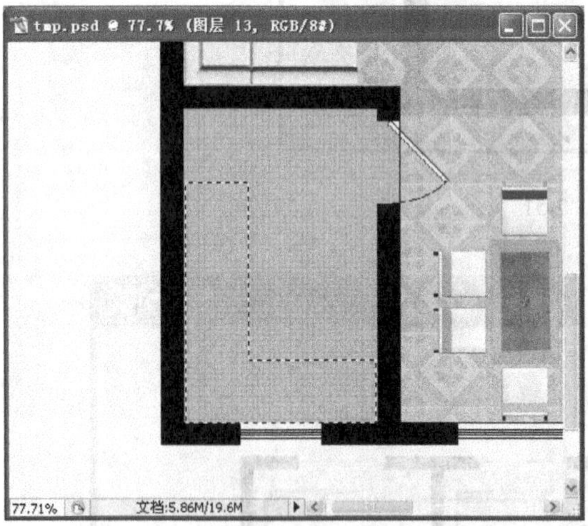

图 7-53

图 7-54

（3）将其填充到选区中，并将其他图层的“斜面和浮雕”样式复制过来，结果如图 7-55 所示。

（4）打开图 7-56 所示的洗涤槽图片，见本书配套光盘中的 files \ 洗涤槽 . tif。

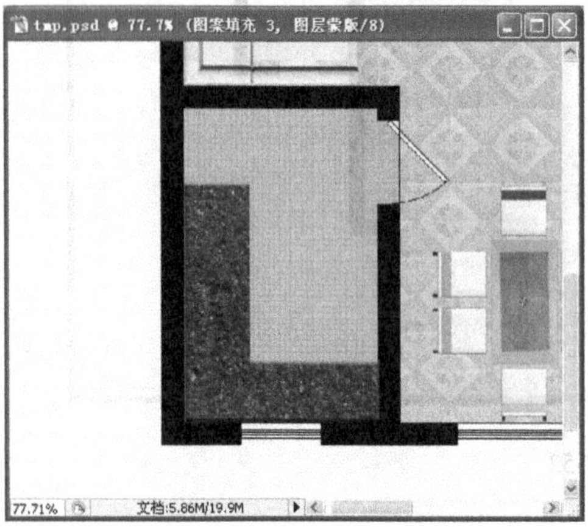

图 7-55

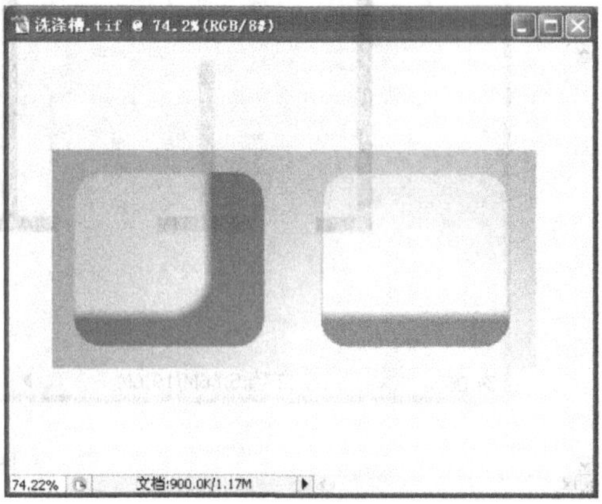

图 7-56

（5）将其布置在图 7-57 所示的位置。注意使其受光方向与案板一致。

（6）布置燃气灶。打开图 7-58 所示的燃气灶图片，见本书配套光盘中的 files \ 燃气灶 . tif。

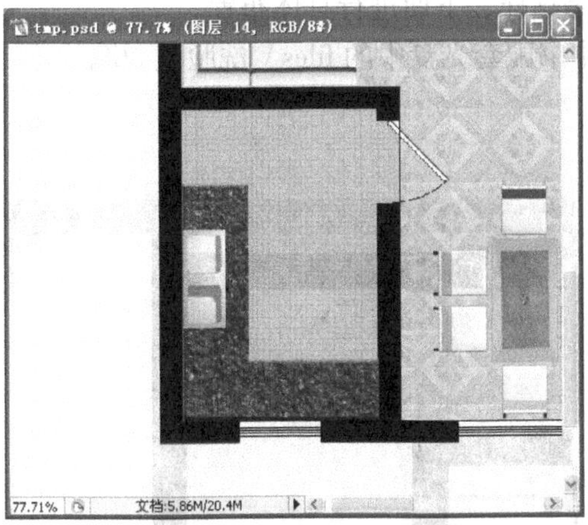

图　7-57

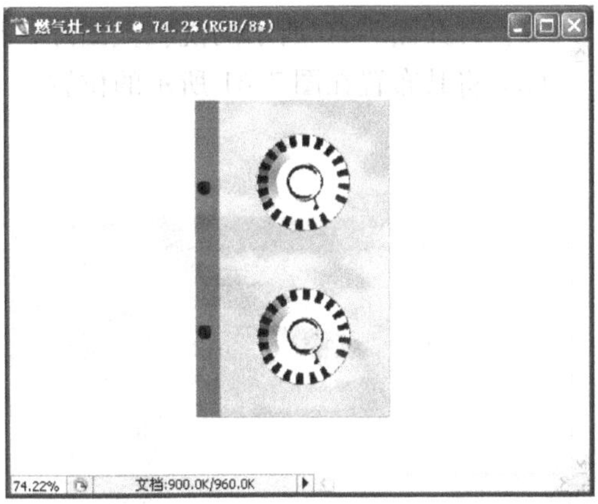

图　7-58

（7）将其布置在图 7-59 所示的位置。为了使其受光方向与洗涤槽一致，应使用魔棒工具选中操作面，并提高其亮度。这样，厨房就布置完毕了。

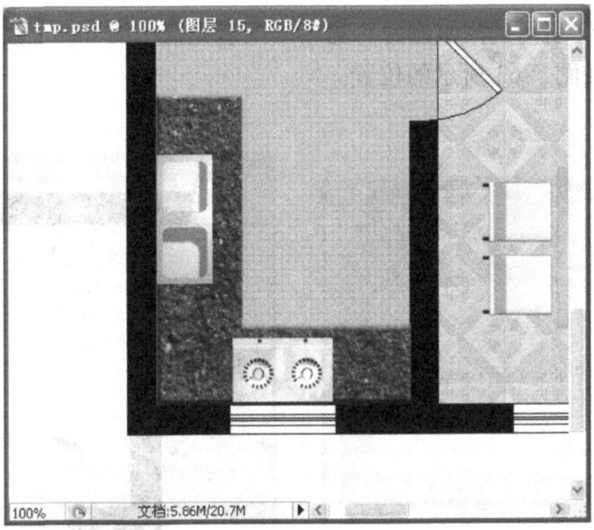

图　7-59

7.4.5　卫生间设施的绘制与布置

家用卫生间一般包括“洗、浴、厕”3 部分，所谓“洗”主要指洗脸盆，而“浴”指浴缸或淋浴设施，“厕”指大便器。本例也是这样，下面进行具体布置。

（1）打开图 7-60 所示的洗脸盆图片，见本书配套光盘中的 files\ 洗脸盆 . tif。

（2）将其布置在图 7-61 所示的位置。

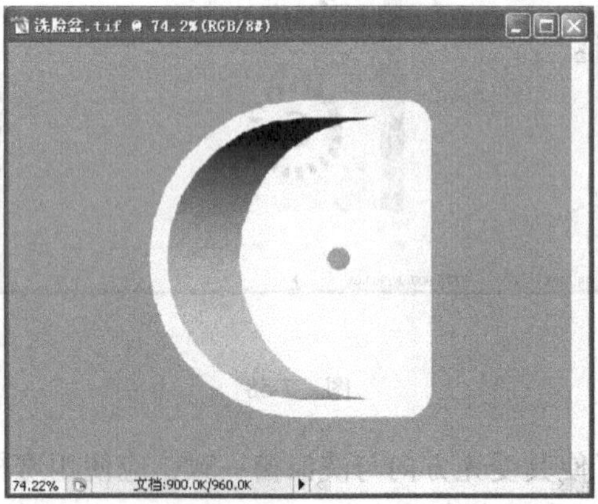

图　7-60

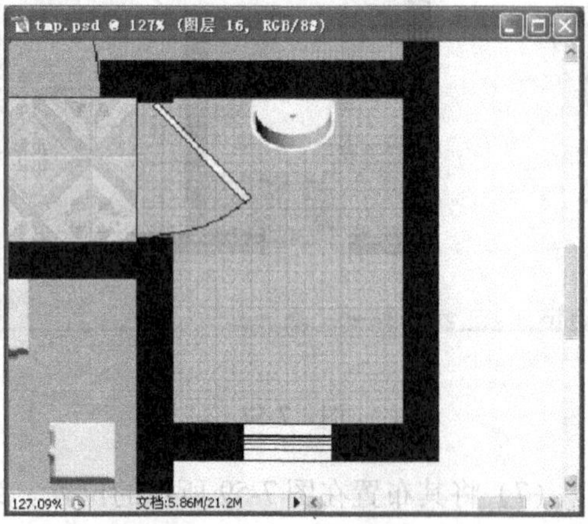

图　7-61

（3）打开图 7-62 所示的浴缸图片，见本书配套光盘中的 files\ 浴缸 . tif。

（4）将其布置在图 7-63 所示的位置。

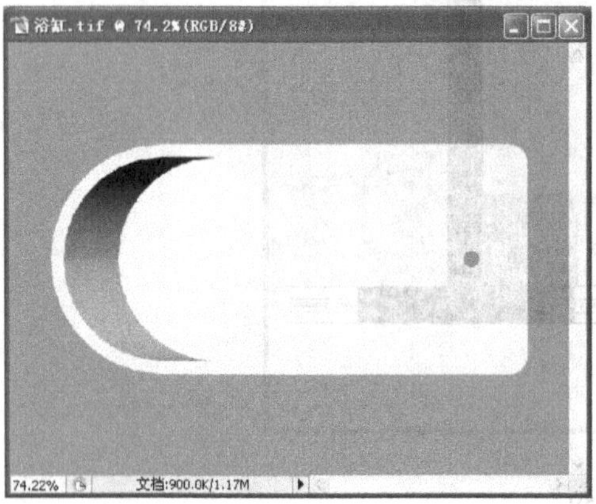

图　7-62

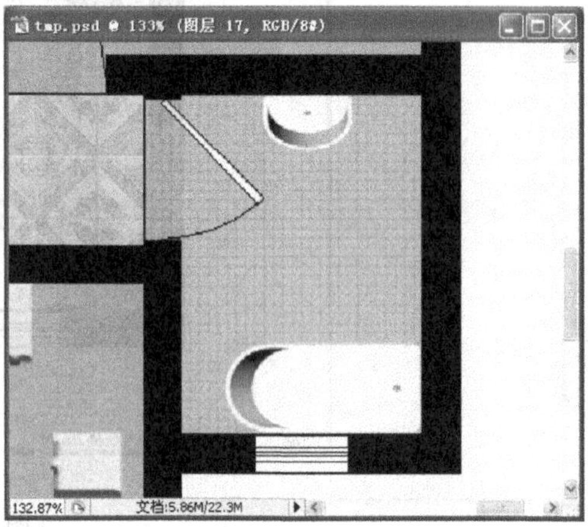

图　7-63

（5）打开图 7-64 所示的大便器图片，见本书配套光盘中的 files\ 大便器 . tif。

（6）将其布置在图 7-65 所示的位置。至此，卫生间布置完毕。

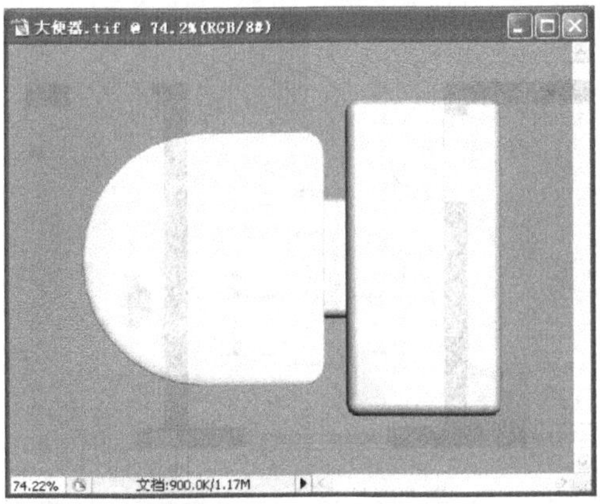

图 7-64

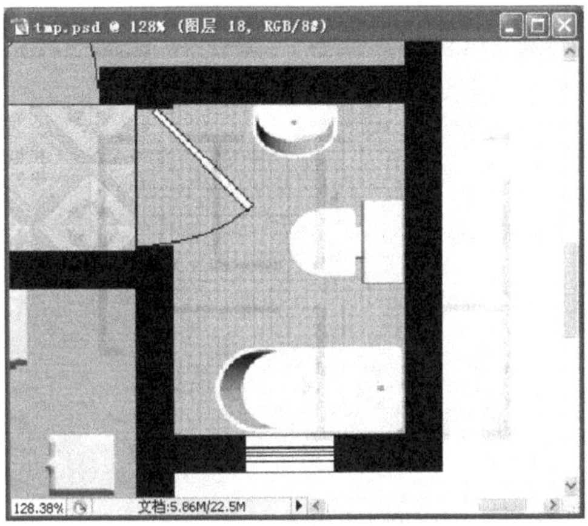

图 7-65

7.4.6 综合布置及调整

至此，一方面是对平面布置进行补充、完善，另一方面是根据整体效果的需要，对局部进行调整和修饰。

（1）在客厅外面的阳台上布置休闲桌椅。打开图 7-66 所示的休闲桌椅图片，见本书配套光盘中的 files \ 休闲桌椅 . tif。

（2）将其布置在图 7-67 所示的位置，然后为其添加“斜面和浮雕”样式，受光面在外面。

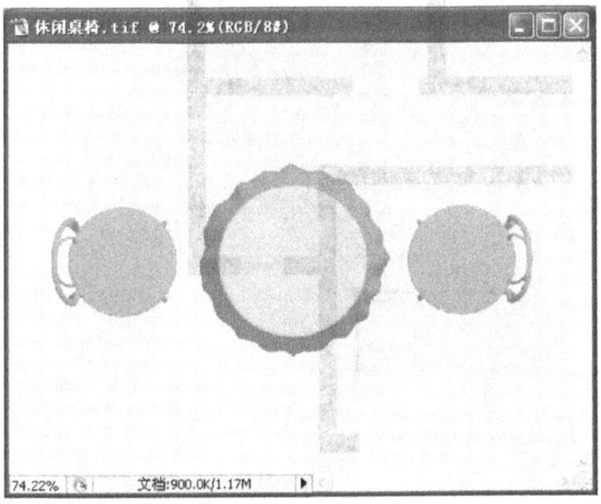

图 7-66

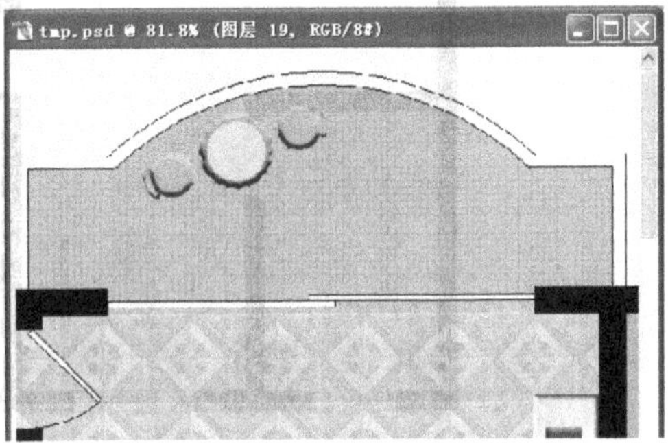

图 7-67

（3）在阳台上布置植物和盆景，如图 7-68 所示，相应图像文件见本书配套光盘。

（4）使用“斜面和浮雕”样式为餐厅桌椅增加厚度，如图 7-69 所示。

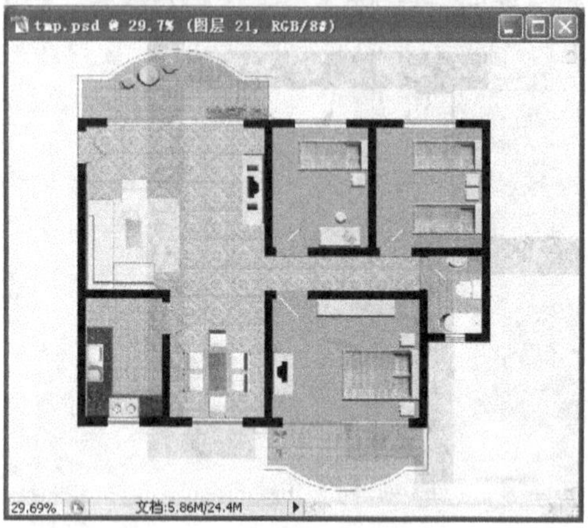

图 7-68

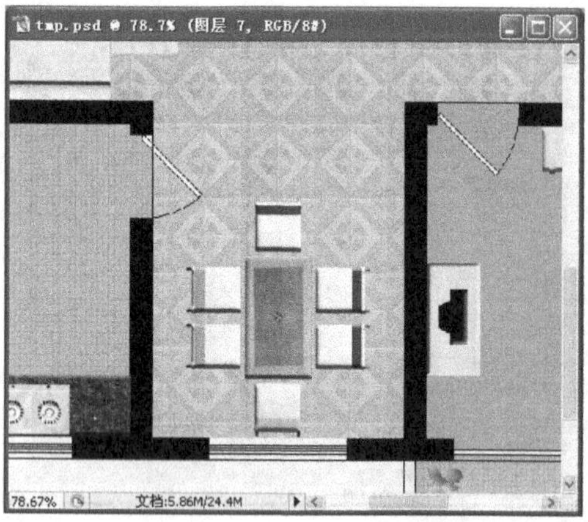

图 7-69

（5）检查、对比画面各处效果，对错误或不足处进行调整完善，最终结果如图 7-70 所示。分层文件见本书配套光盘中的 files \ 建筑平面效果图分层 . psd。

图 7-70

7.5　本章小结

本章通过一个具体实例详细介绍了建筑平面效果图的绘制步骤和方法，包括常见地面如卧室、客厅、厨房、卫生间、阳台的绘制，以及这些房间家具的绘制与布置方法。通过这一章的学习和练习，希望读者能举一反三，绘制其他种类的建筑平面效果图，如办公、商场等，其基本步骤和方法是一样的，只不过材质、家具、摆设有一些区别罢了。